CAX工程应用丛书

UG NX 10.0
中文版 从入门到精通

丁源 编著

清华大学出版社
北京

内 容 简 介

《UG NX 10.0 中文版从入门到精通》一书全面地介绍了 NX 10.0 的各个功能模块，针对功能模块的各个知识点进行了详细讲解并辅以相应的实例，使读者能够快速、熟练、深入地掌握 NX 设计技术。

全书共 16 章，由浅入深地介绍了 NX 的各种操作，包括 NX 10.0 软件入门、NX 基本操作、绘制草图、实体特征建模、特征操作与编辑、装配设计基础、模型测量与分析、GC 工具箱应用、创建工程图、曲线建模、曲面建模、曲面编辑、运动仿真简介与基础、NX 数控加工（CAM）、NX 模具设计、钣金设计等内容，同时讲解了大量工程案例，以提升读者的实战技能。

本书还提供了各章实例的语音视频教学文件与模型文件，以方便读者学习和上机演练，读者可从本书提供的网址上下载。

本书非常适合广大 NX 初、中级读者使用，既可作为大中专院校、高职院校相关专业的教科书，也可以作为社会相关培训机构的培训教材和工程技术人员的参考用书。

本书封面贴有清华大学出版社防伪标签，无标签者不得销售。
版权所有，侵权必究。举报：010-62782989，beiqinquan@tup.tsinghua.edu.cn。

图书在版编目（CIP）数据

UG NX 10.0 中文版从入门到精通/丁源编著. —北京：清华大学出版社，2016（2025.5重印）
（CAX 工程应用丛书）
ISBN 978-7-302-44185-4

Ⅰ. ①U… Ⅱ. ①丁… Ⅲ. ①计算机辅助设计－应用软件 Ⅳ. ①TP391.72

中国版本图书馆 CIP 数据核字(2016)第 148614 号

责任编辑：王金柱
封面设计：王　翔
责任校对：闫秀华
责任印制：沈　露

出版发行：清华大学出版社
网　　址：https://www.tup.com.cn，https://www.wqxuetang.com
地　　址：北京清华大学学研大厦 A 座　　　　邮　编：100084
社 总 机：010-83470000　　　　　　　　　　　邮　购：010-62786544
投稿与读者服务：010-62776969，c-service@tup.tsinghua.edu.cn
质量反馈：010-62772015，zhiliang@tup.tsinghua.edu.cn

印 装 者：三河市铭诚印务有限公司
经　　销：全国新华书店
开　　本：190mm×260mm　　　印　张：29.25　　　字　数：749 千字
版　　次：2016 年 8 月第 1 版　　　　　　　　　印　次：2025 年 5 月第 10 次印刷
定　　价：99.00 元

产品编号：068208-02

前　　言

本书以 NX 10.0 为操作蓝本，采用理论与实践相结合的形式，深入浅出地讲解了 NX 软件的使用环境和操作方法，同时又从工程实用的角度出发，结合作者多年的实际设计经验，详细讲解了使用 NX 10.0 软件进行工程设计的流程、方法和技巧。

1. 本书特点

信息量大：本书包含的内容全面，涉及草图、建模等机械设计的基础知识，又包含数控加工、模具设计、钣金设计等内容。读者在学习的过程中不应只关注细节，还应从整体出发，思考和体会实例的设计思路。

结构清晰：本书结构清晰、由浅入深，从结构上主要分为两大类：基础部分和案例部分。其中以案例部分为主，基础部分对一些基本绘图命令和编辑命令进行了详细介绍，并以实例的形式进行了演示。

内容新颖：本书讲解了同种图形的多种绘制方法，同时介绍了很多常用的绘图技巧，读者在掌握这些技巧后可以大大提高绘图效率。

2. 本书内容

本书共 16 章，各章内容如下：

第 1 章　介绍 NX 10.0 的操作界面、文件管理基本操作、操作环境的参数预设置等，使读者对 NX 10.0 有一定的了解。

第 2 章　介绍 NX 的基本操作，包括常用的视图操作、视图布局的设置、工具图层的设置、操作工作坐标系等内容。

第 3 章　介绍草图工具、草图的创建与管理、草图的约束方法和操作等内容，并通过一个草图综合实例详细介绍了草图的具体操作。

第 4 章　介绍 NX 建模功能，包括各种基本特征、体素特征、扫描特征和细节特征等基础建模操作。

第 5 章　介绍特征操作和相关编辑模块，包括布尔运算、关联复制、编辑特征等内容。

第 6 章　介绍装配的基本概念、装配导航器、装配的配对条件、自底向上和自顶向下的装配方法，并通过具体范例让读者对装配的流程有进一步的了解。

第 7 章　介绍模型的测量和分析，包括空间点、线、面间距离和角度的测量、曲线长度的测量、面积的测量、体积的测量、模型的偏差分析、几何体的检查、曲线的分析、曲面的分析、装配的干涉检查等。

第 8 章　介绍 GC 工具箱的应用，包括质量检查工具、属性工具、弹簧设计、齿轮建模工具等几大功能模块。

第 9 章　介绍工程图的参数和预设置、图纸的操作和关联、视图操作及尺寸标注与注释。

第 10 章　介绍基本曲线中的各个命令，如点、直线、基本曲线等，还介绍了特征曲线的创建方法、曲线的编辑方法等。

第 11 章　介绍基本曲面的创建方法，如一般曲面的构建、网格曲面、扫掠曲面等。

第12章　介绍如何编辑曲面和操作曲面。

第13章　介绍仿真基本模块、连杆、运动副、凸轮等基础仿真模块，使读者了解和掌握NX运动仿真模块。

第14章　介绍数控加工技术与原理及数控加工模块的通用操作，并通过一个平面铣实例让读者了解平面铣的基本操作步骤。

第15章　介绍模具设计的基础知识，包括模型修补、分型与流道设计等，并通过实例让读者更加深入地了解模具设计模块的应用。

第16章　介绍钣金设计的基础知识，包括钣金基体创建、钣金折弯与冲压特征等基础知识，并通过实例让读者更加深入地了解钣金设计模块的应用。

3．网络下载资源

本书提供的网络下载资源中包括书中案例所采用的模型文件和相关的视频教学文件，供读者在阅读本书时进行操作练习和参考，资源下载地址为：http://pan.baidu.com/s/1bp9fErl。

如果下载有问题，请电子邮件联系 booksaga@126.com，邮件主题为"UG NX 10.0 中文版从入门到精通"。

4．读者对象

本书适合于NX初学者和期望提高机械产品设计效率和成本的读者，具体说明如下：

★从事产品设计的初学者　　　　★高等院校的教师和在校生
★相关培训机构的教师和学员　　★NX爱好者
★广大科研工作人员

5．本书作者

本书主要由丁源编著，王芳、付文利、温正、唐家鹏、孙国强、乔建军、焦楠、李昕、林晓阳、刘冰、高飞、张迪妮、李战芬、韩希强、张文电、宋玉旺、张明明、张亮亮、刘成柱、郭海霞、于沧海、沈再阳、余胜威、焦楠、黄志国等也参与了本书的编写工作。

6．读者服务

虽然作者在本书的编写过程中力求叙述准确、完善，但由于水平有限，书中欠妥之处在所难免，希望读者和同仁能够及时指出，共同促进本书质量的提高。

如果在学习过程中遇到与本书有关的技术问题，可以发邮件至 comshu@126.com，编者会尽快给予解答。

编者
2016年5月

目 录

第 1 章　NX 10.0 软件入门 ··· 1

1.1　NX 10.0 的工作环境 ··· 1
1.1.1　启动 NX 10.0 软件 ··· 1
1.1.2　NX 10.0 的工作界面 ·· 2
1.1.3　功能模块的进入 ·· 3
1.1.4　命令提示 ··· 3
1.1.5　NX 对话框 ··· 3
1.1.6　鼠标及快捷键的应用 ··· 4
1.2　文件管理基本操作 ·· 5
1.2.1　NX 文件要求 ··· 5
1.2.2　新建文件 ··· 5
1.2.3　打开文件 ··· 7
1.2.4　关闭文件 ··· 8
1.2.5　导入文件与导出文件 ··· 9
1.2.6　文件管理操作实例 ··· 9
1.3　工作环境用户化 ··· 12
1.4　本章小结 ··· 12

第 2 章　NX 基本操作 ·· 13

2.1　视图操作 ··· 13
2.1.1　使用视图操作命令 ··· 13
2.1.2　使用鼠标进行查看操作 ··· 15
2.1.3　视图显示方式 ·· 15
2.2　视图布局设置 ·· 16
2.2.1　新建布局 ··· 17
2.2.2　保存布局 ··· 17
2.2.3　打开布局 ··· 17
2.2.4　删除布局 ··· 18
2.3　工作图层设置 ·· 18
2.3.1　图层设置 ··· 18
2.3.2　图层类别 ··· 18

		2.3.3	移动至图层	19
		2.3.4	复制至图层	20
	2.4	工作坐标系（WCS）操作		20
		2.4.1	变换工作坐标系	20
		2.4.2	定向工作坐标系	22
		2.4.3	显示工作坐标系	22
		2.4.4	保存工作坐标系	23
	2.5	选择对象的方法		23
		2.5.1	"类选择"对话框	23
		2.5.2	"快速拾取"对话框	24
		2.5.3	部件导航器	24
	2.6	典型的对象编辑设置		25
		2.6.1	编辑对象显示	25
		2.6.2	对象显示和隐藏	27
	2.7	NX 常用工具		28
		2.7.1	点捕捉功能	28
		2.7.2	截面观察工具	30
		2.7.3	信息查询工具	31
		2.7.4	对象分析工具	32
	2.8	零件显示及分析操作实例		39
		2.8.1	打开文件	39
		2.8.2	编辑对象显示及隐藏操作	39
		2.8.3	截面观察操作	40
		2.8.4	距离分析	41
		2.8.5	建立多视图	42
	2.9	本章小结		42
第3章	绘制草图			43
	3.1	草图概述		43
	3.2	设置草图工作平面		44
		3.2.1	在平面上	44
		3.2.2	在轨迹上	45
	3.3	重新附着草图		45
	3.4	定向视图到草图与定向视图到模型		46
	3.5	草图工具应用		46
		3.5.1	轮廓	46
		3.5.2	直线	47

	3.5.3	圆弧 ···	48
	3.5.4	圆 ···	48
	3.5.5	矩形 ···	49
	3.5.6	圆角 ···	49
	3.5.7	点 ···	49
	3.5.8	快速修剪、延伸 ······················	50
3.6	草图进阶操作 ·······································		52
	3.6.1	镜像曲线 ·································	52
	3.6.2	偏置曲线 ·································	52
	3.6.3	投影曲线 ·································	53
3.7	尺寸约束 ··		53
	3.7.1	快速尺寸 ·································	54
	3.7.2	线性尺寸 ·································	54
	3.7.3	径向尺寸 ·································	54
	3.7.4	角度尺寸 ·································	54
	3.7.5	周长尺寸 ·································	55
3.8	几何约束 ··		55
	3.8.1	使用几何约束的一般流程 ········	55
	3.8.2	自动约束 ·································	56
	3.8.3	显示草图约束与不显示草图约束	57
	3.8.4	显示/移除约束 ·······················	57
	3.8.5	约束备选解 ····························	58
3.9	草图综合范例 ·······································		58
3.10	本章小结 ··		62

第4章 实体特征建模 ································· 63

4.1	特征建模概述 ·······································		63
4.2	基准特征 ··		64
	4.2.1	基准轴 ·····································	64
	4.2.2	基准平面 ·································	66
	4.2.3	基准 CSYS ·······························	70
	4.2.4	基准点 ·····································	71
4.3	体素特征 ··		73
	4.3.1	长方体 ·····································	73
	4.3.2	圆柱体 ·····································	75
	4.3.3	圆锥体 ·····································	76
	4.3.4	球体 ···	78

4.4	扫描特征	79
	4.4.1 拉伸	79
	4.4.2 旋转	83
	4.4.3 扫掠	84
4.5	加工特征	85
	4.5.1 孔	85
	4.5.2 凸台	87
	4.5.3 腔体	88
	4.5.4 垫块	89
	4.5.5 键槽	90
	4.5.6 槽	92
	4.5.7 螺纹	94
4.6	细节特征	95
	4.6.1 边倒圆	96
	4.6.2 面倒圆	97
	4.6.3 倒斜角	99
4.7	其他特征	100
	4.7.1 抽壳	100
	4.7.2 三角形加强筋	102
4.8	工装盘体模型建模实例	103
	4.8.1 创建文件	103
	4.8.2 创建旋转体	104
	4.8.3 创建拉伸体	105
	4.8.4 创建另一个拉伸体	106
	4.8.5 孔特征	107
	4.8.6 创建倒斜角	108
4.9	本章小结	108

第5章 特征操作与编辑 ... 109

5.1	布尔运算	109
	5.1.1 合并	109
	5.1.2 减去	110
	5.1.3 相交	110
5.2	关联复制	111
	5.2.1 阵列特征	111
	5.2.2 镜像特征	113
	5.2.3 镜像几何体	114

  5.2.4 抽取几何特征 ·· 115

5.3 编辑特征 ·· 117

  5.3.1 编辑特征参数 ·· 117

  5.3.2 编辑位置 ·· 118

  5.3.3 移动特征 ·· 119

  5.3.4 特征重排序 ·· 120

  5.3.5 抑制特征与取消抑制特征 ·· 120

  5.3.6 特征回放 ·· 121

  5.3.7 实体密度 ·· 122

  5.3.8 移除特征参数 ·· 122

5.4 特征操作与编辑实例 ·· 122

  5.4.1 打开文件 ·· 123

  5.4.2 阵列特征 ·· 123

  5.4.3 编辑孔特征参数 ·· 124

5.5 本章小结 ·· 125

第6章 装配设计基础 ·· 126

6.1 装配概述 ·· 126

  6.1.1 装配的基本术语 ·· 126

  6.1.2 引用集 ··· 127

  6.1.3 装配导航器 ·· 128

6.2 装配方法 ·· 129

  6.2.1 自底向上装配设计 ··· 129

  6.2.2 自顶向下装配设计 ··· 131

6.3 配对条件 ·· 132

  6.3.1 "接触对齐"约束 ··· 133

  6.3.2 "同心"约束 ·· 134

  6.3.3 "距离"约束 ·· 135

  6.3.4 "固定"约束 ·· 135

  6.3.5 "平行"约束 ·· 135

  6.3.6 "垂直"约束 ·· 135

  6.3.7 "中心"约束 ·· 135

  6.3.8 "角度"约束 ·· 137

6.4 组件编辑 ·· 137

  6.4.1 镜像装配 ·· 137

  6.4.2 创建组件阵列 ·· 138

  6.4.3 替换组件 ·· 140

6.4.4 抑制组件 141
6.5 设计范例 141
6.5.1 创建装配文件 142
6.5.2 装配主体组件 142
6.5.3 装配底垫组件 143
6.5.4 装配滑块螺母组件 144
6.5.5 装配螺杆组件 144
6.5.6 装配 M6×45 螺钉组件 145
6.5.7 装配钩板组件 145
6.5.8 装配 M4×12 螺钉组件 146
6.5.9 阵列 M4×12 螺钉组件 147
6.5.10 镜像 M4×12 螺钉组件 148
6.6 本章小结 148

第 7 章 模型测量与分析 149

7.1 模型的测量 149
7.1.1 测量距离 149
7.1.2 测量角度 153
7.1.3 测量面 155
7.1.4 测量体 155
7.1.5 最小半径 156
7.2 模型的分析 156
7.2.1 偏差分析 157
7.2.2 检查几何体 158
7.2.3 曲线的分析 160
7.2.4 曲面分析 161
7.2.5 装配干涉检查 164
7.3 本章小结 165

第 8 章 GC 工具箱应用 166

8.1 GC 工具箱概述 166
8.2 GC 数据规范 167
8.2.1 检查工具 167
8.2.2 属性填写 168
8.2.3 标准化工具 170
8.2.4 其他工具 171
8.3 制图工具 172

- 8.4 视图工具 · 174
  - 8.4.1 图纸对象 3D-2D 转换和编辑剖面边界 · 174
  - 8.4.2 局部剖切 · 174
  - 8.4.3 曲线剖 · 175
- 8.5 尺寸工具 · 176
- 8.6 齿轮建模 · 178
- 8.7 齿轮操作实例 · 179
  - 8.7.1 创建齿轮 · 179
  - 8.7.2 获取齿轮信息 · 181
  - 8.7.3 修改齿轮尺寸 · 182
- 8.8 弹簧设计 · 183
  - 8.8.1 圆柱压缩弹簧 · 183
  - 8.8.2 删除弹簧 · 184
- 8.9 创建弹簧实例 · 185
  - 8.9.1 创建圆柱压缩弹簧 · 185
  - 8.9.2 创建圆柱拉伸弹簧 · 186
- 8.10 本章小结 · 188

第 9 章 创建工程图 · 189

- 9.1 工程图概述 · 189
  - 9.1.1 创建工程图的一般过程 · 189
  - 9.1.2 工程图的参数设置 · 190
- 9.2 工程图管理 · 190
  - 9.2.1 新建工程图 · 191
  - 9.2.2 编辑工程图 · 192
- 9.3 创建视图 · 193
  - 9.3.1 基本视图 · 193
  - 9.3.2 投影视图 · 194
  - 9.3.3 局部放大图 · 195
  - 9.3.4 剖视图 · 197
  - 9.3.5 局部剖视图 · 199
- 9.4 编辑视图 · 201
  - 9.4.1 移动和复制视图 · 201
  - 9.4.2 对齐视图 · 203
  - 9.4.3 视图的相关编辑 · 204
  - 9.4.4 显示与更新视图 · 206

9.5 尺寸标注与注视 ... 207
- 9.5.1 尺寸标注 ... 207
- 9.5.2 插入中心线 ... 208
- 9.5.3 文本注释 ... 209
- 9.5.4 插入表面粗糙度符号 ... 211
- 9.5.5 形位公差标注 ... 213
- 9.5.6 创建表格 ... 214
- 9.5.7 创建装配序列号（符号标注）... 215

9.6 工程图实战演练 ... 216
- 9.6.1 准备工作 ... 217
- 9.6.2 创建图纸页和视图 ... 217
- 9.6.3 标注尺寸 ... 218
- 9.6.4 标注形位公差符号 ... 219
- 9.6.5 视图编辑 ... 220

9.7 本章小结 ... 221

第10章 曲线建模 ... 222

10.1 基本曲线的创建 ... 222
- 10.1.1 点的创建 ... 222
- 10.1.2 直线的创建 ... 223
- 10.1.3 圆的创建 ... 225
- 10.1.4 圆弧的创建 ... 227
- 10.1.5 矩形的创建 ... 228
- 10.1.6 多边形的创建 ... 228

10.2 高级曲线的创建 ... 230
- 10.2.1 椭圆的创建 ... 230
- 10.2.2 抛物线的创建 ... 230
- 10.2.3 双曲线的创建 ... 231
- 10.2.4 螺旋线的创建 ... 231
- 10.2.5 样条曲线的创建 ... 233

10.3 曲线的操作 ... 236
- 10.3.1 偏置曲线 ... 236
- 10.3.2 投影曲线 ... 238
- 10.3.3 镜像曲线 ... 239
- 10.3.4 桥接曲线 ... 239
- 10.3.5 连结曲线 ... 241

- 10.4 曲线的编辑 242
  - 10.4.1 曲线参数的编辑 242
  - 10.4.2 修剪曲线 242
  - 10.4.3 修剪拐角 243
  - 10.4.4 分割曲线 244
  - 10.4.5 拉长曲线 245
  - 10.4.6 曲线长度 245
- 10.5 曲线建模实例 246
  - 10.5.1 活塞连杆轮廓的建模 246
  - 10.5.2 机床机座轮廓的建模 249
- 10.6 本章小结 254

第11章 曲面建模 255

- 11.1 曲面基础概述 255
- 11.2 依据点创建曲面 256
  - 11.2.1 通过点 256
  - 11.2.2 从极点 257
  - 11.2.3 快速造面 259
  - 11.2.4 四点曲面 261
- 11.3 通过曲线创建曲面 262
  - 11.3.1 艺术曲面 262
  - 11.3.2 通过曲线组 264
  - 11.3.3 通过曲线网格 266
  - 11.3.4 扫掠 268
  - 11.3.5 直纹 271
  - 11.3.6 N边曲面 273
- 11.4 三叉实战演练 275
  - 11.4.1 导入文件 275
  - 11.4.2 创建扫掠 276
  - 11.4.3 创建辅助曲线1 278
  - 11.4.4 创建辅助曲面 279
  - 11.4.5 创建辅助曲线2 280
  - 11.4.6 创建轮廓曲面 281
  - 11.4.7 编辑曲面 283
  - 11.4.8 完成曲面创建 284
- 11.5 本章小结 287

第12章 曲面编辑 ······ 288

12.1 修剪和延伸曲面 ······ 288
- 12.1.1 修剪和延伸 ······ 288
- 12.1.2 修剪片体 ······ 290
- 12.1.3 分割面 ······ 291

12.2 曲面 ······ 293
- 12.2.1 有界平面 ······ 293
- 12.2.2 扩大 ······ 294
- 12.2.3 桥接曲面 ······ 295

12.3 偏置缩放 ······ 297
- 12.3.1 偏置曲面 ······ 297
- 12.3.2 加厚 ······ 298

12.4 弯边曲面 ······ 299

12.5 五通管实战演练 ······ 301
- 12.5.1 创建草图 ······ 302
- 12.5.2 创建曲面 ······ 302
- 12.5.3 搭建辅助曲线 ······ 303
- 12.5.4 创建网格曲面 ······ 305
- 12.5.5 创建辅助曲面 ······ 305
- 12.5.6 创建过渡曲面 ······ 307
- 12.5.7 镜像特征曲面 ······ 308
- 12.5.8 完成管道创建 ······ 310

12.6 本章小结 ······ 312

第13章 运动仿真简介与基础 ······ 313

13.1 运动仿真主界面与实现步骤 ······ 313
- 13.1.1 进入运动仿真界面 ······ 313
- 13.1.2 运动仿真实现步骤 ······ 314

13.2 运动导航器使用 ······ 315

13.3 连杆特性和运动副 ······ 316
- 13.3.1 创建连杆 ······ 316
- 13.3.2 创建运动副 ······ 317
- 13.3.3 特殊的运动副 ······ 321

13.4 顶置凸轮发动机仿真实例 ······ 322
- 13.4.1 进入运动仿真环境 ······ 322
- 13.4.2 创建运动仿真环境 ······ 322

- 13.4.3 创建连杆 ········· 323
- 13.4.4 创建运动副 ········· 325
- 13.4.5 创建特殊的运动副 ········· 326
- 13.4.6 输出运动仿真结果 ········· 328
- 13.4.7 动画的导出 ········· 329
- 13.5 连接器和载荷 ········· 331
  - 13.5.1 连接器和载荷的类型 ········· 331
  - 13.5.2 连接器与载荷的创建 ········· 332
- 13.6 运动分析与仿真结果输出 ········· 333
- 13.7 本章小结 ········· 334

第 14 章 NX 数控加工 ········· 335

- 14.1 数控加工基础知识 ········· 335
  - 14.1.1 数控加工技术简介 ········· 335
  - 14.1.2 数控加工基本原理 ········· 336
  - 14.1.3 数控加工中的坐标系 ········· 336
  - 14.1.4 插补 ········· 337
  - 14.1.5 刀具补偿 ········· 338
- 14.2 NX 10.0 数控加工模块介绍 ········· 340
- 14.3 NX 10.0 加工界面介绍 ········· 345
  - 14.3.1 进入 NX 10.0 加工模块 ········· 345
  - 14.3.2 NX CAM 界面介绍 ········· 346
- 14.4 NX 数控加工的通用过程 ········· 349
  - 14.4.1 创建毛坯 ········· 350
  - 14.4.2 父节点组的创建 ········· 351
  - 14.4.3 操作的创建 ········· 356
  - 14.4.4 刀具路径的管理 ········· 357
  - 14.4.5 后置处理 ········· 359
- 14.5 平面铣 ········· 359
  - 14.5.1 平面铣概述 ········· 359
  - 14.5.2 创建平面铣的基本过程 ········· 360
- 14.6 平面铣加工实例 ········· 367
- 14.7 本章小结 ········· 375

第 15 章 NX 模具设计 ········· 376

- 15.1 NX 模具设计工具简介 ········· 376
- 15.2 模具设计前的准备 ········· 377

15.3 模具设计初始化流程 ... 378
15.3.1 装载产品 ... 378
15.3.2 模具坐标系 ... 378
15.3.3 设置模具收缩率 ... 379
15.3.4 添加与设置工件 ... 379

15.4 模具设计中的修补工具 ... 380
15.4.1 创建方块 ... 380
15.4.2 分割实体 ... 381
15.4.3 实体修补 ... 382
15.4.4 边修补 ... 383
15.4.5 拆分面 ... 385

15.5 分型设计 ... 385
15.5.1 分型工具 ... 386
15.5.2 区域分析 ... 386
15.5.3 曲面补片 ... 387
15.5.4 定义区域 ... 387
15.5.5 分型面设计 ... 388
15.5.6 编辑分型面和曲面补片 ... 390
15.5.7 定义型腔和型芯 ... 390

15.6 模架设计 ... 391

15.7 浇注系统设计 ... 392
15.7.1 浇注系统的组成及设计原则 ... 392
15.7.2 定位环设计 ... 393
15.7.3 浇口衬套设计 ... 394
15.7.4 浇口设计 ... 394
15.7.5 分流道设计 ... 396

15.8 其他标准件 ... 397
15.8.1 顶出设计 ... 397
15.8.2 滑块/抽芯设计 ... 398
15.8.3 镶块设计 ... 399
15.8.4 冷却设计 ... 400
15.8.5 电极设计 ... 401

15.9 模具的其他功能 ... 402
15.9.1 建腔 ... 402
15.9.2 视图管理 ... 402
15.9.3 装配图纸和组件图纸 ... 403

15.10 模具设计实例 ··· 404
    15.10.1 项目初始化 ··· 404
    15.10.2 注塑模工具坐标系 ··· 405
    15.10.3 设置收缩率 ··· 406
    15.10.4 设置工件 ··· 406
    15.10.5 布局 ··· 407
    15.10.6 注塑模工具修补 ··· 408
    15.10.7 分型 ··· 409
    15.10.8 添加模架 ··· 413
    15.10.9 添加标准件 ··· 414
    15.10.10 顶杆后处理 ··· 418
    15.10.11 添加浇口 ··· 418
    15.10.12 分流道设计 ··· 422
    15.10.13 建立腔体 ··· 426
15.11 本章小结 ··· 426

第 16 章 钣金设计 ··· 428

16.1 钣金设计概述 ··· 428
    16.1.1 钣金知识 ··· 428
    16.1.2 NX 钣金界面 ··· 428
    16.1.3 钣金设计命令 ··· 429
16.2 钣金基体创建 ··· 429
    16.2.1 突出块 ··· 429
    16.2.2 实体特征转换为钣金 ··· 430
    16.2.3 撕边 ··· 431
    16.2.4 清理实用工具 ··· 432
    16.2.5 转换为钣金 ··· 432
    16.2.6 转换为钣金向导 ··· 433
16.3 钣金折弯 ··· 433
    16.3.1 弯边 ··· 433
    16.3.2 轮廓弯边 ··· 434
    16.3.3 折边弯边 ··· 435
    16.3.4 放样弯边 ··· 436
    16.3.5 二次折弯 ··· 437
    16.3.6 折弯 ··· 438
16.4 拐角和特征 ··· 438
    16.4.1 封闭拐角 ··· 438
    16.4.2 倒角 ··· 439

16.4.3　倒斜角 ·· 440
　　16.4.4　法向除料 ·· 440
16.5　冲压特征 ·· 441
　　16.5.1　凹坑 ··· 441
　　16.5.2　百叶窗 ·· 442
　　16.5.3　冲压除料 ·· 443
16.6　成形与展平 ·· 444
　　16.6.1　伸直 ··· 444
　　16.6.2　重新折弯 ·· 444
16.7　实例示范 ·· 445
　　16.7.1　进入钣金设计窗口 ·· 445
　　16.7.2　绘制草图轮廓，创建主体及折边 ························· 446
　　16.7.3　法向除料后倒圆角 ·· 448
　　16.7.4　创建凹坑 ·· 449
　　16.7.5　展平实体和伸直 ·· 450
16.8　本章小结 ·· 450

第 1 章　NX 10.0 软件入门

NX 是一款集 CAD/CAM/CAE 于一体的三维参数化设计软件，目前最新的版本为 NX 10.0，较其前面的版本有了一些改进，但其基本操作没有改变。NX 广泛应用于汽车、交通、航空航天、日用消费品、通用机械及电子工业等工程设计领域中。

本章主要从总体上介绍了 NX 10.0 软件的一些基本操作，使读者能够对 NX 软件有一定的认识，为后面的学习打下基础。

学习目标

- 了解 NX 的各个模块及进入各模块的方法
- 了解 NX 的工作界面、对话框及命令面板
- 掌握鼠标操作及文件管理的基本操作
- 掌握 UG NX 项目与文件的管理方法

1.1　NX 10.0 的工作环境

在介绍 NX 建模之前，需要先熟悉一下 NX 10.0 的工作环境。包括 NX 10.0 软件的启动、NX 10.0 的工作界面、对话框、命令提示等。

1.1.1　启动 NX 10.0 软件

选择"开始"菜单中的"所有程序"→"Siemens NX 10.0"→"NX 10.0"，即可启动 NX 10.0 软件，如图 1-1 所示。然后可根据任务需要选择新建或打开一个部件文件，并对文件进行操作。

图 1-1　"开始"菜单

1.1.2　NX 10.0 的工作界面

NX 10.0 的工作界面由标题栏、"菜单"按钮、信息提示区、导航区、工作区等组成，如图 1-2 所示，下面分别对其进行介绍。

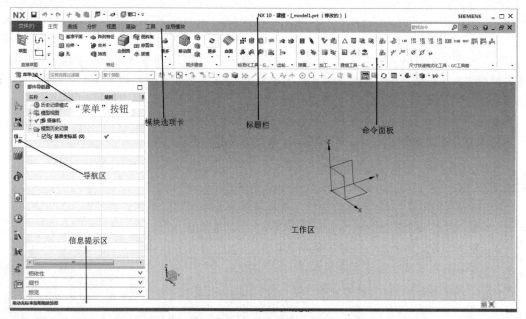

图 1-2　NX 10.0 的工作界面

- 标题栏：标题栏位于 NX 10.0 工作界面的最上方，在此显示软件名称和版本号、当前的模块和文件名等信息。如果对部件已经做了修改，但还没进行保存，其后面还会显示"修改的"提示信息。
- "菜单"按钮：单击"菜单"按钮即可弹出 NX 10.0 的菜单，其中几乎包含了整个软件使用所需要的各种命令，也就是说基本上在建模时用到的各种命令、设置、信息等都可以从中找到。主要包括文件、编辑、视图、插入、格式、工具、装配、信息、分析、首选项、窗口、帮助等选项。后面的章节将对其进行详细介绍，这里不再赘述。
- 模块选项卡：NX 10.0 为用户定制了不同模式的模块选项卡，通过研究人们使用 NX 软件的习惯，将不同的命令在 NX 10.0 中汇集起来，创建了不同模式下的模块选项卡，用户亦可自行定制这些选项卡及其中的命令。
- 命令面板：在不同模块选项卡下汇集了各种不同的命令，用户可通过单击各种命令按钮很方便地创建各种特征。
- 信息提示区：主要是为了实现人机对话，机器通过信息提示区向用户提供当前操作步骤所需要的信息，如提示用户选择基准平面、选择放置面、选择水平参考等。这一功能使得那些对某个命令不太熟悉的用户能顺利地完成相关的操作。
- 导航区：主要是为用户提供了一种快捷的操作导航工具，它主要包含装配导航、约束导航器、部件导航器、重用库、Web 浏览器、历史记录、系统材料、Process Studio、颜色、场景等。

- 工作区：主要是绘制草图、实体建模、产品装配、运动仿真等操作的区域。

1.1.3 功能模块的进入

前面我们介绍过，NX 10.0 为用户提供了许多模块，这些模块在 NX 的主界面上集中成几个模块，并按功能开关形式分类到如图 1-3 所示的"应用模块"选项卡下的命令面板中，这些主要的模块有建模、外观造型设计、制图、加工和装配等。

图 1-3 "应用模块"选项卡

刚刚进入 NX 10.0 主界面时，是处在 Gateway 应用模块中，各菜单或命令面板都是灰色的，需要新建或打开一个文件，在 Application 菜单中选择要进入的模块来进行工作。

1.1.4 命令提示

命令提示是一个文本框，这个文本框告诉用户该命令按钮的作用。无论该命令按钮在当前模块下是否可用，NX 都会显示命令提示。将鼠标指针放在命令按钮上，在光标下就会出现该文本框，如图 1-4 所示。

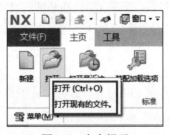

图 1-4 命令提示

1.1.5 NX 对话框

在使用 NX 建模的过程中，几乎每个特征的建立都要用到对话框，对话框为人机对话提供了平台，用户可以通过对话框告诉机器自己想要进行什么操作，软件也会通过对话框提示或警告用户等。

如图 1-5 所示的"创建草图"对话框，通过人机对话，我们对草图类型、草图平面、草图方向、草图原点等进行设置，最终完成创建草图的操作。

图 1-5 "创建草图"对话框

1.1.6 鼠标及快捷键的应用

对于 NX 系统来说，用户使用的工具是鼠标和键盘。对于系统，它们各有特殊的用法，就此本节对鼠标和快捷键的应用作如下说明。

（1）鼠标的应用

一般，对于设计者来说，大多数使用的鼠标是三键式。而对于使用两键式鼠标的设计者来说，他们可以使用键盘中的回车键来实现三键式鼠标的中键功能。同时，结合键盘中的 Ctrl、Shift 和 Alt 键来实现某些特殊功能，从而提高设计的效率和质量。

对此，作以下说明，来介绍鼠标在设计中的特殊功能。其中用字母"M？"来代替鼠标按键，后面的问号"？"代替号码（1、2 或 3）；用"+"号来代替同时按键这一动作。

- M1：用于选择菜单命令。
- M2：用于确定所实行的指令。
- M3：用于显示快捷菜单。
- Alt+M2：用于取消所实行的指令。
- Shift+M1：取消之前在绘图区中所选取的对象，而在列表对话框中，这一动作是实现某一连续范围的多项选择。
- Ctrl+M1：用于在列表对话框中选择多项连续或者不连续的选项。
- Shift+M3：就某个选项打开其快捷菜单。
- Alt+Shift+M1：对于连续的选项进行选取。

（2）快捷键的应用

除了可以用鼠标进行设计外，还可以利用键盘中的某些键来进行设计，这些键就是所谓的快捷键。利用它们可以跟 NX 系统进行很好的人机交流。对于选项的设置，一般是将鼠标移至所要设置的选项之处。

另外，可以利用键盘的某些键来进行设置。快捷键的运用，可参考有关菜单栏之下的选项后面的标识。就此，下面说明某些通用的快捷键。

- Tab：将鼠标在对话框中的选项之间进行切换。
- Shift+Tab：在多选对话框中，将单个显示栏目往下一级移动，当光标落在某个选项上时，该选项在绘图区中对应的对象便亮显，以便选择。
- 方向键：对于单选按钮中的选项，可以利用方向键来进行选择。
- Enter 键：其功能相当于对话框中的"确定"按钮。
- Ctrl+C：其功能相当于菜单选项中的复制功能。
- Ctrl+V：其功能相当于菜单选项中的粘贴功能。
- Ctrl+X：其功能相当于菜单选项中的剪切功能。

1.2 文件管理基本操作

1.2.1 NX 文件要求

1．文件名要求

NX 将文件名或目录名的最大长度限制为 128 个字符。对于文件而言，128 个字符的限制包括其文件名和扩大名。扩大名始终是三个字符，并且它必须符合在"文件类型"和"扩大名"部分所指定的规则。

文件名与扩大名之间的句点算一个字符，这样为文件名本身总共留下 124 个字符。在文件名中只能包含字母数字字符，而不能包含非字母、数字字符，如 #、@、%、$ 等。

2．目录路径要求

NX 对目录路径十分"敏感"，它不能容忍其所使用的任何路径（如安装路径、文件存储路径等）出现中文字符，如果有中文字符出现将会导致系统内部错误，从而中止操作。

在存储文件或安装软件时最好使用英文字母或数字作为路径名，这样可以避免很多不必要的麻烦。

值得一提的是，UG NX 10.0 开始全面支持中文文件名和文件路径，从而方便了中国用户的文件命名和文件存储。

 NX 同时支持 Windows 本地文件规范和 UNC 文件规范。

1.2.2 新建文件

在 NX 10.0 工作界面中，单击"新建"按钮，系统将弹出如图 1-6 所示的"新建"对话框，在"名称"文本框中输入文件名称，在"文件夹"文本框中指定存储路径，然后单击"确定"按钮即可。

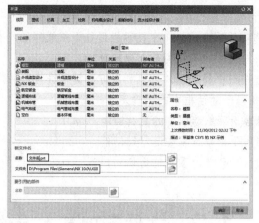

图 1-6 "新建"对话框

下面对"新建"对话框中的主要参数进行说明。

1. 模型

如图 1-6 所示默认打开的是"模型"选项卡,"模型"下拉列表中主要有建模、装配、外观造型设计等类型,每种类型针对不同的应用模块,本书主要介绍建模、装配、外观造型设计、NX 钣金等模块。

2. 图纸

在"新建"对话框中单击"图纸"选项卡,如图 1-7 所示,"图纸"类型模板是针对 NX 中的工程图模块设计的,它主要包含了 A0、A1、A2、A3、A4 等几种图纸的有视图和无视图模块,还包括 A0、A1 的 2D 布局和毛坯模块,可根据创建工程图时的实际情况选择不同的模板。

3. 仿真

在"新建"对话框中单击"仿真"选项卡,如图 1-8 所示,"仿真"类型模板是针对 NX 中的仿真模块设计的,它主要包含了几种现在比较流行的仿真软件的模板,如 Ansys、Abaqus、Nastran 等,用户可根据在仿真时选用的不同求解器而选择相应的模板。

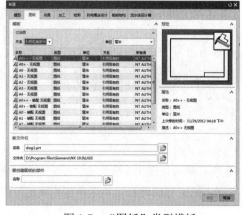

图 1-7 "图纸"类型模板

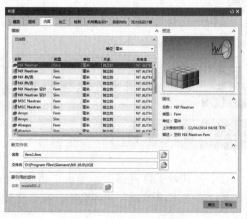

图 1-8 "仿真"类型模板

1.2.3 打开文件

1. 打开文件

在"文件"菜单中选择"打开"命令,或者在命令面板中单击"打开" 按钮,系统弹出如图 1-9 所示的"打开"对话框。

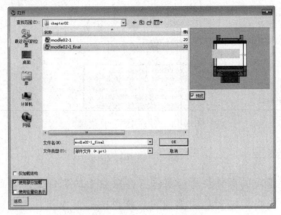

图 1-9 "打开"对话框

在该对话框中列出了当前工作目录下存在的部件文件,可以直接选择要打开的部件文件,也可以在"文件名"文本框中输入要打开的部件名称。

如果当前目录下没有需要的文件,可以在查找范围中找到文件所在的路径。另外,对话框中还有以下两个选项,在实际操作中有着很重要的用途。

- 使用部分加载:选中该复选框,则在打开一个装配部件的时候,不用调用其中的组件,对于大的部件可以快速打开。
- 使用轻量级表示:选中该复选框,如果要打开的复杂部件在上一次存盘的时候保存了显示文件,那么可以利用显示文件快速打开,对复杂的部件是非常有利的。

2. 打开上次打开过的文件

在"文件"菜单右侧显示"最近打开的部件",如图 1-10 所示菜单中列出了最近打开过的文件,单击要打开的文件就可以了。

图 1-10 显示"最近打开的部件"

也可以通过"关闭"子菜单下的两个命令重新打开上次打开过的文件,如图 1-11 所示。

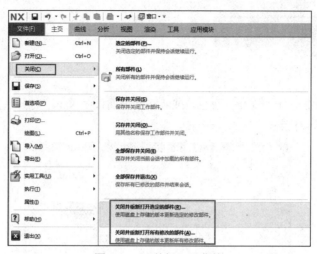

图 1-11 "关闭"子菜单

下面说明这两个命令。

- 关闭并重新打开选定的部件：用当前保存在磁盘上的部件更新修改过的已打开部件。当不想保存当前修改或想要打开已由其他用户修改的部件或组件时，选择此命令。
- 关闭并重新打开所有修改的部件：重新打开当前会话中所有已修改的部件。其中包括在加载到当前会话之后，在磁盘上被其他用户修改过的部件。

1.2.4 关闭文件

"关闭"命令主要用来关闭当前正在运行的文件，在打开较多的文件时（如装配过程），操作起来比较麻烦，在此做简单介绍。

选择"文件"→"关闭"命令即可展开如图 1-11 所示的"关闭"子菜单，其中包含了"保存并关闭""全部保存并关闭""全部保存并退出"等命令。

1. 保存并关闭

"保存并关闭"是指对当前正在运行的文件保存并关闭。该命令一般用在仅对单个文件进行操作时，关闭后系统会自动退回到基本界面。

2. 全部保存并关闭

"全部保存并关闭"是指对已经打开的所有文件进行保存并关闭。该命令一般用在已打开多个文件并对其做了修改后，这样可以一次性保存多个文件，而不用逐个进行保存，关闭后系统会自动退回到基本界面。

3. 全部保存并退出

"全部保存并退出"是指对已经打开的所有文件进行保存并退出 NX 系统。该命令用在打开了多个文件并对其做了修改之后，它和"全部保存并关闭"命令不同的一点是，它在保存文件后会自动退出 NX，而不是关闭文件。

1.2.5 导入文件与导出文件

1. 导入文件

"导入"命令主要是用来将符合NX文件格式要求的文件导入到NX系统中，如Parasolid、CATIA、Pro/E等文件格式，在个别文件导入过程中可能会出现颜色丢失现象，但其他要素不会丢失。

选择"文件"→"导入"命令即可展开如图1-12所示的"导入"子菜单，然后根据要导入的文件格式选择不同的导入命令就可以完成文件的导入。

2. 导出文件

"导出"命令主要是用来将NX创建的文件以其他格式导出，如Parasolid、CATIA、Pro/E等文件格式，这样生成的文件不再是以".prt"为后缀名，而是以与格式相应的后缀名结尾。导出的文件再使用相应的软件就能打开并进行编辑。

选择"文件"→"导出"命令即可展开如图1-13所示的"导出"子菜单，然后根据要导出的文件格式选择不同的导出命令就可以完成文件的导出。

图1-12 "导入"子菜单

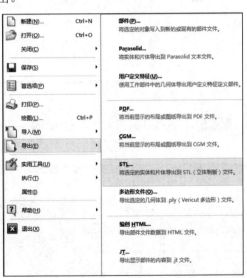

图1-13 "导出"子菜单

1.2.6 文件管理操作实例

本实例将详细讲解文件的创建、保存/关闭、文件的打开、文件的导出/导入等管理操作。

步骤01 启动NX 10.0。依次在Windows系统中选择"开始"→"程序"→Siemens NX 10.0→NX 10.0命令（如图1-14所示），启动NX 10.0软件，如图1-15所示。

步骤02 新建文件。在启动界面中选择"文件"→"新建"命令，或者在"主页"选项卡下的面板中单击"新建"按钮，系统弹出"新建"对话框，参数设置如图1-16所示，单击"确定"按钮，系统将进入建模环境。

图 1-14　启动 NX 10.0 程序

图 1-15　"NX 10.0"界面

 **步骤 03** 保存并关闭文件。选择"文件"→"关闭"→"保存并关闭"命令（如图 1-17 所示），保存并关闭创建的文件。

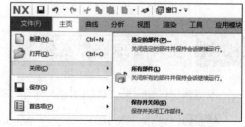

图 1-16　"新建"对话框　　　　　　　图 1-17　选择"保存并关闭"命令

步骤 04 打开文件。选择"文件"→"打开"命令，系统弹出"打开"对话框，选择素材文件\chapter01 目录下的 modle01-2.prt 文件，如图 1-18 所示，单击 OK 按钮，打开如图 1-19 所示的模型。

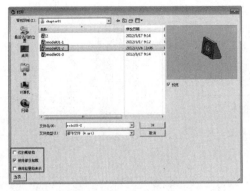

图 1-18 "打开"对话框　　　　　　　图 1-19 打开的模型文件

步骤 05 导出文件。选择"文件"→"导出"→"STEP203"命令，系统弹出"导出至 STEP203 选项"对话框，参数设置如图 1-20 所示，单击"确定"按钮，系统弹出如图 1-21 所示的"STEP 203 Export"窗口进行文件的导出。

图 1-20 "导出至 STEP203 选项"对话框　　　图 1-21 "STEP 203 Export"窗口

步骤 06 导入文件。选择"文件"→"导入"→"STEP203"命令，系统弹出"导入自 STEP203 选项"对话框，参数设置如图 1-22 所示，单击"确定"按钮，系统弹出如图 1-23 所示的"STEP203 Import"窗口进行文件的导入，导入生成的模型文件如图 1-24 所示。

图 1-22 "导入自 STEP203 选项"对话框　　　图 1-23 "STEP203Import"窗口

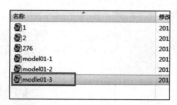

图 1-24 导入生成的模型文件

 保存并关闭所有文件。选择"文件"→"关闭"→"全部保存并关闭"命令,保存并关闭所有文件。

1.3 工作环境用户化

NX 在默认界面下列出的仅是一般实体建模用户常用的功能,可以根据需要对命令面板和菜单命令进行用户化定制,以方便使用。

单击"菜单"按钮后,在"工具"菜单中选择"定制"命令(如图 1-25 所示),系统将弹出如图 1-26 所示的"定制"对话框,选中其中的复选框即可在工作界面中显示所选的命令面板,然后将其拖到图形界面上的功能区中即可。

图 1-25 选择"定制"命令　　　　　图 1-26 "定制"对话框

1.4 本章小结

本章对 NX 10.0 软件进行了概述性的介绍,并对软件的工作界面、各个模块的功能及操作方法进行了讲解。通过对本章的学习,读者能够对 NX 软件有一定的认识,熟悉其中一些基本操作,为进一步学习打下基础。

第 2 章 NX 基本操作

本章介绍 NX 10.0 的一些基本操作，主要包括视图的操作、视图布局、工作图层的设计、工作坐标系的操作等。

学习目标

- 熟练掌握视图的操作及视图布局的设置
- 熟悉工作图层的设置方法
- 熟练掌握工作坐标系的操作
- 熟练掌握对象选择的方法
- 熟练掌握零件的选择方式、显示模式等操作
- 熟练掌握点捕捉、定位、观察截面、信息查询机对象分析工具的使用方法

2.1 视图操作

视图菜单主要是用来对视图进行设置的，如对视图进行刷新、操作、布局、可视化等，其中很多功能只有在专业人员进行渲染时才会使用，本节仅对其中比较常用的几个操作进行介绍。

2.1.1 使用视图操作命令

操作命令主要是用来对视图进行缩放、旋转等操作。单击"菜单"按钮后，选择"视图"→"操作"命令，展开如图 2-1 所示的"操作"子菜单，下面对其中比较常用的缩放、旋转和镜像显示进行介绍。

1. 缩放

"缩放"是指对当前视图进行缩小或放大，它是非常有用的操作。在建模过程中，经常需要对某一细节特征进行编辑，这时就需要使用缩放命令将细节放大，再进行精确编辑。

图 2-1 "操作"子菜单

在如图 2-1 所示的"操作"子菜单中选择"缩放"命令,系统将弹出如图 2-2 所示的"缩放视图"对话框,与此同时光标也从 ✣ 变成了缩放光标 🔍,如图 2-3 所示。

图 2-2 "缩放视图"对话框

图 2-3 "缩放光标"示意图

可以通过以下几种方式进行视图缩放的操作。

- 方法 1:滚动鼠标中键,即可放大或缩小视图。
- 方法 2:需要确定缩放的比例,可以在"缩放视图"对话框的"缩放"文本框中输入缩放比例。
- 方法 3:通过"缩放视图"对话框中的"缩小一半""双倍比例""缩小 10%""放大 10%"按钮来实现特定的缩放功能。

2. 旋转

"旋转"是指将当前工作区的模型按照一定的方式进行旋转。在建模时,通过旋转可以很完整、细致地观察到模型的每一个细节特征,使建模变得方便且准确。

在"操作"子菜单中选择"旋转"命令,系统将弹出如图 2-4 所示的"旋转视图"对话框。通过该对话框可以完成对视图的旋转操作。

用户可根据需要选择旋转方式,其中"固定轴"中共有 4 种类型,分别为 ✣(X 轴)、✣(Y 轴)、✣(Z 轴)和 ✣(XY 轴)。

图 2-4 "旋转视图"对话框

在选择了旋转方式之后,按住鼠标左键或中键拖动,同样可以实现模型的旋转。

3. 镜像显示

"镜像显示"是指将模型及其相对于 ZX 平面的镜像同时显示。在"操作"子菜单中选择"镜像显示"命令,显示效果如图 2-5 所示。

(a) 未"镜像显示"

(b) "镜像显示"

图 2-5 "镜像显示"效果图

2.1.2 使用鼠标进行查看操作

在 NX 10.0 中使用鼠标按键可以快捷地对视图进行缩放、旋转等操作，大大提高绘图建模的效率。下面详细说明使用鼠标进行视图操作的方法。

- 平移：在视图中按住 M2+M3 不放（先按 M2 然后按 M3），拖动鼠标；或者按 Shift+鼠标中键，拖动鼠标即可完成对视图的平移。
- 旋转：按住鼠标中键 M2 并在视图中拖动，即可完成对视图的平移。
- 缩放：使用鼠标进行视图的缩放操作有以下 3 种方法。
  - 在当前光标位置附近进行缩放时，使用滚轮来缩放，光标下的点会保持静态，旋转鼠标滚轮。
  - 按住 M2+M1 不放（先按 M2 然后按 M1）。
  - 按住 Ctrl 键并使用鼠标中键（M2）拖动。另外，如果在 Windows 平台上使用鼠标滚轮，每次单击将放大或缩小 25%。

 在缩放模式下，不能使用 Shift + M1 来取消选中对象。要取消选择对象，请退出缩放操作。

2.1.3 视图显示方式

在对视图进行观察时，往往需要改变视图的显示方式，如实体显示、线框显示等，如图 2-6 所示。NX 10.0 的视图显示方式包括以下几种类型。

- 带边着色：用以渲染工作实体中实体的面，并显示面的边，如图 2-7 所示。
- 着色：用以渲染工作实体中实体的面，不显示面的边，如图 2-8 所示。

图 2-6 "样式"下拉列表

图 2-7 "带边着色"效果　　图 2-8 "着色"效果

- 带有淡化边的线框：图形中隐藏的线将显示为灰色，如图 2-9 所示。
- 带有隐藏边的线框：不显示图形中隐藏的线，如图 2-10 所示。
- 静态线框：图形中的隐藏线将显示为虚线，如图 2-11 所示。
- 艺术外观：根据制定的基本材料、纹理和光源对工作视图中的面进行渲染，如图 2-12 所示。

 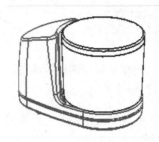 

图 2-9　"带有淡化边的线框"效果　　图 2-10　"带有隐藏边的线框"效果　　图 2-11　"静态线框"效果

- 面分析：用线框的形式，显示工作实体中各平面的边或面，效果如图 2-13 所示。
- 局部着色：可以根据需要选择面着色，以突出显示，如图 2-14 所示。

图 2-12　"艺术外观"效果　　图 2-13　"面分析"效果　　图 2-14　"局部着色"效果

2.2　视图布局设置

视图布局是指将绘图窗口分解成多个视图来观察对象的管理方式，使用布局对当前多个视图的显示和排版进行控制，可对这些视图进行显示切换、定义或重新命名等。

要进行视图的布局操作，可单击"菜单"按钮，选择"视图"→"布局"命令，弹出"布局"子菜单，如图 2-15 所示。选择该菜单中的命令，即可执行相应的视图布局操作。

图 2-15　"布局"子菜单

2.2.1 新建布局

在进行视图布局操作之前,首先要在目前工作区中新建一个视图布局,方便在新创建的布局中执行更新、保存或删除等操作。

在"布局"子菜单中选择"新建"命令,打开如图 2-16 所示的"新建布局"对话框,在"名称"后面的文本框中输入该布局的名称,并在"布置"下拉列表中指定"布置"的方式。

在"名称"文本框中输入布局名称为 LAY1,在"布置"下拉列表中选择 第 4 种"布置"方式,单击"应用"按钮即可完成"布局"的新建。新建的视图布局如图 2-17 所示。

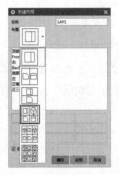
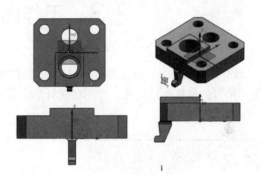

图 2-16 "新建布局"对话框　　　　图 2-17 新建的视图布局

2.2.2 保存布局

当建立了一个新的布局之后,可以将其保存起来,以便以后调用。保存布局有两种方式:一种是按照布局的原名保存;另一种是以其他名称保存,即另存为其他布局名称。

第一种操作,直接选择"布局"子菜单中的"保存"命令即可。第二种操作,可选择"另存为"命令,打开"另存布局"对话框,如图 2-18 所示,在"名称"文本框中输入布局名称,即可保存该布局。

2.2.3 打开布局

"打开"是指打开系统默认的 6 个视图或者先前创建的视图中的一个。选择"布局"子菜单中的"打开"命令,弹出"打开布局"对话框,如图 2-19 所示,选择要打开的布局,单击"确定"按钮即可。

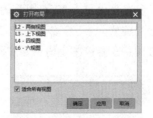

图 2-18 "另存布局"对话框　　　　图 2-19 "打开布局"对话框

2.2.4 删除布局

"删除"用于删除用户定义的不活动布局。该命令能删除特定的视图布置，不能删除当前布局或任何预先定义的布局。如果因为失误删除了一个用户定义的布局，则须重新创建布局。

依次选择"视图"→"布局"→"删除"命令，打开"删除布局"对话框，从该对话框中的当前文件布局列表框中选择要删除的视图布局，单击"确定"或"应用"按钮，即可删除该视图布局。

2.3 工作图层设置

图层的主要功能是在复杂建模时可以控制对象的显示、编辑和状态。"工作"是指当前的工作图层，当前所有的操作都是针对工作图层进行的。通过在"工作"右边的文本框中设置工作图层序号来指定当前的工作图层。

2.3.1 图层设置

"图层设置"是用来设置工作图层、可见图层、不可见图层并定义图层的类别名称的。目的是将不同的内容设置在不同的图层中。不同的用户对图层的使用习惯不同，但同一设计单位要保证图层设置一致。

在"格式"子菜单中选择"图层设置"命令或在命令面板中单击"图层设置"按钮，弹出如图2-20所示的"图层设置"对话框。

- 工作图层：指当前的工作图层，当前所有的操作都是针对工作图层进行的。通过在"工作"右边的文本框中设置工作图层序号来指定当前的工作图层。
- 范围或类别：指通过设置需要选择的图层范围或类别来筛选图层。如范围设置为 1~10，则系统会自动选取图层号为 1~10 的图层。
- 信息：提供了当前所有图层的信息，在"图层设置"对话框中，单击"图层控制"下的"信息"按钮，打开"信息"窗口，其中提供了 1~256 图层的所有信息，用户可在其中查找感兴趣的。
- 无对象图层：指被指定的图层中没有任何对象，其对应的"对象数"为空。

图 2-20 "图层设置"对话框

2.3.2 图层类别

在 NX 产品设计过程中，层的分类仅靠层号区分是不够的，也是非常麻烦的。因此，在 NX 10.0

中，提供了将多个图层设置为集合的方法，这样便于用户按照层组查找层。

在"视图"面板中单击"图层类别"按钮，或者选择"格式"→"图层类别"命令，弹出如图 2-21 所示的"图层类别"对话框。

在 NX 10.0 中新增了 5 个预定义层组，包括 CURVES（曲线层）、DATUMS（基准层）、SHEETS（曲面层）、SKETCHES（草图层）和 SOLIDS（实体层）。

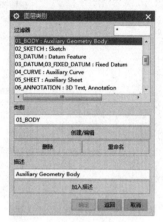

图 2-21　"图层类别"对话框

如表 2-1 所示为各种类型图层及其在 NX 中的默认图层序号。

表 2-1

名称	中文名称	所在图层
ALL	所有类别	1～256
CURVE	曲线	41～60
DATUM	基准	61～80
SHEET	片体	11～20
SKETCHE	草图	21～40
BODY	实体	1～10

2.3.3 移动至图层

"移动至图层"是用来将指定的对象移动到指定的图层中去的，可以即时将创建的对象归类到相应的图层，方便对象的管理。

步骤 01　在"视图"面板中单击"移动至图层"按钮，或者选择"格式"→"移动至图层"命令，弹出对象选取提示。

步骤 02　选取要移动的对象，单击"确定"按钮，弹出如图 2-22 所示的对话框。

步骤 03　可以在"目标图层或类别"下的文本框中输入想要移动到的图层序号，也可以在"类别过滤器"下的列表框里选择一种图层类型。

步骤 04　在选择了一种图层类别的同时，在"目标图层或类别"下的文本框里会出现相应的图层序号，如图 2-23 所示。

步骤 05　选择完成后单击"确定"或"应用"按钮即可完成图层的移动。如果还想继续选择新的对象进行移动，可在对话框中单击"选择新对象"按钮，然后再进行一次移动。

图 2-22　"图层移动"对话框

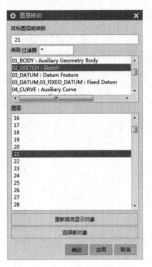

图 2-23　选择图层类型

2.3.4　复制至图层

"复制至图层"用来将指定的对象复制到指定的图层中去，这个命令在建模中非常有用。在不知是否需要对当前对象进行编辑时，可以先将其复制到另一个图层，然后再进行编辑，如果编辑失误还可以调用复制的对象，不会对模型造成影响。

在"视图"面板中单击"复制至图层"按钮，或者选择"格式"→"复制至图层"命令，弹出对象选取提示。选择要复制的对象，然后单击"确定"按钮，弹出对话框。其中各选项的使用方法与移动至图层操作时功能对话框选项的用法一致，这里不再赘述。

2.4　工作坐标系（WCS）操作

在 NX 中有绝对坐标系（ACS）和工作坐标系（WCS）两种坐标系，其中绝对坐标系的原点是永远不变的，工作坐标系是系统提供给用户的坐标系，其坐标原点和方位都是可以改变的，在系统中可以存在多个坐标系，但工作坐标系只有一个。

工作坐标系（WCS）操作包括对工作坐标系进行变换、定位、保存和显示。下面对其进行具体介绍。

2.4.1　变换工作坐标系

变换工作坐标系有原点、动态、旋转等命令，下面进行详细说明。

1. 原点

"原点"是指对 WCS 的原点进行变换，在如图 2-24 所示"格式"子菜单中选择 WCS→"原点"命令，系统将弹出如图 2-25 所示的"点"对话框。

图 2-24 "格式"子菜单

图 2-25 "点"对话框

在 XC、YC、ZC 对应的文本框中输入新原点坐标值，或者通过其他方法指定一点作为新原点。单击"确定"按钮，则工作坐标系原点移动到该点，但坐标系的方位不发生改变。

2. 动态

"动态"是指动态地拖动或者旋转坐标系到新位置，在"格式"子菜单中选择 WCS→"动态"命令，还可以双击工作区的 WCS 坐标。当进入动态变换状态时，坐标系形态变化如图 2-26 所示。

（1）移动坐标系

将光标放在如图 2-26 所示的方形手柄上，光标变成如图 2-27 所示的形状，此时只需按住鼠标左键将坐标系拖动到所需的位置即可。

图 2-26 动态坐标系

图 2-27 选择方形手柄

（2）旋转坐标系

将光标放在如图 2-26 所示的圆形手柄上，光标变成如图 2-28 所示的形状，此时只需要按住鼠标左键拖动，坐标系就会发生相应的旋转，也可在"角度"文本框中输入需要旋转的角度进行精确旋转。每个圆形手柄控制绕不同的坐标轴旋转。

- YC、ZC 轴间的圆形手柄表示绕 XC 轴旋转。
- ZC、XC 轴间的圆形手柄表示绕 YC 轴旋转。
- XC、YC 轴间的圆形手柄表示绕 ZC 轴旋转。

（3）沿轴移动坐标系

将光标放在如图 2-26 所示的锥形手柄上，光标变成如图 2-29 所示的形状，此时只需要按住鼠标左键拖动，坐标系就会发生相应的移动，也可在"距离"文本框中输入需要移动的距离进行精确移动。每个锥形手柄控制沿不同的坐标轴移动。

- YC 轴上的锥形手柄表示沿 YC 轴移动。
- XC 轴上的锥形手柄表示沿 XC 轴移动。
- ZC 轴上的锥形手柄表示沿 ZC 轴移动。

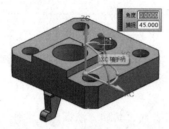

图 2-28　选择圆形手柄

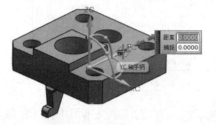

图 2-29　选择锥形手柄

3．旋转

"旋转"是指将工作坐标系绕指定的坐标轴旋转指定的角度。在"格式"子菜单中选择 WCS→"旋转"命令，系统将弹出如图 2-30 所示的"旋转 WCS 绕…"对话框。

其中，○+ ZC 轴：XC --> YC 表示将工作体系绕+ZC 轴由 XC 向 YC 旋转一定的角度，其他各选项以此类推，在此不再详细介绍。旋转角度的大小可以在对话框的"角度"文本框中设置。

图 2-30　"旋转 WCS 绕…"对话框

2.4.2　定向工作坐标系

"定向"是指通过给新坐标系指定原点和方位的方法来创建新坐标系。在"格式"子菜单中选择 WCS→"定向"命令，或者在命令面板中单击 按钮，打开如图 2-31 所示的 CSYS 对话框，然后通过基准 CSYS 来构造新的坐标系。基准 CSYS 的用法将在后面的章节中进行详细讲解。

2.4.3　显示工作坐标系

在"格式"子菜单中选择 WCS→"显示"命令，如果当前工作坐标系处于隐藏状态，选择该命令，则可以显示工作坐标系；如果当前工作坐标系处于显示状态，选择该命令则可以隐藏工作坐标系。

图 2-31 CSYS 对话框

2.4.4 保存工作坐标系

"保存"是指保存当前设置的工作坐标系。可以在"格式"子菜单中选择 WCS→"保存"命令来实现。

2.5 选择对象的方法

NX 建模过程中,在对一个实体进行创建及编辑时,需要先选择编辑或创建特征相关的对象。下面对选择对象的方法进行简单介绍。

2.5.1 "类选择"对话框

在对一个实体进行编辑时,这个实体往往包含了很多特征,如实体、边缘、曲线、点、草图等,特别是在复杂的建模中,利用鼠标直接选取对象往往很难做到。

如果需要对其中某一特征进行批量选取,可以通过"选择过滤器",使用类型、颜色、图层或其他参数来指定哪些对象可选,如图 2-32 所示。

图 2-32 选择过滤器

例如,仅需要对面进行选取,可以在"选择过滤器"下拉列表中选择"面"选项,这时当光标在选择区进行选择时,只有边特征面被加亮,用户就可以排除其他干扰快速选取面特征。

2.5.2 "快速拾取"对话框

在建模过程中，有时必须要选取某些边缘、面、特征、实体等，但由于在选择区域有好几种特征，如同时有面、边缘、实体，这就很难准确地选择。

NX 在设计时就考虑到了这一点，当选择区域的特征很多时，可以在选择区域单击鼠标右键，弹出如图 2-33 所示的快捷菜单，选择"从列表中选择"命令，即可弹出如图 2-34 所示的"快速拾取"对话框，其中列出了选择区域中所有的特征，根据需要选取即可。

图 2-33　右键快捷菜单

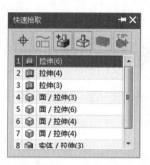

图 2-34　"快速拾取"对话框

2.5.3 部件导航器

导航区主要是为用户提供了一种快捷的操作导航工具，它主要包含装配导航器、约束导航器、部件导航器、重用库、InternetExplorer、历史记录、系统材料、processstudio、颜色、场景等。导航区最常用的是部件导航器，下面对其进行详细的介绍。

在 NX 主界面中，单击"部件导航器"按钮即可打开如图 2-35 所示的"部件导航器"对话框。部件导航器以详细的图形树的形式显示了已经建立的各个特征。可以使用部件导航器执行以下操作：

- 更新并了解部件的基本结构；
- 选择和编辑树中的各项参数；
- 排列部件的组织方式；
- 在树中显示特征、模型视图、图纸、用户表达式、引用集和未用项。

下面对部件导航器中的各个面板进行说明。

1. 主面板

部件导航器的主面板提供模型的综合视图，通过它可以完成如下功能：

图 2-35　"部件导航器"对话框

- 获取部件的全图；
- 选择用于命令的项；
- 编辑部件中的对象参数；
- 选中与撤选对象复选框以控制其可见性；
- 使用过滤器可定制在主面板中显示的内容，并只显示要查看的信息；
- 展开的树结构显示用于创建实体与片体的特征，可以查看它们的父特征。

2．相依性板

使用部件导航器中的"相依性"面板（如图 2-36 所示），可以执行以下操作：

- 查看部件中的特征几何体的父子关系；
- 检查计划的修改对部件的潜在影响；
- 选择特征与特征几何体以在图形窗口中高亮显示。

要查看特征的相依性，可在部件导航器的主面板、图形窗口中选择它，或者通过其他选择方法进行选择。相依性显示在父项与子项文件夹中。

3．细节面板

使用部件导航器中的"细节"面板（如图 2-37 所示）可以查看并编辑属于当前所选部件的特征和定位参数。该面板包含参数、值和表达式。

图 2-36　"相依性"面板

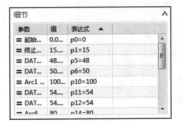

图 2-37　"细节"面板

4．预览面板

部件导航器中的预览面板用于显示合适预览对象的图像。

2.6　典型的对象编辑设置

2.6.1　编辑对象显示

对象显示主要是用来对已选对象的颜色、线型、宽度和图层进行编辑。单击"菜单"按钮，依次选择"编辑"→"对象显示"命令，或者在"视图"面板中单击"编辑对象显示"按钮，系统将弹出"类选择"对话框。

在绘图区中选择需要编辑的对象之后,在"类选择"对话框中单击"确定"按钮,系统会弹出如图 2-38 所示的"编辑对象显示"对话框。该对话框中包括"常规"和"分析"两个选项卡,其中"分析"选项卡使用比较少,这里只对"常规"选项卡中的常用参数设置进行介绍。

1．图层

"图层"是指为当前选择的对象指定所属图层,在没有进行设置的情况下,所有对象都默认为图层 1,可以根据需要在此处进行对象图层的指定。在 NX 中,一个 NX 部件可以含有 1~256 个图层,图层设置不能超出这个范围。

2．颜色

"颜色"是指对当前选择的对象的颜色进行编辑,在 NX 中,默认颜色为灰色,如需要设置,可在"编辑对象显示"对话框中单击"颜色"右侧的　　　色块,打开如图 2-39 所示的对话框。

图 2-38 "编辑对象显示"对话框

图 2-39 "颜色"对话框

在其中选择需要的颜色,单击"确定"按钮返回对话框,继续单击"确定"按钮便可完成颜色的设置。

3．线型

"线型"是指对选定对象的线型进行设置,线型有虚线、双点画线、中心线、点线、长点画线、点画线,可以根据不同的需要进行设置。可在"线型"下拉列表中(如图 2-40 所示)指定需要的线型。

4．宽度

"宽度"是指对选定对象的线宽进行设置,线宽有细线宽度、正常宽度和粗线宽度三种,可以根据不同的需要进行选取。

在"宽度"下拉列表中(如图 2-41 所示)指定需要的线宽。"细线宽度"的宽度为一个像素,"正常宽度"的宽度为两个像素,"粗线宽度"的宽度为三个像素。

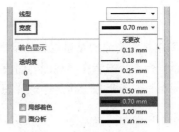

图 2-40　"线型"下拉列表　　　　　　　图 2-41　"宽度"下拉列表

5. 透明度

"透明度"用于控制穿过所选对象的光线数量。改变所选对象的透明度，数值越大，透明度也就越大。

2.6.2　对象显示和隐藏

"显示和隐藏"是指对工作区中的模型部件进行显示或隐藏的操作。在创建复杂的模型时，一个文件中往往存在多个实体造型，造成各实体之间的位置关系互相错叠，这样在大多数观察角度上将无法看到被遮挡的实体，或是各个部件不容易分辨。这时只要轻松隐藏那个部件就可对其覆盖的对象进行方便地操作。

单击"菜单"按钮后，选择"编辑"→"显示和隐藏"命令，展开如图 2-42 所示的"显示和隐藏"子菜单，再根据需要在其中选择相应的命令。"显示和隐藏"子菜单中共有 8 个命令，下面对其中常用的几个命令进行介绍。

1. 隐藏

"隐藏"是指将指定的对象进行隐藏，使其从屏幕上消失。单击"菜单"按钮，选择"编辑"→"显示和隐藏"→"隐藏"命令，或者在"视图"面板中单击"隐藏"按钮，打开如图 2-43 所示的"类选择"对话框，然后在工作区中选择想要隐藏的对象，单击"确定"按钮即可。

图 2-42　"显示和隐藏"子菜单　　　　　图 2-43　"类选择"对话框

2. 显示

"显示"是指将隐藏的对象重新显示出来。单击"菜单"按钮，选择"编辑"→"显示和隐藏"→"显示"命令，或者在"视图"面板中单击"显示"按钮，系统将弹出如图 2-43 所示的"类选择"对话框，然后在工作区中选择想要显示的对象，单击"确定"按钮即可。

3. 全部显示

"全部显示"是指将所有隐藏的对象全部显示出来。单击"菜单"按钮，选择"编辑"→"显示和隐藏"→"全部显示"命令，或者在"视图"面板中单击"全部显示"按钮，系统将会将所有隐藏的对象显示出来。

2.7 NX 常用工具

NX 常用工具如点捕捉工具、定位功能、截面观察工具、信息查询工具、对象分析工具等，熟练掌握这些常用工具会使建模变得更方便、快捷，下面对这些工具进行介绍。

2.7.1 点捕捉功能

"捕捉点"工具可以确定创建或编辑几何对象时指定点和点位置要使用的点自动判断方式。它可用于许多功能，包括基准平面、基准轴、由点生成的样条、由极点生成的样条、草图、动态 WCS 和 X 成形等。

当需要指定点时，系统会自动捕捉对象的端点、中点、象限点、圆心等，可以方便选取需要的点而过滤掉不需要的点。

当需要指定点时，在信息提示栏上面会出现如图 2-44 所示的"点捕捉功能"命令面板，包含（启用捕捉点）、（端点）、（控制点）、（交点）、（圆心）、（象限点）、（现有点）、（点在曲线上）、（点在曲面上）和（中点）。

图 2-44 "点捕捉功能"命令面板

1. 启用捕捉点

"启用捕捉点"是开启点捕捉功能的开关。当关闭时，点捕捉命令面板处于暗的状态，不能使用，当开启后，点捕捉命令面板被激活。在"点捕捉功能"命令面板中单击按钮可以开启或关闭点捕捉功能。

2. 端点

"端点"是指系统自动捕捉模型中的端点。在操作时，将光标放在想要选取的端点附近，系统会自动捕捉端点。在"点捕捉功能"命令面板中单击"端点"按钮，可以开启或关闭端点捕捉。

3．中点

"中点"是指系统自动捕捉模型中指定曲线的中点。在操作时，将光标放在想要选取的某曲线的中点附近，系统会自动捕捉中点。在"点捕捉功能"命令面板中单击"中点"按钮，可以开启或关闭两点之间的捕捉。

4．控制点

"控制点"是指系统自动捕捉模型中的控制点。在操作时，将光标放在想要选取的控制点附近，系统会自动捕捉控制点。

控制点与曲线的类型有关，它可以是存在点，线段的中点或端点以及圆弧的端点、中点或圆心。在"点捕捉功能"命令面板中单击"控制点"按钮，可以开启或关闭控制点捕捉。

5．交点

"交点"是指系统自动捕捉模型中的交点。在操作时，将光标放在想要选取的交点附近，系统会自动捕捉交点。

交点是指曲线和曲线、曲线和曲面、曲线和平面的交点，在"点捕捉功能"命令面板中单击"交点"按钮，可以开启或关闭交点捕捉。

6．圆心

"圆心"是指系统自动捕捉模型中的圆心。在操作时，将光标放在想要选取的圆心附近，系统会自动捕捉圆心。

圆心是指圆或弧形、椭圆或椭圆弧、球的中心。在"点捕捉功能"命令面板中单击"圆心"按钮，可以开启或关闭圆心捕捉。

7．象限点

"象限点"是指系统自动捕捉模型中的象限点。在操作时，将光标放在想要选取的象限点附近，系统会自动捕捉象限点。

象限点是指圆或弧形、椭圆或椭圆弧的四分点。在"点捕捉功能"命令面板中单击"象限点"按钮，可以开启或关闭象限点捕捉。

8．现有点

"现有点"是指系统自动捕捉模型中的现有点。在操作时，将光标放在想要选取的现有点附近，系统会自动捕捉现有点。

现有点是已存在的点。在"点捕捉功能"命令面板中单击"现有点"按钮，可以开启或关闭现有点捕捉。

9．点在曲线上

"点在曲线上"是指系统自动捕捉模型中曲线上或边缘上的点。在操作时，将光标放在想要选取的点附近，系统会自动捕捉曲线或边缘上的点。

在"点捕捉功能"命令面板中单击"点在曲线上"按钮，可以开启或关闭曲线上点的捕捉。

10．点在曲面上

"点在曲面上"是指系统自动捕捉模型中曲面上的点。在操作时，将光标放在想要选取的点附近，系统会自动捕捉曲面上的点。

在"点捕捉功能"命令面板中单击"点在面上"按钮，可以开启或关闭曲面上点的捕捉。

2.7.2 截面观察工具

当观察或创建比较复杂的腔体时，可以利用"新建截面"工具在工作视图中通过假想的平面剖切实体，将实体模型进行剖切操作，去除实体的多余部分，以便对内部结构观察或进一步操作。

单击"视图"面板中的"编辑工作截面"按钮，或者选择"视图"→"截面"→"新建截面"命令，打开如图 2-45 所示的"视图截面"对话框，通过该对话框可以完成截面的创建。

1．定义截面的类型

在"视图截面"对话框的"类型"下拉列表中有"一个平面""两个平行平面"和"方块"3个选项。

这 3 种截面方式的操作步骤基本相同：先确定截面的方位，然后确定其具体剖切的位置，最后单击"确定"按钮即可。一个平面、两个平行平面和方块的截面效果分别如图 2-46~图 2-48 所示。

图 2-45 "视图截面"对话框

图 2-46 "一个平面"截面

图 2-47 "两个平行平面"截面

图 2-48 "方块"截面

2. 设置截面方位

在"剖切平面"选项组中，可将任意一个剖切类型设置为沿指定平面执行剖切操作，分别单击该选项组中的 、 和 按钮，分别将截面设置成 X、Y 和 Z 方向的截面。设置剖切截面方位效果如图 2-49 所示。

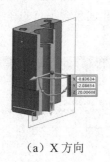  

（a）X 方向　　　　　　　　　　（b）Y 方向　　　　　　　　　　（c）Z 方向

图 2-49　截面方位效果

3. 设置截面距离

在"偏置"选项组中，根据设计需要允许使用偏置距离对实体对象进行剖切。

2.7.3　信息查询工具

信息查询主要查询几何对象和零件信息，便于用户在产品设计中快速收集当前设计信息，提高产品设计的准确性和有效性。NX 10.0 提供了信息查询功能，它包含了曲线、实体特征和其他一些项目的查询，并以信息对话框的形式将查询信息反馈给用户。

单击"菜单"按钮后，选择"信息"命令即可展开如图 2-50 所示的"信息"菜单，里面包含了许多查询功能，这里只对其中比较常用的几个命令进行介绍。

1. 对象信息

"对象"是指对指定对象的信息进行查询。在"信息"菜单中选择"对象"命令，便会打开"类选择"对话框，然后在模型中选择需要查询的信息。单击"确定"按钮，系统弹出如图 2-51 所示的"信息"窗口，里面包含了被查询对象的所有信息。

图 2-50　"信息"菜单　　　　　　　　　　图 2-51　"信息"窗口

2. 点信息查询

点信息查询包括信息清单创建者、日期、当前工作部件、节点名、信息单位和点的工作坐标和绝对坐标。

在"信息"菜单中选择"点"命令，打开如图 2-52 所示的"点"对话框，选择需要查询的点。单击"确定"按钮，系统会弹出如图 2-53 所示的"信息"窗口，里面包含了点的详细信息。

图 2-52 "点"对话框

图 2-53 "信息"窗口

3. 浏览器查询

浏览器查询是对指定特征的详细信息进行查询，在"信息"菜单中选择"浏览器"命令，即可打开如图 2-54 所示的"浏览器"对话框。

选择需要查询的实体特征，在"浏览器"对话框中会显示该特征的相关信息，如图 2-55 所示。

图 2-54 "浏览器"对话框

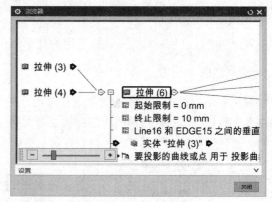

图 2-55 "浏览器"对话框

2.7.4 对象分析工具

对象和模型分析与信息查询不同，对象分析功能依赖于被分析的对象，通过临时计算获得所需的结果。

在产品设计过程中，应用分析工具可及时对三维模型进行几何计算或物理特性分析，及时发现设计过程中的问题，根据分析结果修改设计参数，以提高设计的可靠性和设计效率。

NX 10.0 继承了前面版本强大的分析功能，它能对几何参数、质量、截面惯性、干涉等进行分析，单击"菜单"按钮后，选择"分析"命令，即可展开如图 2-56 所示的"分析"菜单，里面列出了许多分析命令，这里只对其中比较常用的进行介绍。

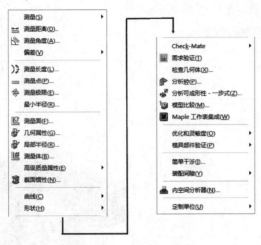

图 2-56　"分析"菜单

1．测量距离

"测量距离"是指对指定两点、两面之间的距离进行测量，在"分析"菜单中选择"测量距离"命令，或者在"分析"面板中单击"测量距离"按钮，系统将弹出如图 2-57 所示的"测量距离"对话框。

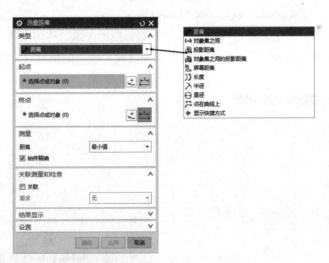

图 2-57　"测量距离"对话框

下面将介绍几种常用的距离测量类型。

（1）距离

获取任何两个 NX 对象（如点、曲线、平面、体、边和/或面）之间的距离，在"测量距离"对话框的"类型"下拉列表中选择"距离"选项，如图 2-58 所示。

在"起点"中选择"选择点或对象"选项,选择起点或起始平面,然后在"终点"中选择"选择点或对象"选项,选择终点或终止平面。

选中"结果显示"中的"显示尺寸"复选框,最后单击"确定"或"应用"按钮即可完成距离的测量。"距离"测量示意图如图2-59所示。

图2-58 "测量距离"对话框

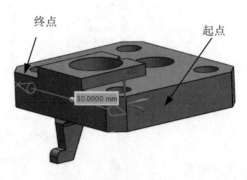

图2-59 "距离"测量效果

（2）投影距离

表示两指定点、两指定平面或者一指定点和一指定平面在指定矢量方向上的投影距离。在"类型"下拉列表中选择"投影距离"选项,如图2-60所示。

在"矢量"中单击"指定矢量",然后在模型中选择投影矢量,再顺次选择"起点"和"终点"的测量对象,单击"确定"或"应用"按钮,即可完成投影距离的测量。"投影距离"测量示意图如图2-61所示。

图2-60 "测量距离"对话框

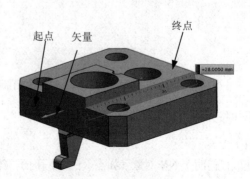

图2-61 "投影距离"测量效果

（3）屏幕距离

用于按照所指定的 2D 屏幕位置在视图平面创建标尺的临时显示。表示测量两指定点、两指定平面或者一指定点和一指定平面之间的屏幕距离。

在"类型"下拉列表中选择"屏幕距离"选项，如图 2-62 所示，其操作和"距离"类似，在此不加以介绍。"屏幕距离"测量效果如图 2-63 所示。

图 2-62 "测量距离"对话框

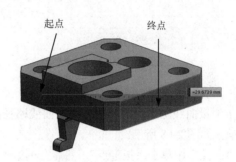

图 2-63 "屏幕距离"测量效果

（4）长度

表示测量指定边缘或曲线的长度，在"类型"下拉列表中选择"长度"选项，如图 2-64 所示。

在其中单击"选择曲线"，然后在模型中选择曲线或边缘，单击"确定"或"应用"按钮，即可完成"长度"的测量。"长度"测量示意图如图 2-65 所示。

图 2-64 "测量距离"对话框

图 2-65 "长度"测量效果

（5）半径

表示测量指定圆形边缘或曲线的半径，在"类型"下拉列表中选择"半径"选项，如图 2-66 所示。

在"径向对象"中单击"选择对象",然后在模型中选择圆形曲线或边缘,单击"确定"或"应用"按钮即可完成"半径"的测量。"半径"测量示意图如图 2-67 所示。

图 2-66 "测量距离"对话框

图 2-67 "半径"测量效果

(6)点在曲线上

表示测量曲线上指定的两点之间沿曲线路径的长度,在"类型"下拉列表中选择"点在曲线上"选项,如图 2-68 所示。

在"起点"中单击"指定点",然后在模型中选择曲线上的一点作为起点,再在其"终点"中单击"指定点",在模型中选择曲线上的另一点作为终点,单击"确定"或"应用"按钮,即可完成两点间长度的测量。"点在曲线上"的测量示意图如图 2-69 所示。

图 2-68 "测量距离"对话框

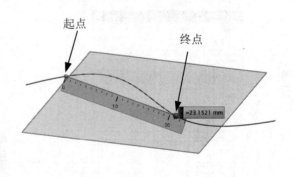

图 2-69 "点在曲线上"测量效果

2. 测量角度

"测量角度"可精确计算两对象之间(两曲线间、两平面间、直线和平面间)的角度参数。在"分析"菜单中选择"测量角度"命令,或者在"分析"面板中单击"测量角度"按钮,系统将弹出如图 2-70 所示的"测量角度"对话框,在"类型"下拉列表中共有 3 种测量角度的方式,下面分别介绍。

（1）按对象

表示测量两指定对象之间的角度，对象可以是两直线、两平面、两矢量或它们的组合。

在"第一个参考"中单击"选择对象"，然后选择第一个参考对象，再在"第二个参考"中单击"选择对象"，然后选择第二个参考对象。单击"确定"或"应用"按钮即可完成"按对象"的角度测量。"按对象"的角度测量示意图如图2-71所示。

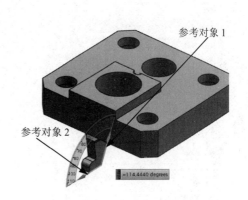

图2-70 "测量角度"对话框　　　　图2-71 "按对象"效果

（2）按3点

表示测量两指定三点之间连线的角度。在"类型"下拉列表中选择"按3点"选项，如图2-72所示。

在"基点"中单击"指定点"，选择一个点作为基点（被测角的顶点），再在"基线的终点"中单击"指定点"，选择一个点作为基线的终点，再在"量角器的终点"中单击"指定点"，选择一个点作为量角器的终点。

单击"确定"或"应用"按钮，即可完成"按3点"的角度测量。"按3点"的角度测量示意图如图2-73所示。

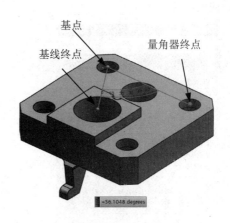

图2-72 "测量角度"对话框　　　　图2-73 "按3点"角度测量效果

（3）按屏幕点

表示测量两指定三点之间连线的屏幕角度。在"类型"下拉列表中选择"按屏幕点"选项，如图 2-74 所示，其余的操作和"按 3 点"类似，在此不再介绍。"按屏幕点"的角度测量示意图如图 2-75 所示。

图 2-74 "测量角度"对话框

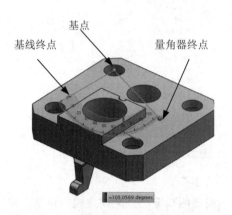

图 2-75 "按屏幕点"角度测量效果

3．测量体

"测量体"是指对指定对象的计算属性，如体积、质量、惯性距等进行测量。在"分析"菜单中选择"测量体"命令，系统将弹出"测量体"对话框，如图 2-76 所示。

在"对象"中单击"选择体"，然后在模型中选择需要分析的体，单击"确定"或"应用"按钮，即可完成对体的测量，效果如图 2-77 所示。

另外，单击如图 2-77 所示的 ▼ 按钮，选择"表面积""质量""回转半径"或"重量"等选项，可查看相应的结果。

图 2-76 "测量体"对话框

图 2-77 测量体效果

第 2 章 NX 基本操作

2.8 零件显示及分析操作实例

在本节中，我们将通过对一个具体零件的显示及分析的讲解，使读者充分理解和掌握本章的相关知识及技巧。

2.8.1 打开文件

步骤 01 启动 NX 10.0 软件。在 Windows 系统中选择"开始"→"程序"→SiemensNX 10.0 →NX 10.0 命令，启动 NX 10.0 软件。

步骤 02 打开文件。选择"文件"→"打开"命令，或者在命令面板中单击"打开"按钮，弹出"打开"对话框，选择素材文件\chapter02 目录下的 mode02-1.prt 文件，如图 2-78 所示。单击 OK 按钮，打开的模型如图 2-79 所示。

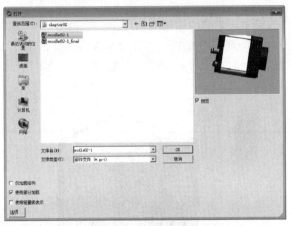

图 2-78 "打开"对话框

图 2-79 打开的模型

2.8.2 编辑对象显示及隐藏操作

步骤 01 编辑对象显示。单击"菜单"按钮后，选择"编辑"→"对象显示"命令，或者在"视图"面板中单击"编辑对象显示"按钮，系统将弹出"类选择"对话框，如图 2-80 所示。

步骤 02 在绘图区选择如图 2-81 所示的体，单击"确定"按钮，在弹出的如图 2-82 所示的"编辑对象显示"对话框中设置参数，改变透明度，单击"确定"按钮，效果如图 2-83 所示。

39

图 2-80 "类选择"对话框

图 2-81 选择的体

图 2-82 "编辑对象显示"对话框

步骤 03 显示及隐藏操作。单击"菜单"按钮后,选择"编辑"→"显示和隐藏"→"隐藏"命令,或者在"视图"面板中单击"隐藏"按钮,打开"类选择"对话框。

步骤 04 在绘图区中选择如图 2-83 所示的接口特征,单击"确定"按钮隐藏接口特征,如图 2-84 所示。

图 2-83 选择接口特征

图 2-84 隐藏效果

步骤 05 单击"菜单"按钮后,选择"编辑"→"显示和隐藏"→"全部显示"命令,或者在"视图"面板中单击"全部显示"按钮,系统会将所有隐藏的对象显示出来。

2.8.3 截面观察操作

步骤 01 查看内部结构。单击"视图"面板中的"编辑工作截面"按钮,或者选择"视图"→"截面"→"新建截面"命令,打开"视图截面"对话框,参数设置如图 2-85 所示。单击"确定"按钮,视图截面效果如图 2-86 所示。

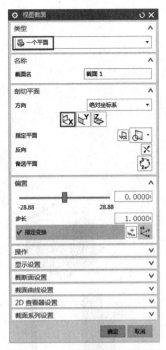

图 2-85 "视图截面"对话框

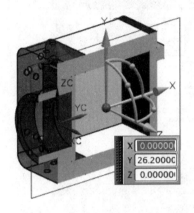

图 2-86 视图截面效果

步骤 02 取消截面显示。选择"视图"→"截面"→"剪切工作截面"命令,取消截面显示。

2.8.4 距离分析

步骤 01 分析宽度距离。在"分析"菜单中选择"测量距离"命令,或者在"分析"面板中单击"测量距离"按钮,系统将弹出"测量距离"对话框,参数设置如图 2-87 所示。

步骤 02 依次在绘图区中选择如图 2-88 所示的表面,并测量距离,单击"确定"按钮。

图 2-87 "测量距离"对话框

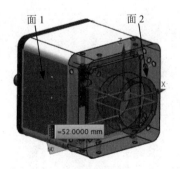

图 2-88 测量距离

2.8.5 建立多视图

步骤 01 选择"视图"→"布局"→"新建"命令,弹出"新建布局"对话框。

步骤 02 在"名称"文本框中输入布局名称,然后在"布置"下拉列表中选择布局形式"L4",如图 2-89 所示。单击"确定"按钮,创建的视图布局效果如图 2-90 所示。

图 2-89 "新建布局"对话框

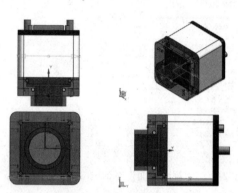

图 2-90 创建的视图布局

2.9 本章小结

在本章中介绍了 NX 10.0 的一些基本操作方法,主要包括视图的操作、视图布局、工作图层的设计、工作坐标系的操作等,读者熟练掌握这些基本操作,为后续章节的学习打下坚实的基础。

第 3 章　绘制草图

本章主要介绍 NX 的草图功能，草图是与实体模型相关联的二维图形，一般作为三维实体模型的基础，很多三维实体模型都是通过草图拉伸、旋转或扫掠出来的。

本章将具体介绍绘制草图常见命令的使用方法，包括建立草图、约束草图、编辑草图和管理草图的各项功能，并进行了实例说明。使读者能全面、深入地掌握 NX 的草图功能，为后续三维建模打好基础。

学习目标

- 熟练掌握草图的创建方法，包括在平面上和轨迹上创建
- 熟练掌握各种草图几何元素的创建
- 掌握草图曲线的偏置、镜像和投影曲线等
- 熟练掌握草图的约束方法，包括尺寸约束、几何约束及约束条件的编辑等
- 根据实际情况熟练使用最简单的方法创建或编辑草图

3.1　草图概述

"草图"任务环境是一个 NX 应用模块，可用于在部件内部创建二维几何对象。每个草图都是驻留在指定平面的 2D 曲线和点的命名集合。

草图中提出了"约束"的概念，可以通过几何约束与尺寸约束控制草图中的图形，可以实现与特征建模模块同样的尺寸驱动，并可以方便地实现参数化建模。

应用草图工具，可以绘制近似的曲线轮廓，在添加精确的约束定义后，就可以完整表达设计的意图。建立的草图还可利用实体造型工具进行拉伸、旋转等操作，以生成与草图相关联的实体模型。修改草图时，关联的实体模型也会自动更新。

在建模的过程中，往往需要即时创建草图，这时就需要指定草图工作平面、创建草图并保存草图等。草图通常用于以下几种情况：

- 通过扫掠、拉伸或旋转草图到实体或片体，创建详细部件特征。
- 创建有成百上千个草图曲线的大型 2D 概念布局。
- 创建构造几何体，如运动路径或间隙圆弧，而不仅仅是定义某个部件特征。

草图创建的一般步骤：

步骤 01 选择一个草图平面或路径，并指定水平或竖直参考方向。

步骤 02 可以选择重命名草图。

步骤 03 选取约束识别和创建选项。

步骤 04 创建草图。根据设置，草图生成器自动创建若干约束。

步骤 05 添加、修改或删除约束。

步骤 06 拖动外形或修改尺寸参数。

步骤 07 退出草图生成器。

3.2 设置草图工作平面

单击"菜单"按钮后，选择"插入"→"草图"命令，或者在"主页"面板中单击"草图"按钮，系统会弹出如图 3-1 所示的"创建草图"对话框，在"草图类型"下拉列表中包含了"在平面上"和"基于路径"两种类型，它们是指两种不同的草图平面创建类型，下面分别介绍。

3.2.1 在平面上

"在平面上"是指指定一平面作为草图的工作平面。草图工作面可以是坐标平面、基准平面、实体表面或片体表面。

当在"创建草图"对话框的"草图类型"下拉列表中选择了"在平面上"选项后，"创建草图"对话框如图 3-2 所示，下面对该对话框中的关键参数进行说明。

图 3-1 "创建草图"对话框

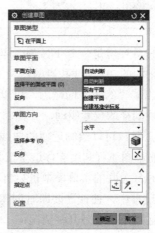

图 3-2 "创建草图"对话框

（1）"平面方法"下拉列表

"平面方法"下拉列表用来指定或创建草图的工作平面。其中共包含了三种平面指定方式，分别为现有平面、创建平面和创建基准坐标系。

- "现有平面"是指在模型中指定一个现存的平面作为草图工作平面。
- "创建平面"是指通过基准平面创建一个平面作为草图工作平面。
- "创建基准坐标系"是指通过基准 CSYS 创建一个坐标系,并用其 XC-YC 平面来作为草图工作平面。

（2）草图方向

"草图方向"是用来指定草图中坐标系的方位的,其方位可以通过"草图方向"中的"参考"来调节。

（3）草图原点

"草图原点"是在绘制草图时,用来指定草图坐标系的原点位置,以便于草图的绘制、尺寸标注和几何约束的添加。

（4）设置

"设置"中包含创建中间基准 CSYS、关联原点和投影工作部件原点。

3.2.2 在轨迹上

"基于路径"是指指定一轨迹,通过轨迹来确定一平面作为草图的工作平面。要为特征（如"变化的扫掠"）构建输入轮廓,需要在轨迹上创建草图。创建"基于路径"绘制草图时,首先必须：

- 选择要在其上构建草图的轨迹。
- 沿着路径放置草图平面。
- 定义一个方向,用于草图平面。

当选择了"基于路径"选项后,需要分别设置"轨迹""平面位置""平面方位"和"草图方向"等参数,设置完毕后在"创建草图"对话框中单击"确定"按钮,即可进行草图的创建。

3.3 重新附着草图

草图重新附着功能可以实现改变草图的附着平面,将在一个平面上建立的草图移到另一个不同方位的基准平面、实体表面或片体表面上。

单击"菜单"按钮后,选择"工具"→"重新附着草图"命令,系统弹出如图 3-3 所示的"重新附着草图"对话框,通过该对话框可以指定草图重新附着的平面。

该对话框上部用于选择附着草图的目标平面、指定新的参考方向和重新确定草图位置的基准对象等。

图 3-3 "重新附着草图"对话框

对话框下部是重新附着草图的相关选项。当进入对话框时，当前草图的附着平面、参考方向均以高亮度显示。重新附着草图时，可根据这些内容来做出相应的设置。

3.4 定向视图到草图与定向视图到模型

1. 定向视图到草图

定向视图到草图可用于将草图定向到启动草图生成器时应用的部件视图，使用定向视图到草图来定向视图，以便直接向下查看草图平面。

在"主页"面板中单击"定向到草图"按钮，系统会自动将视图方向切换至草图方向。

2. 定向视图到模型

定向视图到模型可用于将草图定向到模型视图，使用定向视图到草图来定向视图，以便观察草图与模型的位置关系。

在"主页"面板中单击"定向视图到模型"按钮，系统会自动将视图方向切换至模型视图方向。

3.5 草图工具应用

建立草图工作平面后，可在草图工作平面上建立草图对象。建立草图对象的方法有多种，既可以在草图中直接绘制草图曲线或点，也可以通过一些功能添加绘图工作区存在的曲线或点到草图中，还可以从实体或片体上抽取对象到草图中。"草图工具"命令面板如图3-4所示。

图3-4 "草图工具"命令面板

3.5.1 轮廓

使用轮廓命令可以以一线串模式创建一系列相连的直线和圆弧，即上一条曲线的终点变成下一条曲线的起点。下面利用具体实例说明轮廓的创建。

46

| 步骤 01 | 在"草图工具"命令面板上单击"轮廓"按钮，或者选择"插入"→"曲线"→"轮廓"命令。
| 步骤 02 | 将光标移至基准 CSYS 原点，并且在看到"捕捉到点"按钮时，如图 3-5 所示单击以开始第一条直线。
| 步骤 03 | 输入 XC 及 YC 坐标值（如图 3-6 所示），单击以完成第一条直线。

图 3-5　设置直线起点　　　　　　　　　　图 3-6　设置直线终点

| 步骤 04 | 切换到圆弧模式，设置圆弧的"半径"及"扫略角度"参数，如图 3-7 所示。
| 步骤 05 | 切换到直线模式，设置"长度"及"角度"参数，如图 3-8 所示。

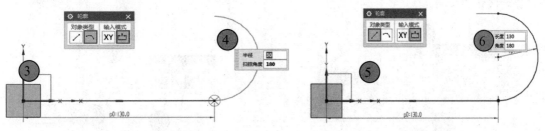

图 3-7　设置圆弧半径及扫略角度　　　　　图 3-8　设置直线长度及角度

| 步骤 06 | 切换到直线模式，选择直线端点，如图 3-9 所示，完成轮廓的创建。

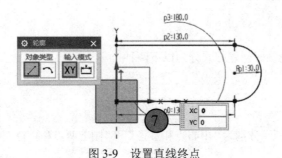

图 3-9　设置直线终点

3.5.2　直线

"直线"命令根据约束自动判断来创建直线。由坐标及长度和角度两种方法来创建直线。在"草图工具"命令面板中单击"直线"按钮，系统弹出"直线"对话框，可以通过该对话框来完成直线的创建。坐标及长度和角度两种方法创建直线分析如图 3-10 和图 3-11 所示。

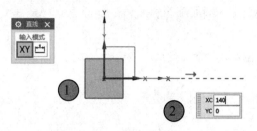
图 3-10　根据坐标创建直线

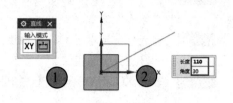
图 3-11　根据长度和角度创建直线

3.5.3 圆弧

"圆弧"命令用于圆弧的创建。使用此命令可通过以下两种方法创建圆弧：

- 指定圆弧起点、终点和半径；
- 指定圆弧中心、起点和终点。

如图 3-12 和图 3-13 所示分别为"圆弧起点、终点和半径"和"圆弧中心、起点和终点"两种方法创建圆弧的步骤。

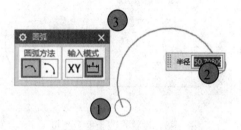
图 3-12　根据圆弧起点、终点和半径创建圆弧

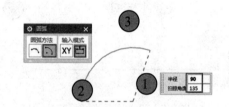
图 3-13　根据圆弧中心、起点和终点创建圆弧

3.5.4 圆

"圆"命令用于创建圆。创建方式分为以下两种：

- 中心点和直径；
- 圆上两点和直径。

如图 3-14 和图 3-15 所示分别为"中心点和直径"和"圆上两点和直径"两种方法创建圆的步骤。

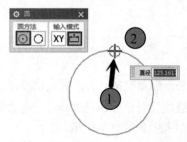
图 3-14　根据中心点和直径创建圆

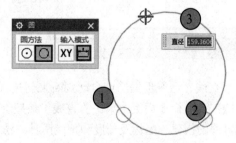
图 3-15　根据两点和直径创建圆

3.5.5 矩形

"矩形"命令用于矩形的创建。可使用以下三种方法创建矩形:

- 按 2 点:根据对角上的两点创建矩形(如图 3-16 所示),矩形与 XC 和 YC 草图轴平行。
- 按 3 点:从起点及决定宽度、高度和角度的两点来创建矩形(如图 3-17 所示),矩形的角度可以是 XC 和 YC 轴夹角。
- 以中心:从中心点、决定角度和宽度的第二点及决定高度的第三点来创建矩形(如图 3-18 所示),矩形的角度可以是 XC 和 YC 轴夹角。

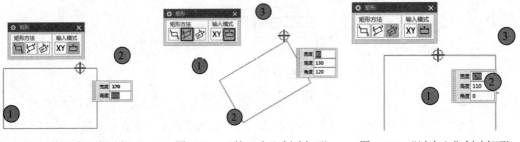

图 3-16 "按 2 点"创建矩形　　图 3-17 "按 3 点"创建矩形　　图 3-18 "以中心"创建矩形

3.5.6 圆角

圆角用于在两条或三条曲线之间创建一个圆角,"圆角"对话框如图 3-19 所示。修剪所有的输入曲线或使它们保持取消修剪状态。

指定圆角半径值,或者预览圆角并通过移动光标来确定它的尺寸和位置,圆角的创建过程如图 3-20 所示。

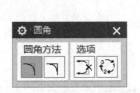　　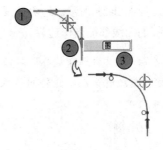

图 3-19 "圆角"对话框　　　　图 3-20 圆角创建过程

3.5.7 点

"点"是建模中最基本的要素,无论是简单的曲线还是复杂的三维实体,都是由一个个特征点创建出来的。草图对象是由控制点控制的,如直线由两个端点控制,圆弧由圆心和起始点控制。

控制草图对象的点称为草图点，NX 通过控制草图点来控制草图对象。在"草图工具"命令面板中单击"点" + 按钮，弹出"草图点"对话框，如图 3-21 所示。

单击"点对话框"按钮，系统将弹出"点"对话框，如图 3-22 所示。该对话框中包括"类型"与"输出坐标"3 个选项组。

图 3-21 "草图点"对话框

图 3-22 "点"对话框

- "类型"选项组用来选择点的捕捉方式，系统提供了端点、交点、象限点等 11 种方式。
- "输出坐标"选项组用于设置在 XC、YC、ZC 方向上相对于坐标原点的位置。
- "偏置"选项组用于设置点的生成方式。

3.5.8 快速修剪、延伸

1. 快速修剪

快速修剪可以在任一方向将曲线修剪到最近的交点或边界，在"草图工具"命令面板中单击"快速修剪"按钮，弹出"快速修剪"对话框，如图 3-23 所示。边界曲线是可选项，若不选边界，则所有可选择的曲线都被当作边界。

- 不选择边界：在没有选择边界时，系统自动寻找该曲线与最近可选择曲线的交点，并将两交点之间的曲线修剪掉，如图 3-24 所示。

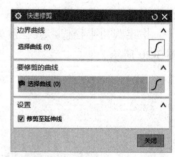

图 3-23 "快速修剪"对话框

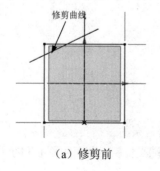
（a）修剪前

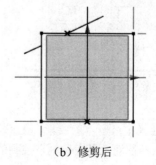
（b）修剪后

图 3-24 不选择边界

- 选择边界：若选择了边界（按住 Ctrl 键可选择多条边界），则只修剪曲线选择点相邻的两边间的曲线段，如图 3-25 所示。

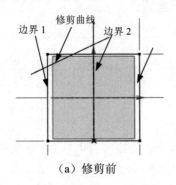

（a）修剪前

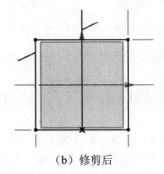

（b）修剪后

图 3-25　选择边界

2. 快速延伸

快速延伸可以以任一方向将曲线延伸到最近的交点或边界。在"草图工具"命令面板中单击"快速延伸"按钮 ，弹出"快速延伸"对话框。边界曲线是可选项，若不选边界，则所有可选择的曲线都被当作边界。

- 不选择边界：在没有选择边界时，系统自动寻找该曲线与最近可选择曲线的交点，并将曲线延伸到交点，如图 3-26 所示。

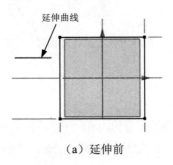

（a）延伸前

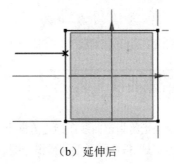

（b）延伸后

图 3-26　不选择边界

- 选择边界：若选择了边界（按住 Ctrl 键可选择多条边界），则只延伸与边界和延伸曲线两边间的曲线段，如图 3-27 所示。

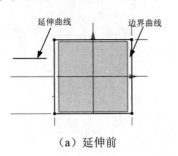

（a）延伸前

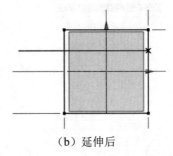

（b）延伸后

图 3-27　选择边界

3.6 草图进阶操作

前面对草图的创建和约束做了介绍,本节将讲解草图的操作,包括镜像、偏置、投影曲线等。

3.6.1 镜像曲线

"镜像"是将父本曲线以某一曲线做镜像。在"草图工具"命令面板中单击"镜像曲线"按钮,打开"镜像曲线"对话框,如图3-28所示。

在"要镜像的曲线"中单击"选择曲线",并在模型中选择需要镜像的曲线,然后在"中心线"中单击"选择中心线",并在模型中选择镜像中心线,最后单击"确定"按钮即可创建镜像曲线,创建过程如图3-29所示。

图3-28 "镜像曲线"对话框

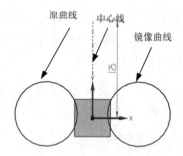

图3-29 创建镜像曲线

3.6.2 偏置曲线

"偏置"是指将指定曲线在指定方向上按指定的规律偏置指定的距离。在"草图工具"命令面板中单击"偏置曲线"按钮,系统弹出如图3-30所示的"偏置曲线"对话框。创建偏置曲线步骤如下:

步骤01 在"要偏置的曲线"中单击"选择曲线",并在模型中选择需要偏置的曲线。

步骤02 在"偏置"中设置"距离"参数,最后单击"确定"按钮,即可创建如图3-31所示的偏置曲线。

图3-30 "偏置曲线"对话框

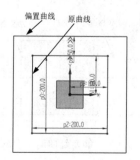

图3-31 偏置曲线效果

3.6.3 投影曲线

"投影曲线"是指通过沿草图平面法向将外部曲线、边或点投影到草图。在"草图工具"命令面板中单击"投影曲线"按钮，系统弹出如图3-32所示的"投影曲线"对话框。创建投影曲线步骤如下：

步骤01 在"投影曲线"对话框"要投影的对象"中单击"选择曲线或点"，并在绘图区选择投影对象。

步骤02 在"设置"中设置"关联"性和"输出曲线类型"，然后单击"确定"按钮，即可完成曲线的投影，投影效果如图3-33所示。

图 3-32　"投影曲线"对话框

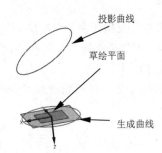

图 3-33　"投影曲线"示意图

3.7　尺寸约束

建立草图尺寸约束是限制草图几何对象的大小，也就是在草图上标注草图尺寸并设置尺寸标注线的形式与尺寸，如图3-34所示。

"尺寸约束"是通过指定草图中创建曲线的长度、角度、半径、周长等来精确创建曲线。在"草图"菜单中选择"快速尺寸"命令即可展开如图3-35所示的尺寸约束子菜单，里面包含了快速尺寸、线性尺寸、径向尺寸、角度尺寸和周长尺寸，下面分别进行介绍。

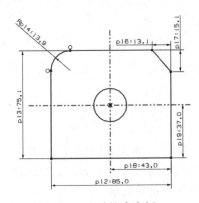

图 3-34　尺寸约束实例

图 3-35　尺寸约束

3.7.1 快速尺寸

"快速尺寸"是指系统根据所选草图对象的类型和光标与所选对象的相对位置,采用相应的标注方法。

当选取水平线时,采用水平尺寸标注方式;当选取垂直线时,采用垂直尺寸标注方式;当选取斜线时,则根据鼠标位置可按水平、直立或平行等方式标注;当选取圆弧时,采用半径标注方式;当选取圆时,采用直径标注方式。

3.7.2 线性尺寸

"线性尺寸"是指在两个对象或点位置之间创建线性距离约束。标注该类尺寸时,在绘图工作区中选取同一对象或不同对象的两个控制点,用两点的连线在水平、垂直、点到点及垂直等方向的投影长度标注尺寸。

如图 3-36 所示为几种不同状态下的线性尺寸标注。

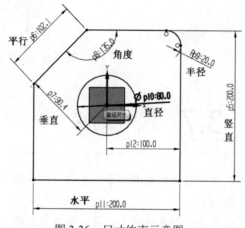

图 3-36　尺寸约束示意图

3.7.3 径向尺寸

"径向尺寸"是指系统对所选的圆弧或圆进行直径或半径标注。标注该类尺寸时,先在绘图工作区中选取一圆弧曲线,则系统直接标注圆的直径或半径尺寸。

3.7.4 角度尺寸

"角度尺寸"是指系统标注所选的两直线,或者一直线和一矢量之间的角度。标注该类尺寸时,在绘图工作区中一般在远离直线交点的位置选择两直线,则系统会标注这两直线之间的夹角。如果选取直线时光标比较靠近两直线的交点,则标注的该角度是对顶角。

3.7.5 周长尺寸

"周长尺寸"是指系统对所选的曲线串进行周长标注。标注该类尺寸时,用户可在绘图工作区中选取一段或多段曲线,则系统会标注这些曲线的总长度。

3.8 几何约束

几何约束条件一般用于对单个对象的位置、两个或两个以上对象之间的相对位置进行约束,如图3-37所示。在NX系统中,几何约束的种类多达20种,根据不同的草图对象,可添加不同的几何约束类型。

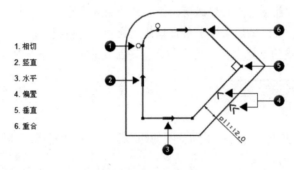

图3-37 几何约束

3.8.1 使用几何约束的一般流程

单击"菜单"按钮后,选择"插入"→"约束"命令,或者在"草图工具"命令面板中单击"几何约束"按钮 ,然后在模型中选择需要进行约束的对象,系统将会弹出如图3-38所示的"几何约束"对话框,再在其中单击所需约束的具体类型。

- （固定）：该约束是将草图对象固定在某个位置。不同几何对象有不同的固定方法,点一般固定其所在位置；线一般固定其角度或端点；圆和椭圆一般固定其圆心；圆弧一般固定其圆心或端点。
- （完全固定）：该约束将指定对象的所有自由度都固定。如固定圆的半径、圆心位置,固定直线的长度、角度和端点位置。
- （共线）：该约束将指定的一条或多条直线共线。
- （水平）：该约束将指定的直线方向约束为水平。

图3-38 "几何约束"对话框

- ↑（竖直）：该约束将指定的直线方向约束为竖直。
- //（平行）：该约束将指定的两条或多条直线约束为平行。
- ⊥（垂直）：该约束将指定的两条直线约束为相互垂直。
- =（等长）：该约束将指定的两条或多条直线约束为等长。
- ↔（恒定长度）：该约束将指定的直线的长度固定。
- ∠（角度）：该约束将指定的两条或多条直线的角度进行固定。
- ◎（同心）：该约束定义两个或多个圆弧或椭圆弧的圆心相互重合。
- ○（相切）：该约束将指定的两个对象约束为相切。
- ⌒（等半径）：该约束将指定的两个或多个圆、圆弧的半径约束为相等。
- ～（均匀比例）：该约束定义当指定的样条曲线端点位置发生变化时，样条尺寸成比例地发生变化以保持形状不变。
- ～（非均匀比例）：该约束定义当指定的样条曲线端点位置发生变化时，样条尺寸不会成比例地发生变化，样条的形状改变。
- ⌐（重合）：该约束定义指定的两点或多点约束为重合。
- ↑（点在曲线上）：该约束定义所选取的点在抽取的曲线上。
- ┼（中点）：该约束定义指定的点作为指定曲线的中点。

3.8.2 自动约束

"自动约束"是用来设置自动应用到草图的约束类型，在"草图工具"命令面板中单击 按钮，打开如图 3-39 所示的"自动约束"对话框。

图 3-39 "自动约束"对话框

在"要约束的曲线"中单击"选择曲线"，并在模型中选择需要进行约束的曲线，然后在"要施加的约束"中选中需要应用到所选曲线中的约束。

如果需要全部设置，可以在对话框中单击"全部设置"按钮；如果需要全部清除，则在对话框中单击"全部清除"按钮，设置完毕后单击"确定"按钮，即可完成对选择曲线的约束。

3.8.3 显示草图约束与不显示草图约束

"显示草图约束"是用来显示应用到草图中的所有约束,单击"菜单"按钮后,选择"工具"→"草图约束"→"显示草图约束"命令,即可在模型中显示所有约束。如图 3-40 所示为不显示几何约束,如图 3-41 所示为显示所有约束。

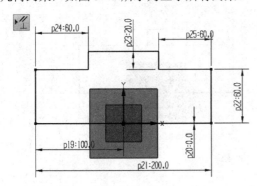

图 3-40 不显示几何约束

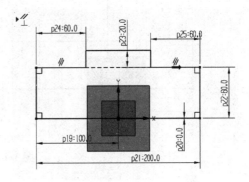

图 3-41 显示所有约束

3.8.4 显示/移除约束

"显示/移除约束"用来显示与选定草图几何图形相关联的约束,并移除所有这些约束或信息。在命令面板中单击 （显示/移除约束）按钮,即可打开如图 3-42 所示的"显示/移除约束"对话框。

图 3-42 "显示/移除约束"对话框

在"列出以下对象的约束"中选择约束的对象,分别为"选定的对象"和"活动草图中的所有对象",在"约束类型"右侧单击 ▼ 按钮选择约束的类型,然后再根据需要移除约束,移除完毕后单击"确定"按钮结束操作。

3.8.5 约束备选解

约束备选解用于针对尺寸约束和几何约束显示备选解,并选择一个结果。下面的示例说明当选择"备选解"并选择一个尺寸时,几何体将如何变化,如图 3-43 所示。

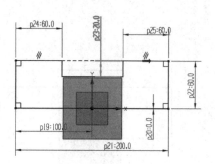
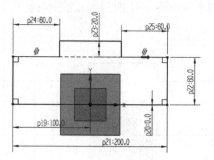

图 3-43 约束备选解

3.9 草图综合范例

本节将详细讲解草图绘制步骤,通过对实例的学习可以充分地理解和掌握草图工具、草图操作及约束的应用方法。

如图 3-44 所示的草图,在绘制过程中主要用到了直线、轮廓、圆和圆角工具,其中包括圆的各种绘制方法,以及圆角、快速修剪、镜像工具等草图编辑工具的使用。

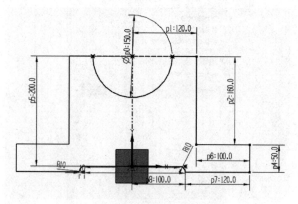

图 3-44 绘制的草图

步骤01 启动 NX 10.0 软件。依次在 Windows 系统中选择"开始"→"所有程序"→Siemens NX 10.0→NX 10.0 命令,启动 NX 10.0 软件。

步骤02 新建文件。在启动界面中选择"文件"→"新建"命令,或者在"主页"命令面板中单击"新建"按钮 ,弹出"新建"对话框,参数设置如图 3-45 所示,单击"确定"按钮,将进入建模环境。

第 3 章 绘制草图

图 3-45 "新建"对话框

步骤 03 进入草图环境。单击"菜单"按钮后,选择"插入"→"草图"命令,或者在"主页"面板中单击"草图"按钮,打开"创建草图"对话框,参数设置如图 3-46 所示,单击"确定"按钮,进入草图环境。

步骤 04 进入草图环境后,单击"草图工具"命令面板中的"直线"按钮,然后在绘图区绘制如图 3-47 所示的直线。

图 3-46 "创建草图"对话框

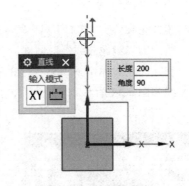

图 3-47 绘制的直线

步骤 05 在"草图工具"命令面板中单击"转换至/自参考对象"按钮,弹出"转换至/自参考对象"对话框,选择刚刚创建的直线,单击"确定"按钮,完成中心线参考对象设置,如图 3-48 所示。

步骤 06 在"草图工具"命令面板中单击"圆"按钮,以参考中心线的端点为圆心,绘制直径为 150 的圆,绘制完成后如图 3-49 所示。

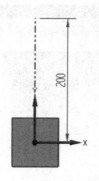
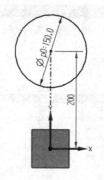

图 3-48 参考中心线　　　　　　　　　图 3-49 绘制的圆

步骤 07 绘制轮廓。在"草图工具"命令面板中单击"轮廓"按钮，然后在绘图区绘制如图 3-50 所示的部分轮廓。

步骤 08 标注尺寸约束。在"草图工具"命令面板中单击"快速尺寸"按钮，标注如图 3-51 所示的尺寸约束。

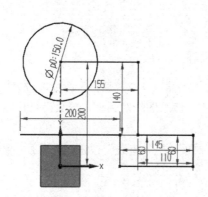
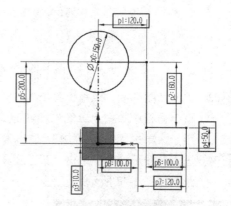

图 3-50 绘制的轮廓　　　　　　　　　图 3-51 标注的尺寸约束

步骤 09 镜像轮廓。在"草图工具"命令面板中单击"镜像曲线"按钮，系统弹出如图 3-52 所示的"镜像曲线"对话框。

步骤 10 在绘图区选择如图 3-53 所示的镜像曲线和中心线，单击"确定"按钮，镜像后的曲线如图 3-54 所示。

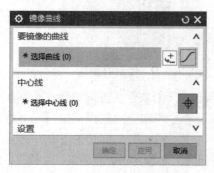
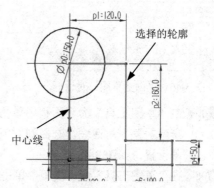

图 3-52 "镜像曲线"对话框　　　　　图 3-53 选择的曲线及中心线

步骤⑪ 创建圆角。在"草图工具"命令面板中单击"圆角"按钮，打开相切的圆角，在如图 3-55 所示的位置及对称位置创建两个 R10 的圆角，创建完成后的圆角如图 3-56 所示。

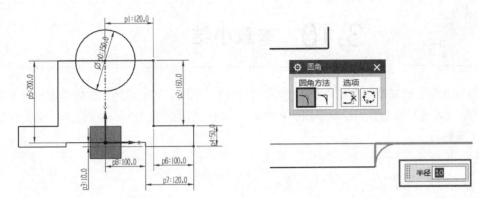

图 3-54　镜像的轮廓　　　　　　　　　图 3-55　创建圆角

步骤⑫ 修剪多余线条。在"草图工具"命令面板中单击"快速修剪"按钮，弹出如图 3-57 所示的"快速修剪"对话框，然后在绘图区选择如图 3-58 所示的线条，修剪后如图 3-59 所示。

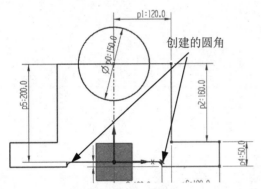 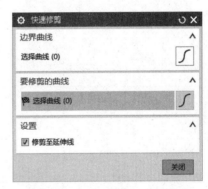

图 3-56　创建的圆角　　　　　　　　　图 3-57　"快速修剪"对话框

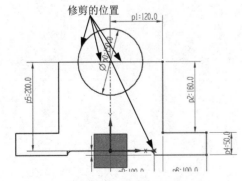 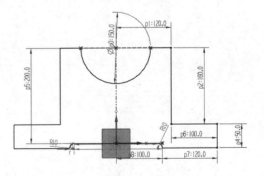

图 3-58　修剪的位置　　　　　　　　　图 3-59　完成的草图

步骤⑬ 完成草图。在"草图工具"命令面板中单击"完成草图"按钮，完成草图，退出草图环境。

步骤14 保存并关闭文件。选择"文件"→"关闭"→"保存并关闭"命令,保存并关闭创建的文件。

3.10 本章小结

本章具体介绍了绘制草图常见命令的使用,包括建立草图、约束草图、编辑草图和管理草图的各项命令,读者通过熟练掌握绘制草图的各种命令,将全面地掌握NX的草图功能,为三维建模的学习打下基础。

第 4 章　实体特征建模

NX 以优秀的实体建模能力而著称，三维实体建模是 NX 的核心功能。实体特征是建模最基础也是最重要的一部分。实体特征建模主要包括基准特征、体素特征、扫描特征、加工特征、细节特征等。

本章主要介绍 NX 的三维实体建模功能，重点讲解各种特征的创建方法及各参数的意义。通过综合实例讲解，让读者能全面掌握 NX 的三维实体建模功能。

学习目标

- 熟练掌握各种特征的创建
- 熟练运用扫描特征创建实体模型并理解各参数的意义
- 熟练掌握加工特征的创建及应用
- 熟练掌握详细特征的运用，如边倒圆、倒斜角等

4.1　特征建模概述

实体特征建模是 NX 的核心功能，NX 提供了 Form 特征模块、特征 Operation 模块和编辑特征模块，具有强大的实体造型功能，并且在原有版本基础上进行了一定的改进，使造型操作更简便、更直观、更实用。

NX 实体建模结合了传统实体建模和参数化实体建模的优点，使得既能简便、快捷建模，又能参数化精确建模、编辑修改等，在建模和编辑过程中能够获得更大、更自由的创作空间，而且花费的精力和时间相比之下更少了。

对于简单的实体造型，首先新建一个文件，单击"应用模块"面板中的"建模"命令，进入建模模块，再利用 NX 提供的实体造型模块进行具体的实体造型操作。

- 显式建模：显式建模是非参数化建模，对象是相对于模型空间而不是相对于彼此建立。对一个或多个对象所做的改变不影响其他对象或最终模型。
- 参数化建模：一个参数化模型为了进一步编辑，将用于模型定义的参数值随模型存储，参数可以彼此引用以建立在模型的各个特征间的关系。
- 基于约束的建模：模型的几何体是从作用到定义模型几何体的一组设计规则（称之为约束）来驱动或求解的，这些约束可以是尺寸约束（如草图尺寸或定位尺寸）或几何约束（如平行或相切）。

- **复合建模**：是上述三种建模技术的发展与选择性组合。NX 复合建模支持传统的显式几何建模及基于约束的草绘和参数化特征建模，所有工具无缝地集成在单一的建模环境内。

4.2 基准特征

基准特征是实体造型的辅助工具，起参考作用。基准特征主要包括基准轴、基准平面和基准 CSYS 的创建。在实体造型过程中，利用基准特征，可以在所需的方向和位置上绘制草图生成实体或直接创建实体。下面对各种基准特征进行介绍。

4.2.1 基准轴

基准轴分为固定基准轴和相对基准轴两种。固定基准轴没有任何参考，是绝对的，不受其他对象约束；相对基准轴与模型中其他对象（如曲线、平面或其他基准等）关联，并受其关联对象约束，是相对的。

在"主页"面板中单击"基准轴"按钮，或者在单击"菜单"按钮后，选择"插入"→"基准/点"→"基准轴"命令，将弹出如图 4-1 所示的"基准轴"对话框。利用该对话框即可创建和编辑固定基准轴与相对基准轴。

图 4-1 "基准轴"对话框

1. 自动判断

"自动判断"是指系统根据所选择的特征自动判断矢量，如面的法向、平面法向、在曲线矢量上等。在"定义轴的对象"中单击"选择对象"，然后在模型中选择曲线、点、曲面等对象，系统同时会给出自动判断的矢量。

2. 交点

"交点"是指两个平面的相交约束通过由两个平面相交而形成的直边生成基准轴，这些平面可以是面或基准平面。"交点"创建基准轴的过程如图 4-2 所示。

3. 曲线/面轴

"曲线/面轴"是指创建与曲线/面轴的特征矢量相同的矢量，曲线/面轴包括弧线（边缘）和直线（边缘）两种，弧线的特征矢量为其所在平面的法向，而直线为其延伸的方向。"曲线/面轴"创建基准轴的过程如图 4-3 所示。

4. 曲线上矢量

"曲线上矢量"是指在指定曲线上以曲线上某一指定点为起始点，以切线方向/曲线法向/曲线所在平面法向为方向创建矢量。"曲线上矢量"创建基准轴的过程如图 4-4 所示。

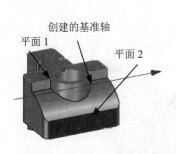

图 4-2 "交点"创建基准轴　　图 4-3 "曲线/面轴"创建基准轴　图 4-4 "曲线上矢量"创建基准轴

5. XC 轴

"XC 轴"是指创建与工作坐标系 X 轴方向相同的矢量，在选择了"XC 轴"后，"基准轴"对话框如图 4-5 所示，系统会自动生成矢量。如果矢量的方向和预想的相反，可在"轴方位"中单击"反向"按钮 反向矢量。

6. YC 轴

"YC 轴"是指创建与工作坐标系 Y 轴方向相同的矢量，在"轴方位"中单击"反向"按钮 反向矢量。

7. ZC 轴

"ZC 轴"是指创建与工作坐标系 Z 轴方向相同的矢量，在"轴方位"中单击"反向"按钮 反向矢量。

8. 点和方向

"点和方向"用于给定一点和一方向来确定基准轴，按选择步骤先选择一点，然后给定方向，确定即可创建所需要的基准轴，如图 4-6 所示。

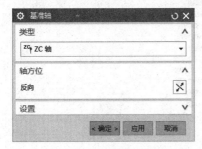
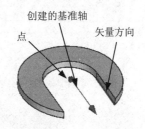

图 4-5 "基准轴"对话框　　　　　　　图 4-6 "点和方向"创建基准轴

9. 两点

"两点"是指两个通过点约束在两点之间生成一个基准轴。这些点可以是边的中点或顶点。基准轴的方向是从第一个选择的点到第二个选择的点。

在"类型"下拉列表中选择"两点"选项,如图 4-7 所示,在"通过点"中指定出发点和目标点即可完成基准轴的创建。如图 4-8 所示为"两点"创建基准轴的过程。

图 4-7 "基准轴"对话框

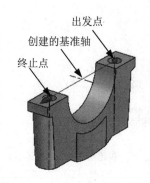

图 4-8 "两点"创建基准轴

4.2.2 基准平面

在使用 NX 建模的过程中,基准平面是经常使用的辅助平面,通过使用基准平面可以在非平面上方便地创建特征,或者为草图提供草图工作平面位置。

与基准轴相类似,基准平面分为相对基准平面和固定基准平面两种。固定基准平面没有关联对象,不受其他对象约束;相对基准平面与模型中其他对象如曲线、面或其他基准等关联,并受其关联对象约束。

在"主页"面板中单击"基准平面"按钮□,或者单击"菜单"按钮后,选择"插入"→"基准/点"→"基准平面"命令,将弹出如图 4-9 所示的"基准平面"对话框。利用该对话框即可创建和编辑基准平面。

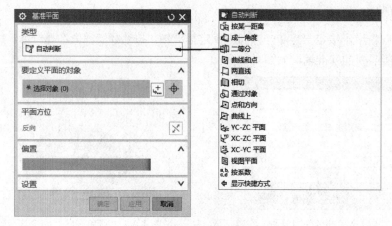

图 4-9 "基准平面"对话框

1. 自动判断

"自动判断"是指系统根据用户选择的对象来判断将要用什么方法来创建平面。如果用户选择一平面，系统会选择用"按某一距离"来创建平面；如果用户选择一平面和一直线，系统会选择用"成一角度"来创建平面。

2. 按某一距离

"按某一距离"是指创建的平面和指定的平面平行且相距一定的距离。如果"偏置"值为零，基准平面将与平面的参考面/基准平面重合。要生成偏置至面或平面的基准平面，请选择该面或平面。偏置至平面将作为约束在"基准平面"对话框中列出。输入所需的"偏置"值，然后单击"确定"按钮。

3. 成一角度

"成一角度"是指将要创建的平面与指定的平面相对指定的轴成一定的角度。该方法通过指定"平面参考""通过轴"及"角度选项"参数完成基准平面的创建。

在"角度选项"下拉列表中有值、垂直和平行三个选项。

- 值：指定创建的平面角度值；
- 垂直：创建的平面过指定的轴并且和指定的平面垂直；
- 平行：创建的平面过指定的轴并且和指定的平面平行。

如图 4-10 所示为"成一角度"创建基准平面的过程。

4. 二等分

"二等分"是指创建的平面为到两指定平行平面的距离相等的平面或者两指定相交平面的角平分面。

如图 4-11 所示为平行平面"二等分"创建基准平面效果，如图 4-12 所示为相交平面"二等分"创建基准平面效果。

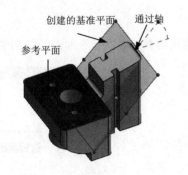

图 4-10 "成一角度"创建基准平面

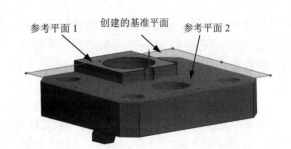

图 4-11 "平行"效果

5. 曲线和点

"曲线和点"是指以一个点、两个点、三个点、点和曲线/轴或者点和平面/面为参考来创建新的平面。

在"基准平面"对话框的"类型"下拉列表中选择"曲线和点"选项，如图 4-13 所示，在"曲线和点子类型"中的"子类型"下拉列表中共有 6 种方式可以创建基准平面。

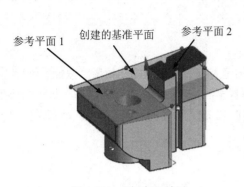

图 4-12 "相交"效果

图 4-13 "基准平面"对话框

- 曲线和点：是下面所有子类型的一个总括，它会根据用户选择的对象来判断用什么方法来创建平面。
- 一点：是以一个点为参考来创建平面，当选择的点为曲线的端点或中点时，创建的平面为过这个点且与曲线垂直的平面；当选择的点为圆弧中心时，则创建的平面为过节线且与圆弧所在面垂直的平面或为圆弧所在的平面。
- 两点：是指以两指定点作为参考点来创建平面，创建的平面在第一个点内并且法线方向和两点的连线平行。
- 三点：是指通过三个参考点来创建平面，创建的平面过这三个点。
- 点和曲线/轴：是指以一指定点和一指定曲线作为参考来创建平面，创建的平面过指定点且法线方向和直线平行，或者平面和点与曲线组成的平面重合。
- 点和平面/面：是指以一指定点和一指定平面为参考创建平面，创建的平面过指定点且与指定平面平行。

6．两直线

"两直线"是指以两指定直线为参考创建平面。当两指定直线在同一平面内，则创建的平面与两指定直线组成的面重合；当两指定直线不在同一平面，则创建的平面过第一条指定直线且和第二条指定直线垂直。

7．相切

"相切"是指以点、线和平面为参考来创建新的平面。在"基准平面"对话框的"类型"下拉列表中选择"相切"选项，如图 4-14 所示，在"相切子类型"的"子类型"下拉列表中共有 6 种方式可以创建基准平面。

- 相切：是下面所有子类型的一个总括，它会根据用户选择的对象来判断用什么方法来创建平面。

图 4-14 "基准平面"对话框

- 一个面：是指以一指定曲面作为参考来创建平面，创建的平面与指定曲面相切。
- 通过点：是指以一指定曲面和一指定点作为参考来创建平面，创建的平面与指定曲面相切并且过指定点或其法线过指定点。
- 通过线条：是指以一指定平面和一指定直线作为参考来创建平面，创建的平面与指定曲面相切并且过指定直线。
- 两个面：是指以一指定曲面和另一指定曲面作为参考来创建平面，创建的平面与两指定曲面相切。
- 与平面成一角度：是指以一指定曲面和另一指定平面作为参考来创建平面，创建的平面与一指定曲面相切，与指定平面成一定的角度。

8．通过对象

"通过对象"是指以指定的对象作为参考来创建平面。如指定的对象是直线，则创建的平面与直线垂直；如指定的对象是平面，则创建的平面与平面重合。

9．点和方向

"点和方向"是指以指定点和指定方向作为参考来创建平面，创建的平面过指定点且法向为指定的方向。

10．曲线上

"曲线上"是指以某一指定曲线作为参考来创建平面，这个平面通过曲线上的一个指定点，法向可以沿曲线切线方向，也可以垂直于切线方向，还可以另指定一个矢量方向。在"曲线上的位置"的"位置"下拉列表中可以选择位置方式，其中有弧长、弧长百分比和通过点三种方式来指定基准平面的位置。

11．YC-ZC 平面

"YC-ZC 平面"是指创建的平面与 YC-ZC 平面平行或重合。

12．XC-ZC 平面

"XC-ZC 平面"是指创建的平面与 XC-ZC 平面平行或重合。

13．XC-YC 平面

"XC-YC 平面"是指创建的平面与 XC-YC 平面平行或重合。

14．视图平面

"视图平面"是指创建的平面与视图方向垂直，其创建的平面法向与视图方向相同。

15．按系数

"按系数"是指通过指定系数来创建平面，系数之间关系为：$aX+bY+cZ=d$。系数有相对绝对坐标和相对工作坐标两种选择。

4.2.3 基准 CSYS

NX 一般可以在一个文件中使用多个坐标系，但是与用户直接相关的有两个，一个是绝对坐标系，另一个是工作坐标系（WCS）。

工作坐标系也就是用户坐标系，当前正在使用的坐标系，在进行建模时可以选择已存在的坐标系，也可以规定新的坐标系。

在"主页"面板中单击"基准 CSYS"按钮，或者单击"菜单"按钮后，选择"插入"→"基准/点"→"基准 CSYS"命令，将弹出如图 4-15 所示的"基准 CSYS"对话框。利用该对话框即可创建和编辑基准 CSYS。下面对创建基准 CSYS 的方法进行介绍：

1．动态

"动态"是指动态地拖动或旋转坐标系到新位置。通过如图 4-16 所示的动态坐标系中的圆形、锥形手柄移动和旋转坐标系。

2．自动判断

"自动判断"是指系统根据用户选择的对象来判断将要用什么方法来创建坐标系。若选择了三个点，则系统就会用"原点，X 点，Y 点"方式来创建坐标系；若选择了两个矢量，则系统就会用"X 轴，Y 轴"方式来创建坐标系。

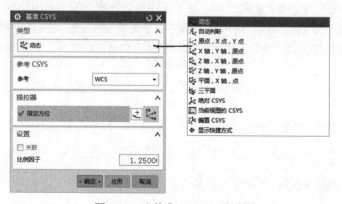
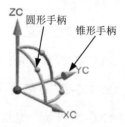

图 4-15 "基准 CSYS"对话框　　　　图 4-16 "动态"坐标系

3．原点，X 点，Y 点

"原点，X 点，Y 点"是指通过指定坐标系的原点、X 点、Y 点来创建新的坐标系。

4．三平面

"三平面"是指通过选择三个平面来创建坐标系，三个平面的交点为坐标原点，第一个平面的法向为 X 轴，第一个平面与第二个平面的交线方向为 Z 轴。

5．X 轴，Y 轴，原点

"X 轴，Y 轴，原点"是指通过指定坐标系的 X 轴、Y 轴、原点来创建新坐标系。

6．Z 轴，X 轴，原点

"Z 轴，X 轴，原点"是指通过指定坐标系的 Z 轴、X 轴、原点来创建新坐标系。

7．Z 轴，Y 轴，原点

"Z 轴，Y 轴，原点"是指通过指定坐标系的 Z 轴、Y 轴、原点来创建新坐标系。

8．绝对 CSYS

"绝对 CSYS"是指创建一个与绝对坐标系重合的坐标系。

9．当前视图的 CSYS

"当前视图的 CSYS"是指创建一个和当前视图坐标系相同的坐标系。

10．偏置 CSYS

"偏置 CSYS"是指通过已存在的工作坐标系的偏移量来生成新的工作坐标系，偏移量的生成由 XC、YC、ZC 三个方向设定，新坐标轴方向与原来的相同。

4.2.4 基准点

在实体建模的过程中，许多情况下都需要利用定义基准点。在"主页"面板中单击"点"按钮，或者单击"菜单"按钮后，选择"插入"→"基准/点"→"点"命令，将弹出如图 4-17 所示的"点"对话框，利用该对话框即可创建和编辑基准点。下面对创建基准点的方法进行介绍。

图 4-17 "点"对话框

1．自动判断的点

"自动判断的点"是指系统自动选择离光标最近的特征点来创建点。选择离光标最近的端点、节点、中点、交点、圆心等。

2．光标位置

"光标位置"是指系统根据当前光标的位置来创建点。通过定位十字光标，在屏幕上任意位置创建一个点，该点位于工作平面上。

3. 现有点

"现有点"是指在现有点的位置创建新的点,这两个点的坐标完全相同。

4. 终点

"终点"也就是端点,可以在已存在直线、圆弧、二次曲线及其他曲线的端点上创建一个点,新点和该端点坐标完全相同。

5. 控制点

"控制点"是指可以在几何对象的控制点上创建一个点。控制点与几何对象类型有关,它可以是存在点、直线的中点和端点、开口圆弧的端点和中点、圆的中心点、二次曲线的端点或其他曲线的端点。

6. 交点

在两段曲线的交点上或一曲线和一曲面/平面的交点上创建一个点。若两者交点多于一个,系统在最靠近第二个对象处选取一点;若两段非平行曲线并未实际相交,则选取两者延长线上的相交点。

7. 圆弧中心/椭圆中心/球心

"圆弧中心/椭圆中心/球心"是指根据用户选择的圆弧中心/椭圆中心/球心来创建新点。

8. 圆弧/椭圆上的角度

"圆弧/椭圆上的角度"是指在与坐标轴 XC 正向成一定角度(沿逆时针方向测量)的圆弧、椭圆弧上创建一个点。选择的圆弧或椭圆边缘和指定的角度来创建点,"角度"起始点为选择的圆弧或椭圆边缘的零象限点,范围为 0°～360°。

9. 象限点

"象限点"是指在一个圆弧、椭圆弧的四分点处创建一个点。

10. 点在曲线/边上

"点在曲线/边上"是指根据在指定的曲线或边上取的点来创建点,偏移点相对于所选参考点的偏移值由偏移弧长或曲线总长的百分比来确定。

11. 点在面上

"点在面上"是指根据在指定的面上选取的点来创建点,新点的坐标和指定的点一样。通过指定"U 向参数"和"V 向参数"来确定点在平面上的位置,如图 4-18 所示。

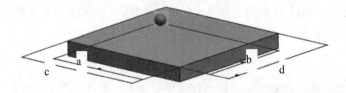

图 4-18 "U 向参数"及"V 向参数"示意图

- U 向参数：指定点的 U 坐标值和平面长度的比值，"U=a/c"。
- V 向参数：指定点的 V 坐标值和平面宽度的比值，"V=b/d"。

12．两点之间

"两点之间"是指在两指定点之间一定的位置处创建点，在"点"中单击"指定点 1"，在模型中选择第一个点，再单击"指定点 2"，在模型中选择第二个点。然后在"点之间的位置"中设置"位置百分比"。"两点之间"创建点示意图如图 4-19 所示。

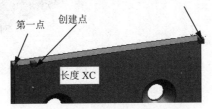

图 4-19 "两点之间"创建点

4.3 体素特征

体素特征用于建立基本体素和简单的实体模型，包括块体、柱体、锥体、球体等，它们一般作为零件的主体部分，而其他的特征建模均在其主体上进行。下面分别介绍 NX 中基本特征的创建。

4.3.1 长方体

"长方体"是指通过设置其位置和尺寸来创建长方体（正方体）。通过给定具体参数确定。单击"菜单"按钮后，选择"插入"→"设计特征"→"长方体"命令，弹出如图 4-20 所示的"块"对话框。

在该对话框中选择一种块生成方式，然后按选择步骤操作，再在相应的文本框中输入块参数，单击"确定"按钮即可创建所需要的块体。在"类型"下拉列表中有"原点和边长"、"两点和高度"和"两个对角点"三个选项。

1．原点和边长

该方式是先指定一点作为长方体的原点，并输入长方体的一长、宽、高数值，即可完成长方体的创建。"原点和边长"创建长方体的步骤如下：

步骤 01　在"类型"下拉列表中选择"原点和边长"选项。
步骤 02　在"原点"中单击"指定点"，并设置原点。
步骤 03　设置"长度"、"宽度"和"高度"参数。
步骤 04　在"布尔"中选择布尔操作。

"原点和边长"创建长方体示意图如图 4-21 所示。

图 4-20 "块"对话框

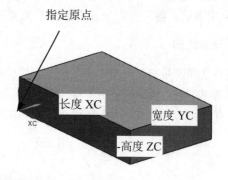

图 4.21 "原点和边长"创建长方体

2. 两点和高度

该方式是先指定长方体一个面上的两个对角点，并设置长方体的高度参数，即可完成长方体的创建。"两点和高度"创建长方体的步骤如下：

步骤01 在"类型"下拉列表中选择"两点和高度"选项。

步骤02 在"原点"中单击"指定点"，并在模型中选择点1，再在"从原点出发的点 XC，YC"中单击"指定点"，并在模型中选择点2。

步骤03 在"尺寸"中设置"高度"参数。

步骤04 在"布尔"中选择布尔操作。

"两点和高度"创建长方体示意图如图 4-22 所示。

3. 两个对角点

该方式只需直接在工作区指定长方体的两个对角点，即处于不同长方体面上的两个对角点，即可创建所需的长方体。"两个对角点"创建长方体的步骤如下：

步骤01 在"类型"下拉列表中选择"两个对角点"选项。

步骤02 在"原点"中单击"指定点"，并在模型中选择原点，再在"从原点出发的点 XC，YC"中单击"指定点"，并在模型中选择对角点2。

步骤03 在"布尔"中选择布尔操作。

"两个对角点"创建长方体示意图如图 4-23 所示。

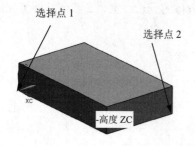

图 4-22 "两点和高度"创建长方体示意图

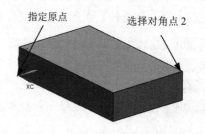

图 4-23 "两个对角点"创建长方体示意图

4.3.2 圆柱体

柱体主要是各种不同直径和高度的圆柱,通过设置其位置和尺寸来创建圆柱体。单击"菜单"按钮后,选择"插入"→"设置特征"→"圆柱体"命令,系统会打开如图 4-24 所示的"圆柱"对话框,可在该对话框中选择一种圆柱生成方式,并设置柱体参数及指定柱体位置,然后单击"确定"按钮即可创建简单的柱体造型。

在"类型"下拉列表中包含有"轴、直径和高度"和"圆弧和高度"两个选项,每一种类型所需设置的参数是不同的,下面分别介绍。

1. 轴、直径和高度

通过指定圆柱体的矢量方向和底面中心点的位置并设置其直径和高度,即可完成圆柱体的创建。"轴、直径和高度"创建圆柱体的步骤如下:

图 4-24 "圆柱"对话框

- 步骤 01 在"类型"下拉列表中选择"轴、直径和高度"选项。
- 步骤 02 在"轴"中分别指定矢量和点。
- 步骤 03 在"尺寸"中设置"直径"和"高度"参数。
- 步骤 04 在"布尔"中选择布尔操作。

"轴、直径和高度"创建圆柱体示意图如图 4-25 所示。

2. 圆弧和高度

首先需要在绘图区创建一条圆弧曲线,然后以该圆弧曲线作为所创建圆柱体的参照曲线并设置圆柱体的高度,即可完成圆柱体的创建。"圆弧和高度"创建圆柱体的步骤如下:

- 步骤 01 在"类型"下拉列表中选择"圆弧和高度"选项。
- 步骤 02 在"圆弧"中单击"选择圆弧",并在模型中选择圆弧。
- 步骤 03 在"尺寸"中设置"高度"参数。
- 步骤 04 在"布尔"中选择布尔操作。

"圆弧和高度"创建圆柱体示意图如图 4-26 所示。

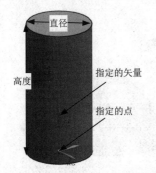

图 4-25 "轴、直径和高度"创建圆柱体示意图

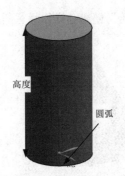

图 4-26 "圆弧和高度"创建圆柱体示意图

4.3.3 圆锥体

锥体造型主要是构造圆锥和圆台实体。单击"菜单"按钮后，选择"插入"→"设置特征"→"圆锥"命令，系统会打开如图4-27所示的"圆锥"对话框。

在该对话框中选择一种锥体生成方式，并设置锥体参数，然后单击"确定"按钮即可创建简单的锥体造型。

在"圆锥"对话框的"类型"下拉列表中有"直径和高度""直径和半角""底部直径，高度和半角""顶部直径，高度和半角"和"两个共轴的圆弧"5个选项，每一种类型所需设置的参数都是不同的。

图4-27 "圆锥"对话框

1. 直径和高度

该方式通过指定锥体中心轴、底面的中线点、底部直径、顶部直径、高度数值及生成方向来创建锥体。"直径和高度"创建圆锥体的步骤如下：

步骤01 在"圆锥"对话框的"类型"下拉列表中选择"直径和高度"选项。

步骤02 在"轴"中单击"指定矢量"按钮，指定一矢量作为圆锥的矢量方向。

步骤03 在"轴"中单击"指定点"按钮，通过点构造器指定圆锥的创建位置。

步骤04 在"尺寸"中设置尺寸参数，最后单击"确定"按钮完成圆锥体的创建。

"直径和高度"创建圆锥体示意图如图4-28所示。

2. 直径和半角

该方式通过指定锥体中心轴、底面的中心点、底部直径、顶部直径、半角角度及生成方向来创建锥体。"直径和半角"创建圆锥体的步骤如下：

步骤01 在"圆锥"对话框的"类型"下拉列表中选择"直径和半角"选项。

步骤02 用与"直径和高度"创建类型相同的方法设置矢量和点。

步骤03 设置圆锥的"底部直径""顶部直径"和"半角"参数，单击"确定"按钮即可完成圆锥体的创建。

"直径和半角"创建圆锥体示意图如图4-29所示。

 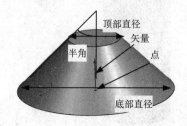

图4-28 "直径和高度"创建圆锥体示意图　　图4-29 "直径和半角"创建圆锥体示意图

3. 底部直径，高度和半角

该方式通过设置圆锥的底部直径、高度、半角来创建圆锥体。"底部直径，高度和半角"创建圆锥体的步骤如下：

步骤01 在"圆锥"对话框的"类型"下拉列表中选择"底部直径，高度和半角"选项。

步骤02 用与"直径和高度"创建类型相同的方法设置矢量和点。

步骤03 设置圆锥的"底部直径""高度"和"半角"参数，单击"确定"按钮即可完成圆锥的创建。

"底部直径，高度和半角"创建圆锥体示意图如图 4-30 所示。

4. 顶部直径，高度和半角

该方式通过设置圆锥的顶部直径，高度和半角来创建圆锥体。"顶部直径，高度和半角"创建圆锥体的步骤如下：

步骤01 在"圆锥"对话框的"类型"下拉列表中选择"顶部直径，高度和半角"选项。

步骤02 用与"直径和高度"创建类型相同的方法设置矢量和点。

步骤03 设置圆锥的"顶部直径""高度"和"半角"参数，单击"确定"按钮即可完成圆锥体的创建。

"顶部直径，高度和半角"创建圆锥体示意图如图 4-31 所示。

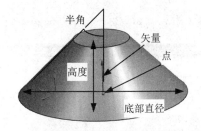 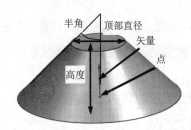

图 4-30 "底部直径，高度和半角"创建圆锥体示意图　　图 4-31 "顶部直径，高度和半角"创建圆锥体示意图

5. 两个共轴的圆弧

利用该方式创建圆弧时，只需在视图中指定两个同轴的圆弧，即可创建出以这两个圆弧曲线为大端和小端圆面参照的圆锥体。"两个共轴的圆弧"创建圆锥体的步骤如下：

步骤01 在"圆锥"对话框的"类型"下拉列表中选择"两个共轴的圆"选项。

步骤02 在"底部圆弧"中单击"选择圆弧"，并在模型中选择"圆弧 1"，再在"顶部圆弧"中单击"选择圆弧"，并在模型中选择"圆弧 2"，最后单击"确定"按钮完成圆锥体的创建。

"两个共轴的圆弧"创建圆锥体示意图如图 4-32 所示。

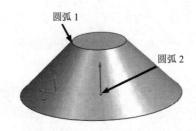

图 4-32 "两个共轴的圆弧"创建圆锥体示意图

4.3.4 球体

球体造型主要是构造球形实体。单击"菜单"按钮后,选择"插入"→"设置特征"→"球",系统会打开如图 4-33 所示的"球"对话框。在该对话框中选择一种球体生成方式,并设置参数,单击"确定"按钮即可创建所需的球体。

在"球"对话框的"类型"下拉列表中包含了"中心点和直径"和"圆弧"两种类型,每一种类型所需设置的参数是不同的,下面分别介绍。

1. 中心点和直径

使用此方法创建球体特征时,先指定球体的球径,然后在"点"对话框中选取或创建球心,即可创建所需球体。"中心点和直径"创建球体的步骤如下:

步骤01 在"点"对话框的"类型"下拉列表中选择"中心点和直径"选项,如图 4-34 所示。

图 4-33 "球"对话框

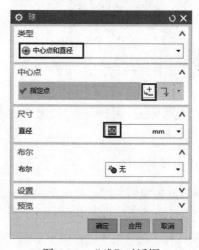

图 4-34 "球"对话框

步骤02 在"中心点"中单击"指定点"按钮,通过弹出的"点"对话框设置球心的坐标,单击"确定"按钮,创建球体球心所在的空间位置。

步骤03 在"点"对话框中的"尺寸"中设置球的"直径"参数,单击"确定"按钮即可完成球体的创建。

"中心点和直径"创建球体的示意图如图 4-35 所示。

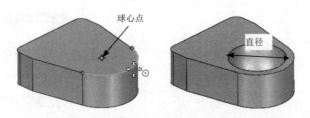

图 4-35 "中心点和直径"创建球体示意图

2. 圆弧

该方式创建球体时，只需在图中选取现有的圆或圆弧曲线体为参考圆弧，即可创建出球体特征，球的过球心的圆和指定圆弧重合。"圆弧"创建球体的步骤如下：

步骤 01 在"类型"下拉列表中选择"圆弧"选项，如图 4-36 所示。

步骤 02 在模型中选择圆弧，系统会自动创建球体，效果如图 4-37 所示。

图 4-36 "球"对话框

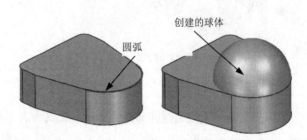

图 4-37 "圆弧"创建球体示意图

4.4 扫描特征

扫描是指通过将二维轮廓沿某一定扫描轨迹扫描而生成三维实体的方法。扫描特征是生成非规则实体的有效方法。

扫描特征中有两大基本元素：扫描轨迹和扫描截面。拉伸、旋转、沿引导线扫掠和管道都可以看作是扫描特征，下面我们将逐一介绍。

4.4.1 拉伸

"拉伸"是扫描特征里最常用的，拉伸特征是将拉伸对象沿所指定的矢量方向拉伸，直到某一指定位置后所形成的实体。拉伸对象通常为二维几何元素，"拉伸"效果如图 4-38 所示。

单击"菜单"按钮后，选择"插入"→"设计特征"→"拉伸"命令，或者在"主页"面板中单击"拉伸"按钮，打开"拉伸"对话框，如图 4-39 所示。下面对"拉伸"对话框中主要参数的设置进行介绍。

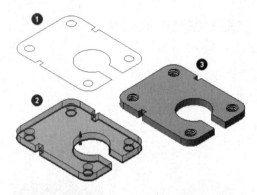

图 4-38 "拉伸"效果　　　　　　图 4-39 "拉伸"对话框

1．截面

"截面"是用于定义拉伸的截面曲线。在其中有"绘制截面"和"选择曲线"两种定义方式。

- "选择曲线"：该方式使用实体表面、实体边缘、曲线、链接曲线和片体来定义拉伸的截面曲线。必须存在已经在草图中绘制出的拉伸对象，对其直接进行拉伸即可。
- "绘制截面"：当使用"草图截面"方式进行实体拉伸时，系统将进入草图工作界面，根据需要创建完成草图后切换至拉伸操作，此时即可进行相应的拉伸操作。

2．方向

"方向"是用来设置拉伸的方向的，单击其中的"指定矢量"按钮，系统将弹出"矢量"对话框，通过矢量构造器来指定矢量，如果有已存的矢量，可以不用矢量构造器创建，直接指定即可。

3．限制

"限制"是用来设置拉伸的起始位置和终止位置。在其中的"开始"和"结束"下拉列表中可以通过"值"、"对称值"、"直至下一个"、"直至选定"、"直至延伸部分"和"贯通"6 种方式指定起始位置和终止位置，如图 4-40 所示。

- "值"：当选择该方式时，可以通过在"距离"文本框中输入数值指定位置，正负值是相对拉伸方向而言的。
- "对称值"：当选择该方式时，系统开始限制距离转换为与结束限制相同的值。
- "直至下一个"：该方式将拉伸特征沿方向路径延伸到下一个体。

- "直至选定": 将拉伸特征延伸到选择的面、基准平面或体。
- "直至延伸部分": 当截面延伸超过所选择面上的边时,将拉伸特征(如果是体)修剪到该面。
- "贯通": 沿指定方向的路径延伸拉伸特征,使其完全贯通所有的可选体。

4. 布尔

"布尔"是用来设置创建的体和模型中已有体的布尔运算的,共有"无"、"求和"、"求差"和"求交"4种,可根据需要选取。

- "无": 创建独立的拉伸实体。
- "求和": 将两个或多个体的拉伸体合成为一个单独的体。
- "求差": 从目标体移除拉伸体。
- "求交": 创建一个体,这个体包含由拉伸特征和与之相交的现有体共享的体积。

5. 拔模

"拔模"是用来控制拉伸时的拔模角的,在"拔模"下拉列表中共有 6 种"拔模"类型,如图 4-41 所示。

图 4-40 "开始"和"结束"下拉列表

图 4-41 "拔模"类型

- "无": 表示不创建任何拔模,即在拉伸时没有拔模角。
- "从起始限制": 表示对每个拉伸面设置相同的拔模角。创建一个拔模,拉伸形状在起始限制处保持不变,从该固定形状处将拔模角应用于侧面,如图 4-42 所示。
- "从截面": 表示对每个拉伸面设置不同的拔模角。创建一个拔模,拉伸形状在截面处保持不变,从该截面处将拔模角应用于侧面,如图 4-43 所示。

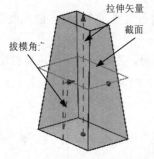

图 4-42 "从起始限制"拔模

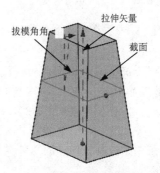

图 4-43 "从截面"拔模

- "从截面-不对称角":仅当从截面的两侧同时拉伸时可用。创建一个拔模,拉伸形状在截面处保持不变,但也会在截面处将侧面分割在两侧,如图4-44所示。
- "从截面-对称角":仅当从截面的两侧同时拉伸时可用。创建一个拔模,拉伸形状在截面处保持不变,如图4-45所示。
- "从截面匹配的终止处":仅当从截面的两侧同时拉伸时可用。创建一个拔模,截面保持不变,并且在截面处分割拉伸特征的侧面,起始面及终止面大小相等,如图4-46所示。

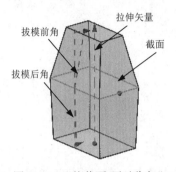 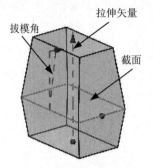 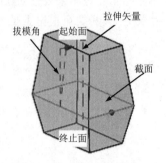

图 4-44 "从截面-不对称角"拔模　　　图 4-45 "从截面-对称角"拔模　　　图 4-46 "从截面匹配的终止处"拔模

6. 偏置

"偏置"是指先对截面曲线进行偏置,然后再进行拉伸。在"偏置"下拉列表中共有4种类型。

- "无":表示在拉伸时没有偏置,系统默认为"无"。"无"偏量效果如图4-47所示。
- "单侧":表示在对截面曲线进行偏置时,只向单侧进行偏置。"单侧"偏置效果如图4-48所示。

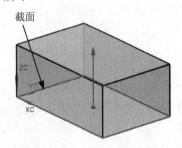 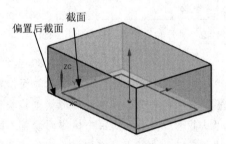

图 4-47　"无"偏置效果　　　　　　图 4-48　"单侧"偏置效果

- "两侧":表示在对截面曲线进行偏置时,向两侧进行偏置。"两侧"偏置效果如图4-49所示。
- "对称":表示在对截面曲线进行偏置时,向两侧偏置,且向两侧偏置距离相等。"对称"偏置效果如图4-50所示。

7. 设置

"设置"是用来控制拉伸体的"体类型"的。在"设置"下拉列表中有"实体"和"片体"两个选项。

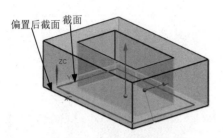
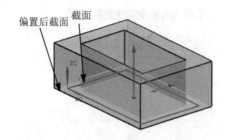

图 4-49 "两侧"偏置效果　　　　　图 4-50 "对称"偏置效果

- "实体":是指拉伸体为实体,此截面必须为封闭轮廓截面或带有偏置的开放轮廓截面,其效果如图 4-51 所示。
- "片体":是指拉伸体为片体,其效果如图 4-52 所示。

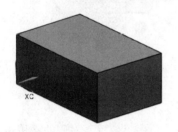
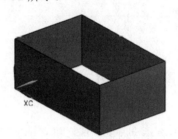

图 4-51 "实体"效果图　　　　　图 4-52 "片体"效果图

4.4.2 旋转

"旋转"是扫描特征里比较常用的,它是将草图截面或曲线等二维对象绕所指定的旋转轴线旋转一定的角度而形成的实体模型,如带轮、法兰盘、轴类等零件。

在"主页"面板中单击"旋转"按钮，或者单击"菜单"按钮后,选择"插入"→"设计特征"→"旋转"命令,打开"旋转"对话框,如图 4-53 所示,在该对话框中有截面、轴、限制、布尔、偏置、设置等参数。

"旋转"操作方法和"拉伸"操作方法相似,不同之处在于,当利用"旋转"工具进行实体操作时,所指定的矢量是对象的旋转中心,所设置的旋转参数是旋转的开始角度和结束角度,如图 4-54 所示。

下面对"旋转"对话框中的主要参数进行说明。

1. 轴

"轴"是用来指定旋转的旋转轴的。在"轴"中单击"指定矢量"并在模型中选择一矢量,如果没有合适的矢量,可单击"矢量"按钮，打开"矢量"对话框来指定矢量。然后单击"指定点"并在模型中选择一点,如果没有合适的点,可单击"点"按钮通过点构造器来指定点。

2. 限制

"限制"是用来设置旋转的起始点和终止点的,在其中的"开始"和"结束"处选择用"值"或其他方式判断,再在其对应的"角度"文本框中输入限制的值即可。

图 4-53 "旋转"对话框

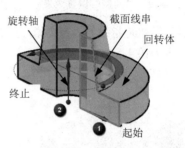

图 4-54 "旋转"特征

3. 偏置

"偏置"是指先对截面曲线进行偏置,然后进行旋转。单击"偏置"右侧的 ▼ 按钮,其中包括"无"和"两侧"两种类型。

- "无":表示在旋转时没有偏置,系统默认为"无"。"无"偏置拉伸效果如图 4-55 所示。
- "两侧":表示在对截面曲线进行偏置时,向两侧进行偏置。"两侧"偏置效果如图 4-56 所示。

图 4-55 "无"偏置效果　　　　　图 4-56 "两侧"偏置效果

4.4.3 扫掠

沿引导线扫掠是沿着一定的轨道进行扫掠拉伸,将实体表面、实体边缘、曲线或链接曲线生成实体或片体。

单击"菜单"按钮后,选择"插入"→"扫掠"→"沿引导线扫掠"命令,或者在"主页"面板中单击"沿引导线扫掠"按钮,系统将弹出"沿引导线扫掠"对话框。

"沿引导线扫掠"特征的创建步骤如下:

步骤01 在"沿引导线扫掠"对话框的"截面"中单击"选择曲线"按钮,并在模型中选择截面线串,如图 4-57 所示。

步骤02 在"引导线"中单击"选择曲线"按钮,并在模型中选择引导线,如图4-58所示。

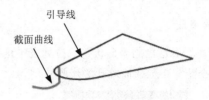

图4-57 "沿引导线扫掠"对话框　　　　图4-58 选择引导线

步骤03 在"偏置"中设置"第一偏置"和"第二偏置"的参数。无偏置效果如图4-59所示,偏置效果如图4-60所示。

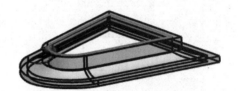

图4-59 "偏置"为零效果　　　　图4-60 "偏置"不为零效果

步骤04 在"沿引导线扫掠"对话框中单击"确定"按钮即可生成扫掠特征。

4.5 加工特征

"加工特征"是更接近于真实情况的一种特征,它是以现有模型为基础在已有实体上进行材料去除或材料添加来形成新的特征。

利用该特征工具可以直接创建出更为细致的实体特征,如在实体上创建孔、凸台、腔体、垫块、键槽、螺纹等。

4.5.1 孔

"孔"是所有加工特征中最常用的特征。孔的类型包括简单孔、沉孔和锥形沉孔。单击"菜单"按钮后,选择"插入"→"设计特征"→"孔"命令,或者在"主页"面板中单击"孔"按钮,系统将会弹出"孔"对话框,如图4-61所示。

"孔"特征的一般创建步骤为:

步骤 01 指定孔的类型。
步骤 02 选择实体表面或基准平面作为孔放置平面和通孔平面。
步骤 03 设置孔的参数及打通方向。
步骤 04 确定孔在实体上的位置，完成创建所需要的孔。

在"孔"对话框的"形状"下拉列表中有 4 种孔的类型，分别为简单孔、沉头孔、埋头孔和锥孔，下面对前 3 种孔的创建及参数设置进行介绍。

1．简单孔

在"孔"对话框的"形状"下拉列表中选择"简单孔"选项，如图 4-62 所示，即可创建简单孔。下面介绍一下创建简单孔的步骤。

图 4-61 "孔"对话框

图 4-62 选择"简单孔"选项

步骤 01 在"形状"下拉列表中选择"简单孔"选项。
步骤 02 设置"直径""深度"和"顶锥角"参数。
步骤 03 在"位置"中单击"点"按钮，并在模型中选择点进行定位。也可在"位置"中单击按钮，打开"创建草图"对话框，通过草图功能创建一个或多个点。
步骤 04 在"方向"的"孔方向"下拉列表中指定钻孔的方向。
步骤 05 最后单击"确定"按钮或"应用"按钮即可创建简单孔。

2．沉头孔

在"孔"对话框的"形状"下拉列表中选择"沉头孔"选项，即可创建沉头孔，如图 4-63 所示。沉头孔的创建步骤和简单孔创建步骤相似，这里就不详细讲解了。

3．埋头孔

在"孔"对话框的"形状"下拉列表中选择"埋头孔"选项，即可创建埋头孔，如图 4-64 所示。埋头孔的创建步骤和简单孔创建步骤相似，这里也不再进行讲解了。

图 4-63　选择"沉头孔"选项

图 4-64　选择"埋头孔"选项

4.5.2　凸台

圆形凸台是构造在平面上的形体。创建的凸台特征和孔特征类似，不同之处在于凸台的生成方式和孔的生成方式相反。创建的凸台和目标体的布尔关系默认为"求和"。单击"菜单"按钮后，选择"插入"→"设计特征"→"凸台"命令，或者在"主页"面板中单击"凸台" 按钮，系统将弹出如图 4-65 所示的"凸台"对话框。

创建凸台的步骤如下：

步骤 01　在"凸台"对话框中设置"直径""高度"和"锥角"参数。参数示意图如图 4-66 所示。

步骤 02　在模型中选择放置面，系统会弹出如图 4-67 所示的"定位"对话框。

步骤 03　在对话框中选择一种定位方式对凸台进行定位。

图 4-65　"凸台"对话框

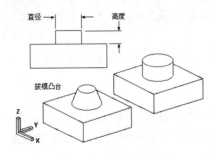
图 4-66　参数示意图

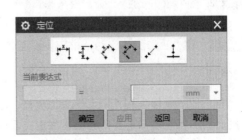
图 4-67　"定位"对话框

4.5.3 腔体

型腔是创建于实体或片体上,在目标体上去除一定形状的材料。单击"菜单"按钮后,选择"插入"→"设计特征"→"腔体"命令,打开如图 4-68 所示的"腔体"对话框。

在对话框中可以选择圆柱、矩形或常规构造方式,下面分别进行介绍。

图 4-68 "腔体"对话框

1. 柱

用于定义一个圆形腔体,按照特定的深度,包含或不包含倒圆底面,并具有直面或斜面。"圆柱"腔体的创建步骤如下:

步骤 01 在"腔体"对话框中单击"圆柱坐标系"按钮,打开如图 4-69 所示的"圆柱形腔体"对话框。

步骤 02 在模型中选择腔体的放置面,系统会弹出如图 4-70 所示的对话框,在其中设置腔体的参数。参数示意图如图 4-71 所示。

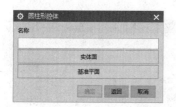

图 4-69 "圆柱形腔体"对话框

图 4-70 参数设置对话框

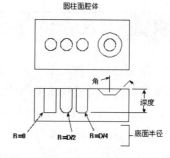

图 4-71 参数示意图

2. 矩形

用于定义一个矩形腔体,按照特定的长度、宽度和深度,在拐角和底面具有特定半径,并具有直面或斜面。"矩形"腔体的创建步骤如下:

步骤 01 在"腔体"对话框中单击"矩形"按钮,打开"矩形腔体"对话框,并在模型中选择腔体的放置面,选择完成后系统会自动打开"水平参考"对话框。

步骤 02 在模型中选择一个已存矢量或一个对象以判断矢量,指定矢量后弹出如图 4-72 所示的"矩形腔体"对话框。

步骤 03 在"矩形腔体"对话框中设置腔体的参数。参数示意图如图 4-73 所示。

3. 常规

"常规"比"圆柱"和"矩形"更加灵活,用户可以定义底面,也可选择现有曲面作为底面,顶面和底面的形状可以指定封闭曲线串来定义,同时还能指定放置面或底面与其侧面的圆角半径。由于"常规"腔体的设置较复杂,而且使用较少,在此就不详细介绍了。

图 4-72 "矩形腔体"对话框

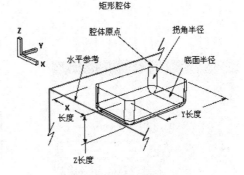

图 4-73 参数示意图

4.5.4 垫块

凸垫是创建在实体或片体上的形体,即在目标体上添加材料,创建的垫块和目标体的布尔关系默认为"求和"。

"垫块"是指在指定放置面上创建一个垫块,单击"菜单"按钮后,选择"插入"→"设计特征"→"垫块"命令,或者在"主页"面板中单击"垫块"按钮 ,即可打开如图 4-74 所示的"垫块"对话框。垫块共有两种类型,分别为"矩形"和"常规"。

1. 矩形

"矩形"是指创建的垫块形状为矩形。创建"矩形"垫块的步骤如下:

步骤 01 在"垫块"对话框中单击"矩形"按钮,即可打开如图 4-75 所示的"矩形垫块"对话框。

图 4-74 "垫块"对话框

图 4-75 "矩形垫块"对话框

步骤 02 在模型中选择垫块的放置面,选择完成后,系统会自动打开"水平参考"对话框。

步骤 03 在模型中选择一个已存矢量或一个对象以判断矢量,指定矢量后系统弹出如图 4-76 所示的"矩形垫块"对话框。

步骤 04 在"矩形垫块"对话框中设置"长度""宽度""高度""拐角半径"和"锥角"参数,参数示意图如图 4-77 所示,设计完毕后单击"确定"按钮即可创建矩形垫块。

2. 常规

"常规"比"矩形"更加灵活,用户可以定义底面,也可选择现有曲面作为底面,顶面和底面的形状可以用指定封闭曲线串来定义,同时还能指定放置面或底面与其侧面的圆角半径。由于"常规"垫块的设置较复杂,而且使用较少,在此就不详细介绍了。

图 4-76　参数设置对话框

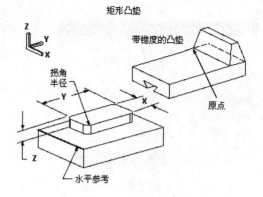

图 4-77　参数示意图

4.5.5　键槽

"键槽"是以直槽形状添加一条通道，使其通过实体或在实体内部。在各类机械零件中，经常出现各种键槽，下面就介绍一下键槽的创建。

单击"菜单"按钮后，选择"插入"→"设计特征"→"键槽"命令，或者在"主页"面板中单击"键槽"按钮，弹出如图 4-78 所示的"键槽"对话框。键槽共有 5 种类型，分别为矩形槽、球形端槽、U 形槽、T 型键槽和燕尾槽。

图 4-78　"键槽"对话框

1. 矩形槽

"矩形槽"是指创建的键槽横截面为矩形。"矩形槽"的创建步骤如下：

步骤 01　在"键槽"对话框中选中"矩形槽"单选按钮，打开如图 4-79 所示的"矩形键槽"对话框。

步骤 02　在模型中选择键槽的放置面，选择完毕后系统会自动打开"水平参考"对话框。

步骤 03　在模型中选择一个已存矢量或一个对象以判断矢量，指定矢量后系统会自动打开如图 4-80 所示的参数设置对话框。

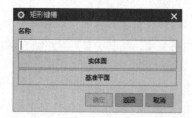

图 4-79　"矩形键槽"对话框

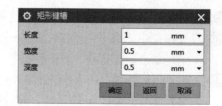

图 4-80　参数设置对话框

步骤 04　在对话框中设置"长度""宽度"和"深度"参数。参数示意图如图 4-81 所示。

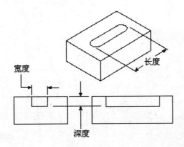

图 4-81　参数示意图

2. 球形端槽

"球形端槽"是指创建的键槽端面为球形。在"键槽"对话框中选中"球形端槽"单选按钮，即可进行"球形端槽"键槽的创建，其创建步骤和"矩形槽"类似，在此就不做介绍了。"球形端槽"的参数设置对话框如图 4-82 所示，其参数示意图如图 4-83 所示。

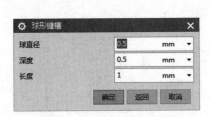

图 4-82　参数设置对话框

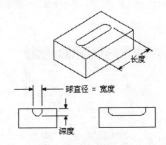

图 4-83　参数示意图

3. U 形槽

"U 形槽"是指创建的键槽横截面为 U 形。在"键槽"对话框中选中"U 形槽"单选按钮，即可进行"U 形槽"的创建，其创建步骤和"矩形槽"类似，在此就不做介绍了。"U 形槽"的参数设置对话框如图 4-84 所示，其参数示意图如图 4-85 所示。

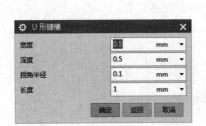

图 4-84　参数设置对话框

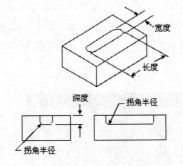

图 4-85　参数示意图

4. T 型键槽

"T 型键槽"是指创建的键槽横截面为 T 形。在"键槽"对话框中选中"T 型键槽"单选按钮，即可进行"T 型键槽"的创建，其创建步骤和"矩形槽"类似，在此就不做介绍了。"T 型键槽"的参数设置对话框如图 4-86 所示，其参数示意图如图 4-87 所示。

图 4-86 参数设置对话框

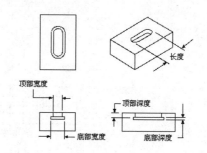

图 4-87 参数示意图

5．燕尾槽

"燕尾槽"是指创建的键槽横截面为燕尾形。在"键槽"对话框中选中"燕尾槽"单选按钮，即可进行"燕尾槽"的创建，其创建步骤和"矩形槽"类似，在此就不做介绍了。"燕尾槽"的参数设置对话框如图 4-88 所示，其参数示意图如图 4-89 所示。

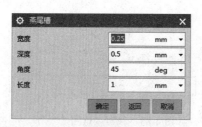

图 4-88 参数设置对话框

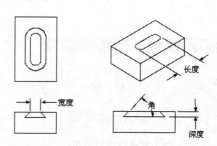

图 4-89 参数示意图

4.5.6 槽

环形槽在各类机械零件中，也是很常见的。"槽"特征用于将一个外部或内部槽添加到实体的圆柱形或锥形面上。单击"菜单"按钮后，选择"插入"→"设计特征"→"槽"命令，或者在"主页"面板中单击"槽"按钮，即可打开如图 4-90 所示的"槽"对话框，槽共有 3 种类型，分别为矩形、球形端槽和 U 形槽。示意图如图 4-91 所示，下面分别进行介绍。

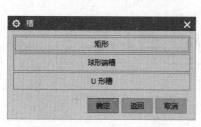

图 4-90 "槽"对话框

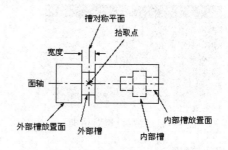

图 4-91 槽类型示意图

1．矩形

"矩形"是指创建横截面为矩形的槽。"矩形"槽的创建步骤如下：

步骤01 在"槽"对话框中单击"矩形"按钮,打开如图 4-92 所示的"矩形槽"对话框。
步骤02 在模型中选择槽的放置面,选择完毕后系统会自动打开如图 4-93 所示的参数设置对话框。

图 4-92 "矩形槽"对话框

图 4-93 参数设置对话框

 此处选择的槽放置面必须为圆柱面或圆锥面,不能是平面,这是键槽和槽最大的区别。

步骤03 设置"槽直径"和"宽度"的参数,参数示意图如图 4-94 所示,设置完毕后单击"确定"按钮,系统会打开如图 4-95 所示的"定位槽"对话框。
步骤04 通过"定位槽"对话框完成槽特征的定位。

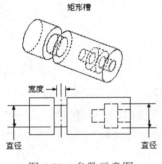

图 4-94 参数示意图

图 4-95 "定位槽"对话框

2. 球形端槽

"球形端槽"是指创建的槽端面为球形。在"槽"对话框中单击"球形端槽"按钮,即可进行"球形端槽"的创建,其创建步骤和"矩形"类似,在此就不做介绍了。"球形端槽"的参数设置对话框如图 4-96 所示,其参数示意图如图 4-97 所示。

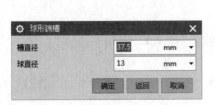

图 4-96 参数设置对话框

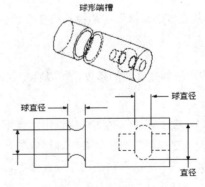

图 4-97 参数示意图

3. U形槽

"U形槽"是指创建的槽横截面为U形。在"槽"对话框中单击"U形槽"按钮，即可进行"U形槽"的创建，其创建步骤和"矩形"类似，在此就不做介绍了。"U形槽"的参数设置对话框如图4-98所示，其参数示意图如图4-99所示。

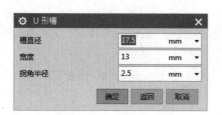

图4-98 参数设置对话框

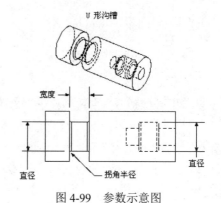

图4-99 参数示意图

4.5.7 螺纹

螺纹是指在旋转实体表面上创建的沿螺旋线所形成的具有相同剖面的连续的凸起或凹槽特征。螺纹连接是工业产品中使用最广泛的，用于各种机械连接，传递运动和动力。

在"主页"面板中单击"螺纹"按钮，或者单击"菜单"按钮后，选择"插入"→"设计特征"→"螺纹"命令，弹出如图4-100所示的"螺纹"对话框。螺纹共有两种类型，分别为符号和详细。

1. 符号

"符号"是指系统只生成螺纹符号，而不生成真正的螺纹实体。在工程图中用于表示螺纹和标注螺纹。这种螺纹生成速度快，计算量小。"符号"螺纹对话框如图4-100所示，该对话框中有许多参数需要设置，参数示意图如图4-101所示。

螺纹参数的设置方法有以下两种。

- "手动输入"：是指用户在对话框中手动输入各个参数。
- "从表格中选择"：是指系统自动根据用户选择的孔直径选择标准螺纹尺寸。

2. 详细

该方式用于创建真实的螺纹，可以将螺纹的所有细节特征都表现出来。"详细"螺纹的创建步骤如下：

步骤01 在"螺纹"对话框中选中"详细"单选按钮，如图4-102所示。

步骤02 在模型中选择需要创建螺纹的孔或柱。

步骤03 在"螺纹"对话框中设置参数，最后单击"确定"按钮，即可完成"详细"螺纹的创建，如图4-103所示。

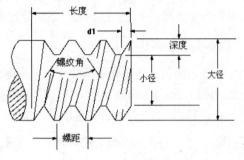

图 4-100 "螺纹"对话框　　　　图 4-101 参数示意图

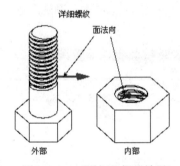

图 4-102 选中"详细"单选按钮　　　图 4-103 "详细"螺纹效果

"详细"螺纹不能从表格中选择标准的螺纹尺寸，只能手动输入或系统自动赋值。

4.6 细节特征

细节特征是创建复杂精确模型的关键工具，创建的实体可以作为后续分析、仿真、加工等操作对象。细节特征并不是在创建新的实体，它是对实体的补充并对实体进行必要的修改和编辑，以创建出更精细、逼真的实体模型。

4.6.1 边倒圆

边倒圆为常用的倒圆类型，它是用指定的倒圆半径将实体的边缘变成圆柱面或圆锥面。既可以对实体边缘进行恒定半径的倒圆角，也可以对实体边缘进行可变半径的倒圆角。

单击"菜单"按钮，选择"插入"→"细节特征"→"边倒圆"命令，或者在"主页"面板中，单击"边倒圆"按钮，打开"边倒圆"对话框，如图 4-104 所示。边倒圆共分为两种类型，分别为固定半径倒圆和可变半径倒圆，下面分别进行介绍。

1. 固定半径边倒圆

固定半径边倒圆指沿选取实体或片体进行倒圆角，使倒圆角相切于选择边的邻接面。直接选取要倒圆角的边，并设置倒圆角的半径，即可创建指定半径的倒圆角，但如果同时指定几条边，则每条边上的半径是可以分别进行设置的。固定半径边倒圆的操作步骤如下：

- **步骤 01** 在"边倒圆"对话框中单击"选择边"按钮，然后在模型中选择一条或几条需要进行倒圆的边。
- **步骤 02** 设置边倒圆的半径。若半径相同，只需要在"半径 1"文本框中输入数值；如果每条边的半径不同，则需要在"列表"下的表格中分别设置不同的半径。
- **步骤 03** 设置完毕后单击"确定"或"应用"按钮，即可创建固定半径的边倒圆，效果如图 4-105 所示。

图 4-104 "边倒圆"对话框

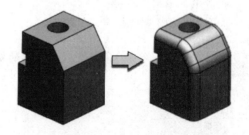

图 4-105 "固定半径"边倒圆效果

2. 可变半径边倒圆

可变半径边倒圆可以通过修改控制点处的半径，从而实现沿选择边指定多个点，设置不同的半径参数，系统便会根据设置，在边上进行可变半径倒圆。可变半径边倒圆的操作步骤如下：

- **步骤 01** 在"边倒圆"对话框中单击"选择边"按钮，然后在模型中选择一条或几条需要进行倒圆的边。

步骤 02　在"可变半径点"的右侧单击 ∨ 按钮，展开如图 4-106 所示的下拉列表，然后在模型中选择可变半径点，并设置相应的半径。

步骤 03　设置完毕后单击"确定"或"应用"按钮，即可创建可变半径的边倒圆，效果如图 4-107 所示。

图 4-106　"可变半径点"下拉列表

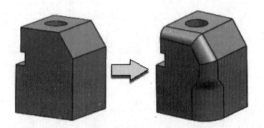

图 4-107　"可变半径"边倒圆效果

4.6.2　面倒圆

面倒圆是对实体或片体边面指定半径进行倒圆，并且使倒圆面相切于所选择的平面。利用该方式创建倒圆角需要在一组曲面上定义相切线串。

该倒圆方式与边倒圆最大的区别是：边倒圆只能对实体边进行倒圆，而面倒圆既可以对实体边进行倒圆，也可以对片体边进行倒圆。

在"主页"面板中单击"面倒圆"按钮 ，或者在单击"菜单"按钮后，选择"插入"→"细节特征"→"面倒圆"命令，系统弹出如图 4-108 所示的"面倒圆"对话框，其中提供了两种方式创建面倒圆特征。

1. 滚球

滚球面倒圆是指使用一个指定半径的假想球与选择的两个面集相切形成倒圆特征。在"横截面"下的"截面方向"下拉列表中选择"滚球"选项，"面倒圆"对话框被激活，各选项组含义如下：

- 面链：指定面倒圆所在的两个面，也就是倒圆角在两个选取面的相交部分。
- 横截面：设置横截面的形状和半径方式。
- 约束和限制几何体：可以通过设置重合边和相切曲线来限制面倒圆的形状。

滚球面倒圆的创建步骤如下：

步骤 01　在"面倒圆"对话框的"类型"下拉列表中选择"两个定义面链"选项。

步骤 02　在绘图区选择第一个面，单击鼠标中键以完成"面链 1"的定义。

步骤 03　在绘图区选择第二个面，单击鼠标中键以完成"面链 2"的定义。如果两个面集的法向没有指向倒圆的大致中心，则单击反向。

步骤 04　设置形状、半径、规律控制的参数。

步骤 05　设置完毕后单击"确定"或"应用"按钮即可创建滚球面倒圆,效果如图 4-109 所示。

图 4-108　"面倒圆"对话框

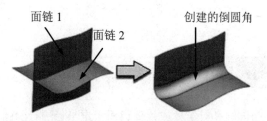

图 4-109　"滚球"面倒圆效果

2. 扫掠截面

扫掠截面是指定圆角样式和指定的脊线构成的扫描截面,与选择的两面集相切进行倒圆角。其中脊线是曲面指定同向断面线的特殊点集合所形成的线。

也就是说,指定了脊线就决定了曲面的端面产生的方向,其中端面的 U 线必须垂直于脊线。扫掠截面面倒圆创建步骤如下:

步骤 01　在"面倒角"对话框的"类型"下拉列表中选择"两个定义面链"选项。

步骤 02　在绘图区选择第一个面,单击鼠标中键以完成"面链 1"的定义。

步骤 03　在绘图区选择第二个面,单击鼠标中键以完成"面链 2"的定义。如果两个面集的法向没有指向倒圆的大致中心,则单击反向。

步骤 04　选择脊线,然后选择与要创建的倒圆平行的边。脊线用于定向倒圆横截面,以及为规律控制的半径定义变化参数,如图 4-110 所示。

步骤 05　设置形状、半径、规律控制的参数。

步骤 06　设置完毕后单击"确定"或"应用"按钮,即可创建可扫掠截面面倒圆,效果如图 4-111 所示。

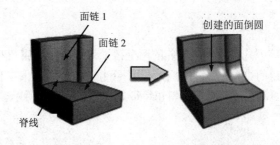

图 4-110 "面倒圆"对话框　　　　　图 4-111 "扫掠截面"面倒圆效果

4.6.3 倒斜角

倒斜角又称为倒角或去角特征，是指对面之间陡峭的边进行倒斜角。倒斜角也是工程中经常出现的倒角方式。当产品的边缘过于尖锐时，为避免擦伤，需要对其边缘进行倒斜角操作。

单击"菜单"按钮，选择"插入"→"细节特征"→"倒斜角"命令，或者在"主页"面板中单击"倒斜角"按钮，系统弹出如图 4-112 所示的"斜倒角"对话框。

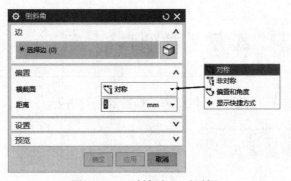

图 4-112 "斜倒角"对话框

倒斜角的创建步骤如下：

步骤01 在"边"选项组中单击"选择边"，然后在模型中选择需要进行倒斜角的边。

步骤02 选择偏置的类型，偏置类型包含对称、非对称及偏置和角度 3 种。

步骤03 设置相应的"倒斜角"参数，然后单击"确定"按钮完成创建倒斜角特征。

"倒斜角"对话框中提供了创建倒斜角的 3 种方法，具体介绍如下。

1. 对称

该方式用于与倒角边缘邻接的两个面均采用相同偏置值方式的倒斜角情况。它的斜角值是固定的 45°并且是系统默认的倒角方式。"对称"截面倒斜角特征如图 4-113（a）所示。

2. 非对称

该方式用于与倒角边缘邻接的两个面分别采用不同偏置值方式的倒斜角情况。选取实体中要倒斜角的边，然后选择"横截面"下拉列表中的"非对称"选项，并在两个"距离"文本框中输入不同的距离参数。"非对称"截面倒斜角特征如图 4-113（b）所示。

3. 偏置和角度

该方式是将倒角相邻的两个截面设置一个偏置值和一个角度来创建倒角特征。选取实体中要倒斜角的边，然后选择"横截面"下拉列表中的"偏置和角度"选项，并分别输入距离和角度参数。"偏置和角度"截面倒斜角特征如图 4-113（c）所示。

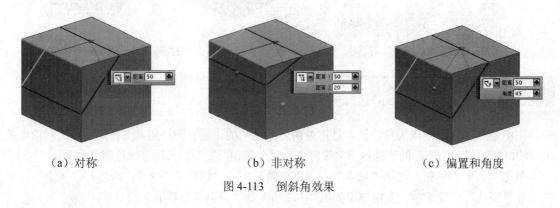

（a）对称　　　　　　　　　　（b）非对称　　　　　　　　　　（c）偏置和角度

图 4-113　倒斜角效果

4.7　其他特征

本小节中将对"抽壳"特征及三角形加强筋特征进行讲解。

4.7.1　抽壳

"抽壳"特征指从指定的平面向下移除一部分材料而形成的具有一定厚度的薄壁体。常用于将实体内部材料去除，使之成为带有一定材料厚度的壳体。

单击"菜单"按钮后，选择"插入"→"偏置/缩放"→"抽壳"命令，或者在"主页"面板中单击"抽壳"按钮，系统弹出如图 4-114 所示的"抽壳"对话框。"抽壳"包括移除面，然后抽壳和对所有面抽壳两种类型。

1．移除面，然后抽壳

该方式是以选取实体一个面为开口的面，其他表面通过设置厚度参数形成一个非封闭有固定厚度的腔体薄壁。具体操作步骤如下：

步骤01 在"抽壳"对话框的"类型"下拉列表中选择"移除面，然后抽壳"选项。

步骤02 在"要穿透的面"中单击"选择面"，然后在模型中选择穿透的面。

步骤03 在"厚度"文本框中设置抽壳的厚度，单击"确定"按钮完成壳体的创建，如图 4-115 所示。

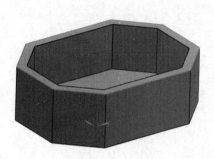

图 4-114　"抽壳"对话框　　　　图 4-115　"移除面，然后抽壳"效果

2．对所有面抽壳

该方式是指按照某个指定的厚度抽空实体，形成一个全封闭的有固定厚度的壳体。该方式与"移除面，然后抽壳"的不同之处在于："移除面，然后抽壳"是选取移除面进行抽壳操作，而该方式是选取实体直接进行抽壳操作。具体操作步骤如下：

步骤01 在"抽壳"对话框中的"类型"下拉列表中选择"对所有面抽壳"选项，如图 4-116 所示。

步骤02 在"要抽壳的体"中单击"选择体"，然后选择需要进行抽壳的体。

步骤03 在"厚度"文本框中设置抽壳的厚度，单击"确定"按钮完成壳体的创建，如图 4-117 所示。

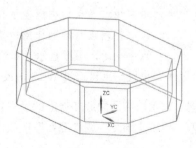

图 4-116　"抽壳"对话框　　　　图 4-117　"对所有面抽壳"效果

4.7.2 三角形加强筋

三角形加强筋用于沿着两个面集的相交曲线来添加三角形加强筋特征。利用该工具可以完成机械设计中的加强筋及支撑肋板的创建。

单击"菜单"按钮后,选择"插入"→"设计特征"→"三角形加强筋"命令,打开"三角形加强筋"对话框,如图 4-118 所示。三角形加强筋的创建步骤如图 4-119 所示。

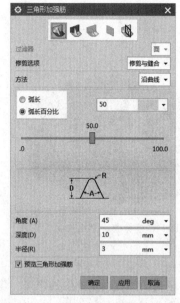

图 4-118 "三角形加强筋"对话框

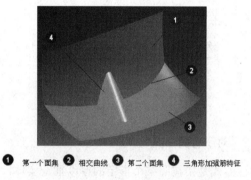

图 4-119 "三角形加强筋"创建步骤

步骤01 单击 ![] (第一组)按钮,选择步骤来选择定位三角形加强筋的第一组面。

步骤02 单击 ![] (第二组)按钮,选择步骤来选择定位三角形加强筋的第二组面。

 如果在两个面集之间存在多个相交处,则选择其中一个。

步骤03 单击 ![] (方法)按钮,选择步骤来指定定位三角形加强筋的方法,即"沿曲线"还是"位置"。

- 沿曲线:基点和手柄显示在两个面集之间的相交曲线上。可沿相交曲线拖动滑尺,将基点移动到任意位置,直到移动到满意的位置为止。当沿着曲线拖动基点手柄时,图形显示、面法矢和"弧长"字段中的值都将更新。
- 位置:可以通过 WCS 值或绝对 X、Y、Z 位置指定三角形加强筋的位置。

步骤04 指定所需三角形加强筋的尺寸,如角度、深度和半径。

步骤05 单击"确定"或"应用"按钮创建三角形加强筋特征。

4.8 工装盘体模型建模实例

本节将详细讲解如图 4-120 所示的工装盘体模型的创建。在模型中包含旋转、拉伸、孔和倒斜角的基本特征，以及相关的特征变换。

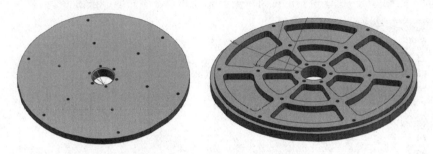

图 4-120　创建的零件模型

4.8.1　创建文件

步骤 01　启动 NX 10.0 软件。依次在 Windows 系统中选择"开始"→"程序"→Siemens NX 10.0 → NX 10.0 命令，启动 NX 10.0 软件。

步骤 02　新建文件。在启动界面中选择"文件"→"新建"命令，单击"新建"按钮，弹出"新建"对话框，设置如图 4-121 所示的参数，单击"确定"按钮，系统将进入建模环境。

图 4-121　"新建"对话框

4.8.2 创建旋转体

步骤01 在"主页"面板中单击"旋转"按钮，或者单击"菜单"按钮后，选择"插入"→"设计特征"→"旋转"命令，打开"旋转"对话框。

步骤02 在"旋转"对话框单击"绘制截面"按钮，弹出"创建草图"对话框，参数设置如图4-122所示，单击"确定"按钮进入草图环境界面。

步骤03 绘制如图4-123所示的截面草图，完成后单击"完成"按钮。

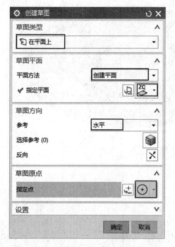

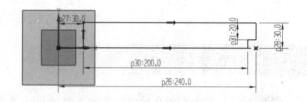

图4-122 "创建草图"对话框　　　　图4-123 截面草图

步骤04 在工作区选中如图4-124所示的矢量作为旋转轴矢量。

步骤05 在"旋转"对话框中单击"点"按钮，在弹出的"点"对话框中设置如图4-125所示的参数。

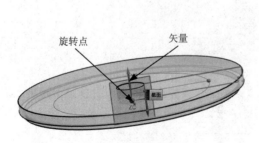

图4-124 旋转轴矢量　　　　图4-125 "点"对话框

步骤06 设置旋转参数。在"旋转"对话框中设置如图4-126所示的参数，单击"确定"按钮，创建的旋转体如图4-127所示。

图 4-126 "旋转"对话框

图 4-127 创建的旋转体

4.8.3 创建拉伸体

步骤 01 单击"菜单"按钮后,选择"插入"→"设计特征"→"拉伸"命令,或者在"主页"面板中单击"拉伸"按钮,打开"拉伸"对话框。

步骤 02 在"拉伸"对话框中单击"绘制截面"按钮,弹出"创建草图"对话框,参数设置如图 4-128 所示。

步骤 03 在绘图区中选择如图 4-129 所示的面,单击"确定"按钮进入草图环境界面。

图 4-128 "创建草图"对话框

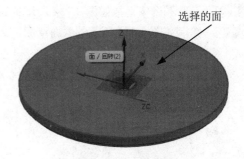

图 4-129 选择的面

步骤 04 绘制如图 4-130 所示的截面草图,完成后单击"完成"按钮。

步骤 05 设置拉伸参数。在"拉伸"对话框中设置如图 4-131 所示的参数,在绘图区选择如图 4-132 所示的延伸面,单击"确定"按钮创建拉伸体,如图 4-133 所示。

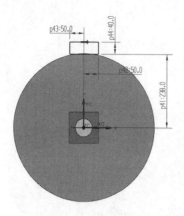

图 4-130　草图截面

图 4-131　"拉伸"对话框

图 4-132　选择的延伸面

图 4-133　创建拉伸体

4.8.4　创建另一个拉伸体

步骤01　单击"菜单"按钮后，选择"插入"→"设计特征"→"拉伸"，或者在"主页"面板中单击"拉伸"按钮，打开"拉伸"对话框。

步骤02　在绘图区中选择如图 4-134 所示的表面，单击"确定"按钮进入草图环境界面。

步骤03　绘制如图 4-135 所示的截面草图，完成后单击"完成"按钮。

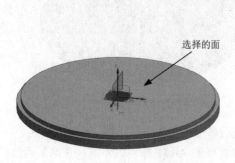

图 4-134　选择的平面

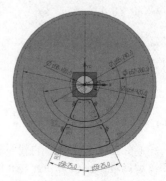

图 4-135　截面草图

步骤 04 设置拉伸参数。在"拉伸"对话框中设置如图 4-136 所示的参数,拉伸方向如图 4-137 所示,单击"确定"按钮创建拉伸体,如图 4-138 所示。

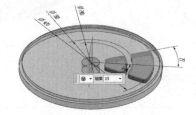

图 4-136 "拉伸"对话框　　　图 4-137 "拉伸"示意图　　　图 4-138 创建拉伸体

4.8.5 孔特征

步骤 01 单击"菜单"按钮后,选择"插入"→"设计特征"→"孔"命令,或者在"主页"面板中单击"孔"按钮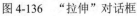,系统将会弹出"孔"对话框。

步骤 02 在绘图区中选择如图 4-139 所示的面,系统将自动进入草图环境界面。

步骤 03 绘制如图 4-140 所示的 3 个点的位置,完成后单击"完成"按钮。

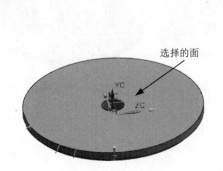
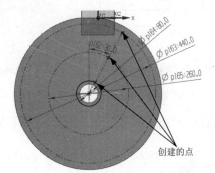

图 4-139 选择的面　　　　　　图 4-140 创建的点

步骤 04 设置孔参数。在"孔"对话框中设置如图 4-141 所示的参数,单击"确定"按钮,创建的孔特征如图 4-142 所示。

图 4-141 "孔" 特征

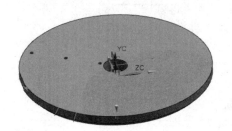

图 4-142 创建的孔特征

4.8.6 创建倒斜角

步骤 01 单击"菜单"按钮后,选择"插入"→"细节特征"→"倒斜角"命令,或者在"主页"面板中单击"倒斜角"按钮,系统弹出如图 4-143 所示的"斜倒角"对话框。

步骤 02 在绘图区中选择如图 4-144 所示的边,并在"倒斜角"对话框中设置参数。单击"确定"按钮,创建的倒斜角如图 4-145 所示。

图 4-143 "倒斜角"对话框

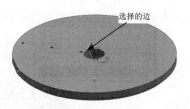

图 4-144 选择的边

图 4-145 创建的倒斜角

步骤 03 单击"保存"按钮,保存完成的文件。

4.9 本章小结

本章主要讲解三维实体的建模功能,重点介绍了各种特征的创建方法及各参数的含义,最后通过一个具体实例的讲解使读者能够真正掌握 NX 的三维实体建模及其相关技巧。

第 5 章 特征操作与编辑

特征操作与编辑是指对通过实体造型创建的实体特征进行各种操作,进而生成新的特征。

学习目标

- 熟练掌握特征的布尔运算
- 熟练掌握关联复制操作
- 熟练掌握特征编辑
- 综合运用各种特征操作和编辑完成对特征的修改及变换

5.1 布尔运算

布尔运算是通过对两个以上的物体进行并集、差集、交集运算,从而得到新实体特征。

在进行布尔运算操作时,需要与其他实体合并的实体或片体称为目标实体,而修改目标实体的被称为工具实体。在完成布尔运算时,工具实体成为目标实体的一部分。

5.1.1 合并

"合并"是指将两个或多个实体并为单个实体,也可以认为是将多个实体特征叠加变成一个独立的特征,即求实体与实体间的和集。

在"主页"面板中单击"合并"按钮,或者单击"菜单"按钮后,选择"插入"→"组合"→"合并"命令,弹出如图 5-1 所示的"合并"对话框,先选择目标实体,再选择工具实体,然后单击"确定"按钮,即可将所选工具实体与目标实体合并成一个实体,过程如图 5-2 所示。

图 5-1 "合并"对话框

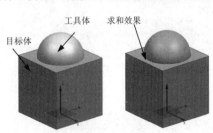

图 5-2 "求和"示意图

> 在进行布尔运算时,目标实体只能有一个,而工具实体可以有多个。加运算不适用于片体,片体和片体只能进行减运算和相交运算。

5.1.2 减去

"减去"指从目标实体中去除工具实体,在去除的实体特征中不仅包括指定工具特征,还包括目标实体与工具实体相交的部分,即实体与实体间的差集。

在"主页"面板中单击"合并"按钮 ,或者单击"菜单"按钮后,选择"插入"→"组合"→"减去"命令,弹出如图5-3所示的"求差"对话框,其操作与合并类似,先选择目标实体,然后选择工具实体,所选的工具实体必须与目标实体相交,否则,在相减时会产生出错信息。另外,要说明片体与片体不能相减,"求差"效果如图5-4所示。

图5-3 "求差"对话框

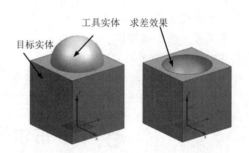

图5-4 "求差"示意图

5.1.3 相交

"相交"可以得到两个相交实体特征的共有部分或重合部分,即求实体与实体间的交集。它与"求差"正好相反,得到的是去除材料的那一部分实体。

在"主页"面板中单击"合并"按钮 ,或者单击"菜单"按钮后,选择"插入"→"组合"→"相交"命令,弹出如图5-5所示的"求交"对话框,操作类似,最后目标实体与工具实体的公共部分产生一个新的实体或片体。

所选的工具体必须与目标体相交,否则,在相交时会产生出错信息。另外,实体不能与片体相交,求交效果如图5-6所示。

图5-5 "求交"对话框

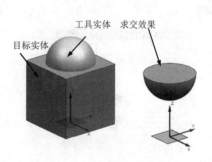

图5-6 "求交"示意图

5.2 关联复制

关联复制特征是指对已创建好的特征进行编辑或复制，得到需要的实体或片体。利用实例特征、镜像特征和镜像体工具可以对实体进行多个成组的镜像或复制，避免对单一实体的重复操作。下面对关联复制的各种操作进行介绍。

5.2.1 阵列特征

"阵列特征"是指将指定的特征复制到矩形或圆形的图样中去，可以快速创建与已有的特征同样形状的多个呈一定规律分布的特征。

单击"菜单"按钮，选择"插入"→"关联复制"→"阵列特征"命令，弹出如图 5-7 所示的"阵列特征"对话框。选择一种阵列方式，再选择需要阵列的特征，并输入阵列参数，单击"确定"按钮即可完成特征的阵列。

在"布局"下拉列表中共有线性、圆形、多边形、螺旋式、沿、常规、参考和螺旋线 8 种阵列方式。

1. 线性

"线性"用于以线性阵列的形式来复制所选的实体特征，通过指定种子特征、阵列的个数和阵列偏置来对种子特征进行阵列。线性阵列的操作步骤如下：

步骤 01 在"阵列特征"对话框的"布局"下拉列表中选择"线性"选项。
步骤 02 选择需要进行阵列的特征。
步骤 03 在"边界定义"中设置阵列参数，如图 5-8 所示。

图 5-7 "阵列特征"对话框

图 5-8 设置"线性"阵列参数

步骤 04　各参数示意图如图 5-9 所示，方向 1 和方向 2，通过制定各方向的矢量来确定特征阵列方向，可以选择两个方向也可以单选方向 1。

步骤 05　在"间距"下拉列表中指定间距参数方式，其中有数量和节距、数量和跨距、节距和跨距、列表 4 种类型，如图 5-10 所示。

步骤 06　设置完毕后单击"确定"按钮，即可完成特征的阵列。

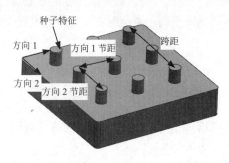

图 5-9　参数示意图

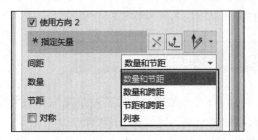

图 5-10　"间距"下拉列表

2. 圆形

"圆形"常用于以圆形阵列的方式来复制所选的实体特征，是指通过指定种子特征、阵列的个数和角度来对种子特征进行圆形阵列。该方式常用于盘类零件上重复性特征的创建，圆形阵列的操作步骤如下：

步骤 01　在"阵列特征"对话框的"布局"下拉列表中选择"圆形"选项。

步骤 02　选择需要进行阵列的特征。

步骤 03　在如图 5-11 所示的对话框中单击"指定矢量"按钮，通过弹出的"矢量"对话框指定旋转轴，单击"指定点"按钮，在弹出的"点"对话框中选择旋转轴所在的点。

步骤 04　在"阵列特征"对话框中设置阵列参数，各参数示意图如图 5-12 所示，设置完毕后单击"确定"按钮，即可完成圆形阵列。

图 5-11　参数设置

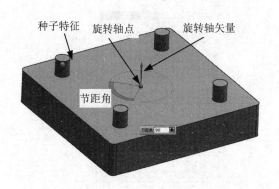

图 5-12　参数示意图

3. 沿

选择某一路径并沿该路径进行阵列，具体操作步骤如下：

步骤 01 在"阵列特征"对话框的"布局"下拉列表中选择"沿"选项。

步骤 02 选择要阵列的特征及路径。

步骤 03 设置各参数如图 5-13 所示，单击"确定"按钮，即可完成沿阵列。参数示意图如图 5-14 所示。

图 5-13　参数设置

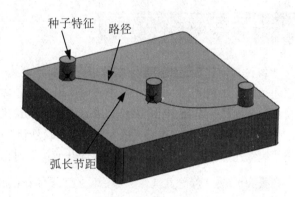

图 5-14　参数示意图

多边形、螺旋式、常规和参考等阵列方法的操作与上述三种类似，这里不再赘述。

5.2.2　镜像特征

"镜像特征"是指将指定特征相对于基准平面或实体表面镜像复制。单击"菜单"按钮，选择"插入"→"关联复制"→"镜像特征"命令，或者在"主页"面板中单击"镜像特征"按钮，弹出"镜像特征"对话框，如图 5-15 所示。具体操作步骤如下：

步骤 01 在"镜像特征"对话框的"要镜像的特征"中单击"选择特征"按钮，然后在模型中选择需要进行镜像的特征。

步骤 02 在"镜像平面"中单击"选择平面"按钮，然后在模型中指定一个已存在的平面，也可以打开"基准平面"来创建一个平面作为镜像平面。

步骤 03 设置完毕后，单击"确定"按钮，即可创建镜像特征，如图 5-16 所示。

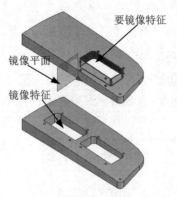

图 5-15 "镜像特征"对话框　　　　图 5-16 "镜像特征"示意图

5.2.3 镜像几何体

"镜像几何体"是指将指定实体进行复制并以某一平面作为镜像面,其镜像后的实体或片体和原实体或片体相关联,但其本身没有可编辑的特征参数。与镜像特征不同的是,镜像几何体不能以自身的表面作为镜像平面,只能以基准平面作为镜像平面。

单击"菜单"按钮,选择"插入"→"关联复制"→"镜像体"命令,或者在"主页"面板中单击"镜像几何体"按钮 ，弹出"镜像几何体"对话框,如图 5-17 所示。具体操作步骤如下:

步骤 01　在"镜像几何体"对话框的"要镜像的几何体"中单击"选择对象"按钮 ，然后在模型中选择需要进行镜像的实体。

步骤 02　在"镜像平面"中单击"指定平面",然后在模型中指定一个已存在的平面。

步骤 03　设置完毕后,单击"确定"按钮即可创建镜像几何体,如图 5-18 所示。

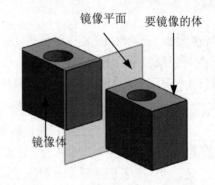

图 5-17 "镜像几何体"对话框　　　　图 5-18 "镜像几何体"示意图

在"镜像几何体"操作中,镜像平面只能选择已存在的基准面。

5.2.4 抽取几何特征

"抽取几何特征"操作是在实体上抽取线、面、区域或实体来创建片体或实体。该工具充分利用现有实体或片体来完成设计工作,并且通过抽取生成的特征与原特征具有相关性。

单击"菜单"按钮,选择"插入"→"关联复制"→"抽取体"命令,或者在"主页"面板中单击"抽取几何特征"按钮 ,弹出"抽取几何特征"对话框,如图 5-19 所示。

在"类型"下拉列表中有 7 种类型的抽取方式,分别是复合曲线、点、基准、面、面区域、体和镜像体。下面分别对这 4 种常用方式进行介绍。

图 5-19 "抽取几何特征"对话框

1. 面

"面"方式用于抽取实体或片体的表面,生成的抽取表面是一个片体。选择需要抽取的一个或多个实体面或片体面并进行相关设置,即可完成抽取面的操作。

在"类型"下拉列表中选择"面"选项,如图 5-20 所示,选择需要抽取的一个或多个实体面或片体面并进行相关设置,单击"确定"按钮即可完成抽取,效果如图 5-21 所示。

图 5-20 选择"面"选项

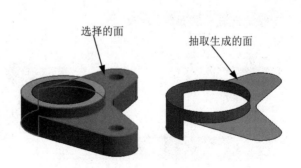

图 5-21 "面"方式抽取体效果

2. 面区域

"面区域"方式用于在选择的表面集区域中抽取相对于种子面并由边界面限制的片体。其中种子面是区域中的起始面,边界面是用来对选择区域进行界定的一个或多个表面,即终止面。所选择的边界表面内和种子表面有关的所有表面作为片体。

在"类型"下拉列表中选择"面区域"选项,如图 5-22 所示,选择种子面与边界面并设置各选项参数,单击"确定"或"应用"按钮即可完成抽取,效果如图 5-23 所示。

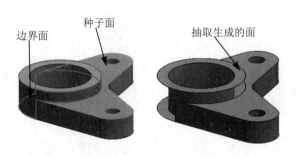

图 5-22 选择"面区域"选项　　　　图 5-23 "面区域"方式抽取体效果

3. 体

"体"方式用于对实体或片体进行关联复制,对于同时用到两个相同实体或片体的情况。复制的对象和原对象是关联的。

在"类型"下拉列表中选择"体"选项,如图 5-24 所示,取消选中"隐藏原先的"复选框,选取图中的实际对象,效果如图 5-25 所示。

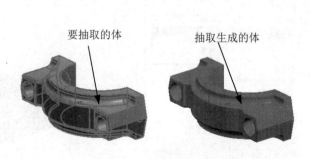

图 5-24 选择"体"选项　　　　图 5-25 "体"方式抽取体效果

4．复合曲线

"复合曲线"操作通过复制其他曲线或边来创建曲线，并可以设置复制的曲线与原曲线是否具有关联性。

在"类型"下拉列表中选择"复合曲线"选项，如图 5-26 所示。然后选择如图 5-27 所示的曲线边为复制的对象，并选中"关联"和"隐藏原先的"复选框，即可创建复合曲线。

图 5-26 选择"复合曲线"选项

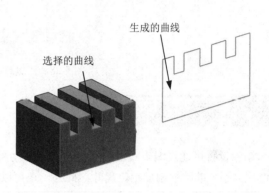

图 5-27 "复合曲线"方式抽取体效果

5.3 编辑特征

NX 软件中创建的实体特征绝大多数是参数化的，特征的编辑是对前面通过实体造型创建的实体特征进行的各种操作。

通过对特征进行编辑可改变已生成特征的形状、大小、位置或生成顺序。编辑特征操作包括编辑特征参数、编辑定位尺寸、移动特征、特征重新排序、删除特征、抑制特征、解除抑制特征、表达式抑制、移去特征参数、延时更新、更新特征、回放等。

5.3.1 编辑特征参数

编辑特征参数是对特征存在的参数重新定义生成修改后的新的特征。通过编辑特征参数可以随时对实体特征进行更新，而不用重新创建实体，可以有效提高工作效率和建模的准确性。

单击"菜单"按钮，选择"编辑"→"特征"→"编辑参数"命令，弹出"编辑参数"对话框，如图 5-28 所示。既可在"编辑参数"对话框中直接选择要编辑参数的特征，也可以在对话框的特征列表框中选择要编辑参数的特征名称。

单击"确定"按钮，弹出该特征的创建对话框，可以对该对话框中的参数进行编辑重新生成新的特征。

图 5-28 "编辑参数"对话框

5.3.2 编辑位置

编辑位置可通过编辑特征的定位尺寸来移动特征，也可以为创建特征时没有指定定位尺寸或定位尺寸不全的特征添加定位尺寸，此外，还可以直接删除定位尺寸。

单击"菜单"按钮，选择"编辑"→"特征"→"编辑位置"命令，弹出"编辑位置"对话框，如图 5-29 所示。

可以直接选择特征，或者在特征列表框中选择需要编辑位置的特征。选择完毕后单击"确定"按钮，弹出如图 5-30 所示的"定位"对话框。

图 5-29 "编辑位置"对话框

选取要修改的定位尺寸后，弹出如图 5-31 所示的"编辑表达式"对话框。输入所需的值，单击"确定"按钮，即可修改所选的定位尺寸数值。

图 5-30 "定位"对话框

图 5-31 "编辑表达式"对话框

5.3.3 移动特征

移动特征就是将无关联的特征移动到指定位置,该操作不能对存在定位尺寸的特征进行编辑。

单击"菜单"按钮,选择"编辑"→"特征"→"移动"命令,弹出"移动特征"对话框,如图 5-32 所示。

可以直接选择特征,或者在特征列表框中选择需要移动位置的无关联特征,选择特征后,单击"确定"按钮,弹出如图 5-33 所示的"移动特征"对话框。

图 5-32 "移动特征"对话框

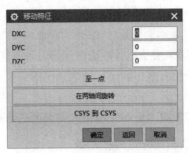
图 5-33 "移动特征"对话框

1. DXC、DYC 与 DZC

"DXC、DYC 与 DZC"用于设置所选特征的沿 X、Y、Z 方向移动的增量值。在 DXC、DYC、DZC 文本框中输入增量值来移动所指定的特征。

2. 至一点

"至一点"用于将所选特征从原位置到目标点所确定的方向与距离。单击"至一点"按钮,系统将弹出"点"对话框,首先指定参考点的位置,再指定目标点的位置即可完成移动。

3. 在两轴间旋转

"在两轴间旋转"用于将所选实体以一定角度绕指定点从参考轴旋转到目标轴,单击"至一点"按钮,系统将弹出"点"对话框,指定一点,在弹出的"矢量"对话框中构造一矢量作为参考轴,再构造另一矢量作为目标轴即可,如图 5-34 所示。

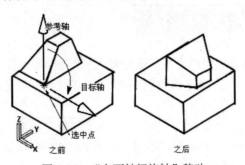
图 5-34 "在两轴间旋转"移动

4. CSYS 到 CSYS

"CSYS 到 CSYS"用于将所选特征从参考坐标系中的相对位置转到目标坐标系中的同一位置。单击"CSYS 到 CSYS"按钮，系统将弹出 CSYS 对话框，构造一坐标系作为参考坐标系，再构造另一坐标系作为目标坐标系即可。

5.3.4 特征重排序

特征重新排序主要用做调整特征创建先后顺序，编辑后的特征可以在所选特征之前或之后。特征重排序后，时间戳记自动更新。当特征间有父子关系和依赖关系的特征时，将不能进行特征间的重排序操作。

单击"菜单"按钮，选择"编辑"→"特征"→"重排序"命令，弹出"特征重排序"对话框，如图 5-35 所示。特征重新排序时，首先在基准特征列表框中选择需要排序的特征，同时在重新排序特征列表框中列出可调整顺序的特征。

设置"之前"或"之后"排序方式，然后从重新排序特征列表框中选择一个重新排序特征，单击"确定"或"应用"按钮，则将所选特征重新排到基准特征之前或之后，如图 5-36 所示。

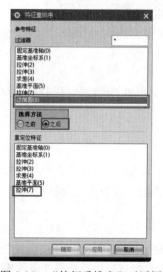

图 5-35 "特征重排序"对话框

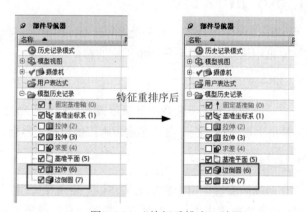

图 5-36 "特征重排序"效果

5.3.5 抑制特征与取消抑制特征

抑制特征是将选择的特征暂时隐去不显示出来，而且与该特征存在关联性的其他特征将会被一同去除。在实体很多的复杂造型中十分重要。抑制特征的主要作用是编辑模型中实体特征的显示状态。

单击"菜单"按钮，选择"编辑"→"特征"→"抑制"命令，弹出"抑制特征"对话框，如图 5-37 所示。操作与删除特征相类似，不同之处在于已抑制的特征不在实体中显示，也不在工程图中显示，但其数据仍然存在，可通过解除抑制恢复。

取消抑制特征是与抑制特征相反的操作,其将模型恢复到原来的状态,将抑制的特征根据需要恢复到特征原来的状态。

单击"菜单"按钮,选择"编辑"→"特征"→"取消抑制"命令,弹出"取消抑制特征"对话框,如图 5-38 所示。特征列表框中列出所有已抑制的特征。当要对已抑制的特征解除抑制时,选择需要解除抑制的特征名称,则所选特征显示在已选特征列表框中,确定后则所选特征重新显示。

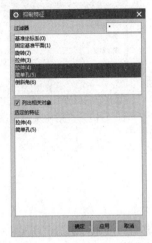

图 5-37 "抑制特征"对话框

图 5-38 "取消抑制特征"对话框

5.3.6 特征回放

回放是用于回放实体的创建过程,同时还可以对实体特征的参数进行修改。单击"菜单"按钮,选择"编辑"→"特征"→"回放"命令,弹出"更新时编辑"对话框,如图 5-39 所示。

下面对主要按钮功能进行说明。

- 显示失败的区域:用于显示更新失败的特征。
- 显示当前模型:用于更新显示当前模型。
- 取消 :用于取消回放操作退出对话框。
- 返回到 :用于返回到前面某一个实体特征位置进行重置。
- 前一步 :用于返回到前一个实体特征位置进行重置。
- 下一步 :用于重置下一个实体特征。
- 跳到 :用于跳转到当前特征后的某特征位置进行重置。
- 继续 :用于连续重置特征直到模型完全重建为止。
- 接受 :用于在更新特征失败时,接受现有状态忽略存在的问题,继续进行更新处理。
- 全部接受 :用于在更新特征失败时,接受现有状态忽略所有存在的问题,继续进行更新处理。
- 删除 :用于删除当前特征,其操作与前面所述的删除特征相同。

图 5-39 "更新时编辑"对话框

5.3.7 实体密度

实体密度为一个或多个现有实体更改密度或密度单位。单击"菜单"按钮,选择"编辑"→"特征"→"实体密度"命令,弹出"指派实体密度"对话框,如图5-40所示。

指派实体密度步骤如下:

- 步骤01 选择一个或多个要更改其实体密度的体。
- 步骤02 在"密度"选项组的"实体密度"中输入一个新值。
- 步骤03 在"密度"选项组中选择一个新的"单位"选项。
- 步骤04 单击"确定"或"应用"按钮,更改实体密度。

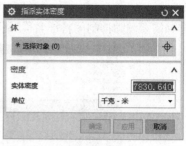

图5-40 "指派实体密度"对话框

5.3.8 移除特征参数

移去特征参数用于移去特征的一个或所有参数。单击"菜单"按钮,选择"编辑"→"特征"→"移除参数"命令,弹出"移除参数"对话框,如图5-41所示。

在选择要移去的参数特征,确定后弹出如图5-42所示的警告信息,提示该操作将移除所选实体的所有特征参数。若单击"是"按钮,则移除全部特征参数;若单击"否"按钮,则取消移除操作。

图5-41 "移除参数"对话框

图5-42 警告信息

5.4 特征操作与编辑实例

本节将对上一章中的工装盘实例(如图5-43所示)进行特征操作与编辑,完成工装盘模型的创建,下面详细介绍操作步骤。

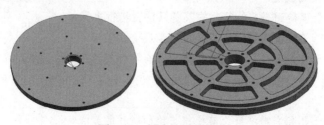

图5-43 创建的零件模型

5.4.1 打开文件

步骤 01 启动 NX 10.0 软件。依次在 Windows 系统中选择"开始"→"程序"→"Siemens NX 10.0"→"NX 10.0"命令，启动 NX 10.0 软件。

步骤 02 打开文件。在启动界面中选择"文件"→"打开"命令，弹出"打开"对话框，设置参数如图 5-44 所示，单击"确定"按钮，系统将进入建模环境。

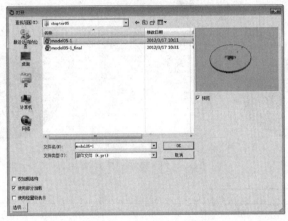

图 5-44 "打开"对话框

5.4.2 阵列特征

步骤 01 单击"菜单"按钮，选择"插入"→"关联复制"→"阵列特征"命令，弹出"阵列特征"对话框。

步骤 02 在"阵列特征"对话框的"布局"下拉列表中选择"圆形"选项，如图 5-45 所示。

步骤 03 在"部件导航器"中选择如图 5-46 所示的特征。

图 5-45 "阵列特征"对话框

图 5-46 选择的特征

步骤 04 指定旋转轴。在"阵列特征"对话框中单击"指定矢量"下拉按钮，选择"-YC"选项。

步骤 05 单击"指定点"按钮，弹出"点"对话框，在绘图区选择如图 5-47 所示的点，单击"确定"按钮。

步骤 06　在"阵列特征"对话框中设置如图 5-48 所示的阵列参数。设置完毕后单击"确定"按钮，即可完成特征的阵列，如图 5-49 所示。

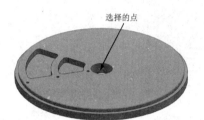

图 5-47　选择的点　　　　图 5-48　"阵列特征"对话框　　　　图 5-49　创建的阵列

5.4.3　编辑孔特征参数

步骤 01　单击"菜单"按钮，选择"编辑"→"特征"→"编辑参数"命令，弹出"编辑参数"对话框。

步骤 02　在"编辑参数"对话框的列表中选择"简单孔（5）"特征（如图 5-50 所示），单击"确定"按钮。

步骤 03　编辑修改孔特征参数。在系统弹出的"孔"对话框中设置如图 5-51 所示的参数。单击"确定"按钮，编辑后特征如图 5-52 所示

图 5-50　"编辑参数"对话框　　　图 5-51　"孔"对话框　　　　图 5-52　编辑后特征

5.5 本章小结

本章讲解了对已创建的特征进行的一系列操作与编辑。特征操作包含镜像体、抽取体、复合曲线、实例几何体。特征的编辑包含编辑特征参数、编辑位置、移动特征、替换特征、特征重新排序、抑制特征、解除抑制特征、特征回放、实体密度和移除特征参数。在学习过程中，读者应该熟练掌握特征操作与编辑以提高建模效率。

第 6 章 装配设计基础

装配设计表达机器或部件的工作原理及零件、部件间的装配关系,在 NX 10.0 装配模块中可模拟真实的装配操作并创建装配模型。

NX 10.0 装配模块不仅能将零部件快速组合成产品,而且在装配过程中可以参考其他部件进行部件关联设计,并可以对装配模型进行间隙分析、重量管理等。

在完成装配模型后,还可以建立爆炸视图并将其导入到装配工程图中。本章将详细讲解 NX 10.0 的装配设计。

学习目标

- 了解装配的基本术语
- 了解装配的设计方法
- 熟练掌握部件装配的配对条件的应用
- 熟练掌握组件的编辑,如镜像装配、阵列组件、替换组件等操作
- 熟练掌握组件的装配操作

6.1 装配概述

装配是集成的 NX 应用模块,NX 装配过程是在装配中建立部件之间的链接关系。通过装配条件在部件间建立约束关系来确定部件在产品中的位置。装配设计中包含了许多与建模模块中不同的术语和基本概念,本节将对装配的基础知识进行详细讲解。

6.1.1 装配的基本术语

首先对装配设计中基本概念、基本术语及装配导航器等进行介绍。

- **装配**:是指在装配过程中建立部件之间的连接功能。由装配部件和子装配组成。
- **装配部件**:是由零件和子装配构成的部件。在 NX 中,任何一个 .prt 文件都可以作为装配部件添加到装配中去构成装配,因此任何一个 Part 文件都可以作为装配部件。
- **子装配**:子装配也是一个装配,但其比最高级装配的级别低。子装配是在高一级装配中被

用作组件的装配，子装配也拥有自己的组件。子装配是一个相对的概念，任何一个装配部件可在更高级装配中用作子装配。
- 组件：是装配中由组件对象所指的部件文件。其可以是单个部件（即零件），也可以是一个子装配。组件是由装配部件引用而不是复制到装配部件中。
- 单个零件：是指在装配外存在的零件几何模型。它可以添加到一个装配中去，但本身不能含有下级组件。
- 自顶向下装配：是指在装配级中创建与其他部件相关的部件模型，是在装配部件的顶级向下产生子装配和部件（即零件）的装配方法。
- 自底向上装配：是先创建部件几何模型，再组合成子装配，最后生成装配部件的装配方法。
- 混合装配：是将自顶向下装配和自底向上装配结合在一起的装配方法。可先创建几个主要部件模型，再将其装配在一起，然后在装配中设计其他部件，即为混合装配。
- 主模型（MasterModle）：是供 NX 模块共同引用的部件模型。同一主模型，可同时被工程图、装配、加工、机构分析和有限元分析等模块引用。当主模型修改时，相关应用自动更新。
- 显示组件：当前显示在图形窗口中的组件。
- 工作组件：正在其中创建和编辑几何模型的组件。工作组件可以是已显示的部件，或者包含在已显示的装配部件中的组件文件。
- 载入的部件：当前打开并载入的任何部件。

6.1.2 引用集

在装配中，由于各组件含有草图、基准平面及其他辅助图形数据，可以通过引用集控制从每个组件加载的以及在装配关联中查看的数据量，避免混淆图形和占用大量内存。

1. 引用集的概念

引用集可以在零部件中提取定义的部分几何对象，通过定义的引用集可以将相应的零部件装入装配件中。

引用集可包含零部件名称、原点、方向、几何体、坐标系、基准轴、基准平面、图样对象、属性及部件的直系组件等。引用集一旦产生，就可以单独装配到部件中。一个零部件可以有多个引用集。

2. 默认引用集

每个零部件有整个部件引用集和空引用集两个默认的引用集。

（1）整个部件引用集

该默认引用集表示整个部件，即引用部件的模型、构造几何体、参考几何体和其他适当对象的全部几何数据。在添加部件到装配中时，如果不选择其他引用集，默认是使用该引用集。

（2）空引用集

该引用集为空的引用集，不包含对象。当部件以空的引用集形式添加到装配中时，在装配中看不到该部件。

3. 打开引用集对话框

单击"菜单"按钮，选择"格式"→"引用集"命令，打开"引用集"对话框，如图 6-1 所示。

应用该对话框中的选项，可进行引用集的建立、删除、更名、查看、指定引用集属性及修改引用集的内容等操作。

（1）"添加新的引用集"按钮

该按钮用于建立引用集，部件和子装配都可以建立引用集。部件的引用集既可在部件中建立，也可在装配中建立。如果要在装配中为某部件建立引用集，应先使其成为工作部件。

（2）"删除"按钮

该按钮用于删除部件或子装配中已建立的引用集。在"引用集"对话框中选中需删除的引用集，单击"删除"按钮即可将该引用集删去。

图 6-1 "引用集"对话框

（3）"设置为当前的"按钮

该按钮用于将高亮度显示的引用集设置为当前引用集。

（4）"属性"按钮

在列表框中选中某一引用集，单击"属性"按钮，系统将打开"引用集属性"对话框，在该对话框中输入属性的名称和属性值，按 Enter 键既可完成该引用集属性的编辑。

（5）"信息"按钮

该按钮用于查看当前零部件中已建引用集的有关信息。在列表框中选中某一引用集后，该按钮被激活，单击"信息"按钮，弹出"引用集信息"窗口，列出当前工作部件中所有引用集的名称。

6.1.3 装配导航器

"装配导航器"是在一个单独的窗口中以图形的方式显示部件的装配结构，并提供一个方便快捷的可操纵组件方法，因此也被称为"树形表"。

在 NX 10.0 装配环境中，单击资源栏左侧的"装配导航器"按钮，打开"装配导航器"面板，如图 6-2 所示。在"装配导航器"面板上的右键操作可分为两种：一种是在相应的组件上右击；另一种是在空白区域上右击，下面对两种菜单分别进行介绍。

1. 组件右键快捷菜单

在"装配导航器"面板中任意一个组件上右击，即可打开如图 6-3 所示的快捷菜单，其中列出了许多常用的快捷命令，可对装配导航树的节点进行编辑，并能够执行折叠或展开相同的组件节点，以及将当前组件转换为工作组件等操作。

2. 空白区域右键快捷菜单

在"装配导航器"面板的任意空白区域中右击，将弹出一个快捷菜单，如图 6-4 所示。该快捷菜单中的选项与"装配导航器"面板中的按钮是一一对应的。在该快捷菜单中选择指定选项，即可执行相应的操作。

图 6-2　"装配导航器"面板　　　图 6-3　组件右键快捷菜单　　　图 6-4　空白区域右键快捷菜单

6.2　装配方法

6.2.1　自底向上装配设计

自底向上装配设计是比较常用的装配方法，即先逐一设计好装配中所需的部件几何模型，再组合成子装配，自底向上逐级进行装配，最后生成装配部件的装配方法。下面对自底向上装配设计方法进行说明。

 打开"添加组件"对话框。单击"菜单"按钮，选择"装配"→"组件"→"添加组件"命令，或者在"装配"面板中单击"添加组件"按钮，弹出如图 6-5 所示的"添加组件"对话框。

 加载的部件。在"添加组件"对话框的"已加载的部件"中选择已加载的部件。如果部件没有被加载，可单击"打开"按钮，打开如图 6-6 所示的"部件名"对话框，在其中选择需要加载的部件。

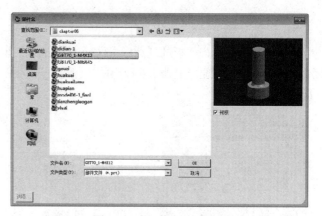

图 6-5 "添加组件"对话框　　　　图 6-6 "部件名"对话框

 设置放置位置。在"添加组件"对话框中的"定位"下拉列表中,可选择"绝对原点""选择原点""通过约束"或"移动"来定位组件,如图 6-7 所示。

用户可根据需要进行选择,一般情况下第一个部件选择"绝对原点",其他的部件均选择"通过约束"。

步骤 04 设置部件的"引用集"和"图层"参数。在如图 6-8 所示的"引用集"下拉列表中选择"模型""整个部件"或"空",并在如图 6-9 所示的"图层选项"下拉列表中设置"图层"参数。

图 6-7 "定位"下拉列表　　　　图 6-8 "引用集"下拉列表

步骤 05 设置相应的配对类型。完成上述参数设置后,在"添加组件"对话框中单击"确定"按钮,系统弹出"装配约束"对话框,如图 6-10 所示。在其中设置相应的配对类型,设置完毕后单击"确定"按钮即可完成部件的添加及配对。

图 6-9 "图层选项"下拉列表　　　　图 6-10 "装配约束"对话框

6.2.2 自顶向下装配设计

自顶向下装配设计是指在装配级中创建与其他部件相关的部件模型，即在装配过程中参照其他部件对当前工作部件进行设计是在装配部件的顶级向下产生子装配和部件（即零件）的装配方法。

自顶向下装配方法有两种：第一种是先在装配中建立一个几何模型，然后创建一个新组件，同时将该几何模型链接到新建组件中；第二种是先建立一个空的新组件，它不含任何几何对象，然后使其成为工作部件，再在其中建立几何模型。

下面分别对自顶向下装配的两种设计方法进行介绍。

1．第一种方法

第一种方法是先建立装配关系，但不建立任何几何模型，然后使其中的组件成为工作部件，并在其中创建几何模型，即在上下文中进行设计，边设计边装配。需要注意的是，在进行此项工作前，应将 NXⅡ目录下的公制默认文件 NX_metric.def 中的参数 Assemblies Allow interpart 设置为 Yes，否则将不能进行后续步骤的工作。具体操作步骤如下：

步骤01 创建一个新的装配文件。

步骤02 单击"菜单"按钮，选择"装配"→"组件"→"添加组件"命令，或者在"装配"面板中单击"新建组件"按钮，打开"新建"对话框，在对话框中输入组件名称，如图 6-11 所示。

图 6-11 "新建"对话框

步骤03 在系统弹出的"新建组件"对话框（如图 6-12 所示），在其中输入"组件名"，然后根据需要进行相关设置，最后单击"确定"按钮，即可将新组件装到装配件中去。

步骤 04 对"MODEL2"进行编辑,然后再将"MODEL2"改为工作部件(如图 6-13 所示),进行上下文设计。

2. 第二种方法

第二种方法选择是在装配件中建立几何模型,然后再建立组件,即建立装配关系,并将几何模型添加到组件中去,其具体操作步骤如下:

步骤 01 打开一个装配文件,可以包含几何体,或者在装配件中创建一个几何体。

步骤 02 在"装配"面板中单击"新建组件"按钮,打开"新建组件"对话框,如图 6-14 所示。

图 6-12 "新建组件"对话框   图 6-13 改为工作部件快捷菜单   图 6-14 "新建组件"对话框

步骤 03 在"新建组件"对话框中输入组件名,然后根据需要进行相关设置,同时选中"删除原"复选框,单击"确定"按钮将新组件装到装配体中去。

步骤 04 重复上述操作,直到完成自顶向下装配设计为止。

6.3 配对条件

"装配约束"是通过定义两个组件之间的约束条件来确定组件在装配体中的位置。单击"菜单"按钮,选择"装配"→"组件"→"装配约束"命令,或者在"装配"面板中单击"装配约束"按钮,弹出如图 6-15 所示的"装配约束"对话框。

该对话框的"类型"下拉列表中包含 11 种约束类型,分别为接触对齐、角度、中心、胶合、等尺寸配对、对齐/锁定、同心、距离、固定、平行和垂直,下面就常用的几种类型进行介绍。

图 6-15 "装配约束"对话框

6.3.1 "接触对齐"约束

"接触对齐"约束用来定位相同类型的两个对象,使它们重合、对齐或共中心(如图6-16所示),这是最常用的约束。下面详细介绍该约束类型的4种约束方式。

1. 首选接触

选择"接触对齐"约束类型后,系统默认接触方式为"首选接触","首选接触"和"接触"属于相同的约束类型,即指定关联类型定位两个同类对象一致。

图6-16 "接触对齐"约束

对于锥体,系统首先检查其角度是否相等,如果相等,则对齐轴线;对于曲面,系统先检验两个面的内外直径是否相等,若相等,则对齐两个面的轴线和位置;对于圆柱面,要求相配组件直径相等才能对齐轴线;对于边缘、线和圆柱表面,接触类似于对齐。

2. 接触

在"方位"下拉列表中选择"接触"选项,如图6-17所示。选择用接触方式对组件进行配对,"接触"类型定义的两个同类对象要一致。

对于平面对象,它们共线且法线方向相反;对于圆锥面,系统首先检查其角度是否相等,如果相等,则对齐其轴线,若不相等,则会报错;对于圆柱面,要求配对组件直径相等才能对齐其轴线,若不相等,则会报错,效果如图6-18所示。

图6-17 选择"接触"选项

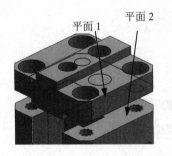

图6-18 "接触"效果

3. 对齐

在"方位"下拉列表中选择"对齐"选项,如图6-19所示。使用对齐约束可对齐相关对象。当对齐平面时,使两个表面共面并且法向方向相同;当对齐圆柱、圆锥和圆环面等直径相同的轴类实体时,将使轴线保持一致;当对齐边缘和线时,将使两者共线,如图6-20所示。

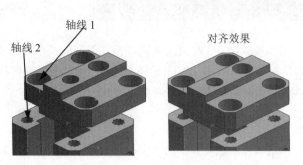

图 6-19 选择"对齐"选项 　　　　　　图 6-20 "对齐"效果

4. 自动判断中心/轴

在"方位"下拉列表中选择"自动判断中心/轴"选项,如图 6-21 所示。"自动判断中心/轴"用于约束两个对象的中心,使其中心对齐,其效果如图 6-22 所示。

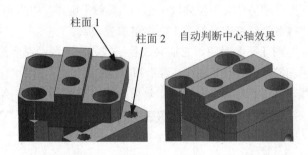

图 6-21 选择"自动判断中心/轴"选项 　　　　图 6-22 "自动判断中心/轴"效果

6.3.2 "同心"约束

"同心"约束是指两个组件的圆形边界或椭圆边界以中心重合,并使边界的面共面。在"类型"下拉列表中选择"同心"选项,如图 6-23 所示,其效果如图 6-24 所示。

图 6-23 选择"同心"选项 　　　　　　图 6-24 "同心"约束效果

6.3.3 "距离"约束

"距离"约束通过指定两个对象之间的最小距离来确定对象的位置。在"类型"下拉列表中选择"距离"选项,如图 6-25 所示,效果如图 6-26 所示。

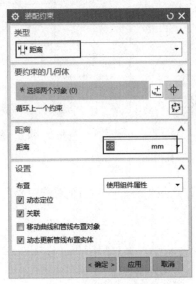

图 6-25 选择"距离"选项

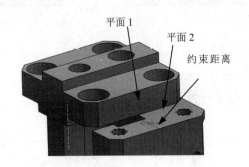

图 6-26 "距离"约束效果

6.3.4 "固定"约束

"固定"约束用于要确保组件停留在适当位置且可以此组件为目标约束其他组件。

6.3.5 "平行"约束

"平行"约束定义两个对象的方向矢量为互相平行,效果如图 6-27 所示。

6.3.6 "垂直"约束

"垂直"约束定义两个对象的方向矢量为互相垂直,效果如图 6-28 所示。

6.3.7 "中心"约束

"中心"约束使一对对象中的一个或两个居中,或使一个对象沿另一个对象居中,从而限制组件在整个装配体中的相对位置。该约束方式包括多个子类型(如图 6-29 所示),各子类型的含义如下所述。

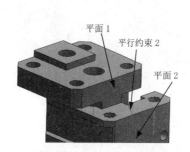

图 6-27 "平行"约束效果

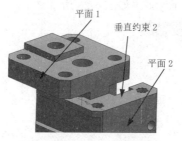

图 6-28 "垂直"约束效果

图 6-29 选择"中心"选项

1. 1 对 2

"1 对 2"约束类型将相配组件中的一个对象中心定位到基础组件中的两个对称中心上。1 对 2"约束效果如图 6-30 所示。

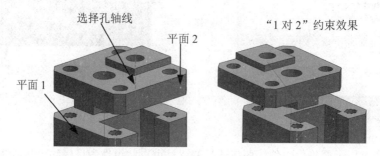

图 6-30 "1 对 2"约束效果

2. 2 对 1

"2 对 1"将相配组件中的两个对象的对称中心定位到基础组件的一个对象中心位置处。2 对 1"约束效果如图 6-31 所示。

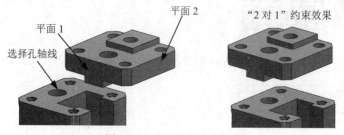

图 6-31 "2 对 1"约束效果

3. 2 对 2

"2 对 2"将相配组件的两个对象和基础组件的两个对象对称中心布置。"2 对 2"约束效果如图 6-32 所示。

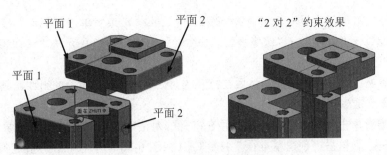

图 6-32 "2 对 2"约束效果

6.3.8 "角度"约束

"角度"约束用于定义两个对象之间的角度尺寸，以约束匹配的组件到正确的方向上。角度约束可以在两个具有方向矢量的对象间产生，角度是两个方向矢量的夹角，逆时针方向为正。

在如图 6-33 所示的"装配约束"对话框中进行选择，如果是平面角则除了选择两个具有方向矢量的对象外，还要选择一个旋转轴，而 3D 角则不需选择旋转轴。"角度"约束效果如图 6-34 所示。

图 6-33 "装配约束"对话框

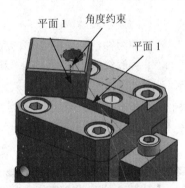

图 6-34 "角度"约束效果

6.4 组件编辑

组件添加到装配以后，可对其进行删除、属性编辑、抑制、阵列、替换、重新定位等编辑，下面来介绍实现各种编辑的方法和过程。

6.4.1 镜像装配

很多用 NX 创建的装配实际上是对称程度相当高的大型装配的一侧。使用镜像装配功能，用户仅需创建装配的一侧。镜像装配的操作步骤如下：

步骤01 在"装配"面板中单击"镜像装配"按钮，或者单击"菜单"按钮，选择"装配"→"组件"→"镜像装配"命令，弹出如图 6-35 所示的"镜像装配向导"对话框。

步骤02 单击"下一步"按钮，然后在打开的对话框中选取待镜像的组件，其中组件可以是单个或多个。

步骤03 接着单击"下一步"按钮，并在打开的对话框中选取基准面为镜像平面。如果没有，可单击"创建基准面"按钮（如图 6-36 所示），然后选取创建的基准为镜像平面。

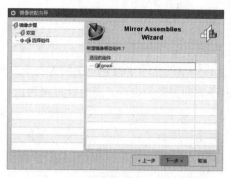
图 6-35 "镜像装配向导"对话框

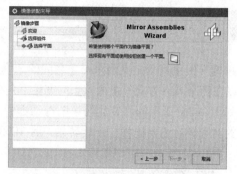
图 6-36 "镜像装配向导"对话框

步骤04 完成上述步骤后单击"下一步"按钮，即可在打开的对话框中设置镜像类型，可选取镜像组件，可单击"关联镜像体"按钮，将镜像指定为关联镜像体，或者单击"非关联镜像体"按钮，将镜像指定为非关联镜像体，如图 6-37 所示。

步骤05 设置镜像类型后，单击"下一步"按钮，弹出如图 6-38 所示的对话框。在该对话框中可指定各个组件的多个定位方式，选择"定位"列表框中的选项，系统将执行对应的定位操作，也可以多次单击"循环定位"按钮，查看定位效果，最后单击"完成"按钮即可获得镜像组件效果。

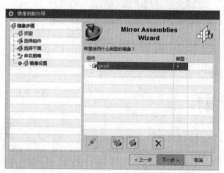
图 6-37 "镜像装配向导"对话框

图 6-38 "镜像装配向导"对话框

6.4.2 创建组件阵列

在装配过程中，常常遇见需要重复添加相同的组件，这时可通过组件阵列来创建和编辑一个组件的相关联阵列，以提高装配效率。阵列的组件将按照原组件的约束关系进行定位，可极大地提高产品装配的准确性和设计效率。

在"装配"面板中单击"阵列组件"按钮 ，或者单击"菜单"按钮，选择"装配"→"组件"→"阵列组件"命令，系统弹出"阵列组件"对话框，在绘图区或装配导航器中选择要阵列的组件，如图 6-39 所示。其中提供了 3 种阵列方式，下面对常用的两种方式进行介绍。

1. 线性

设置线性阵列用于创建一个二维组件阵列，即指定参照设置行数和列数创建阵列组件特征，也可以创建正交或非正交的组件阵列，创建正交或非正交的主组件阵列。

选择"装配"→"组件"→"阵列组件"命令，或者在"装配"面板中单击"阵列组件"按钮 ，在弹出的"阵列组件"对话框的"布局"下拉列表中选择"线性"选项，选择阵列组件，设置阵列方向、数量及偏置等参数。线性阵列的创建过程如图 6-40 所示。

图 6-39 "阵列组件"对话框

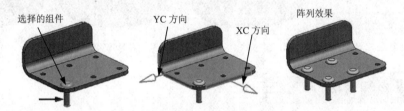

图 6-40 线性阵列创建过程

选中"方向 2"下面的"使用方向 2"复选框，对第二个方向进行设置，如图 6-41 所示。

图 6-41 设置第二个方向

2. 圆形

设置圆周阵列同样用于创建一个二维组件阵列，也可以创建正交或非正交的主组件阵列。与线性阵列不同之处在于，圆周阵列是将对象沿轴线执行圆周均匀阵列操作。

单击"菜单"按钮，选择"装配"→"组件"→"阵列组件"命令，或者在"装配"面板中单击"阵列组件"按钮，弹出如图 6-42 所示的"阵列组件"对话框，在"布局"下拉列表中选择"圆形"选项，并设置数量、节距角等参数。圆形阵列的创建过程如图 6-43 所示。

图 6-42　"阵列组件"对话框

图 6-43　圆形阵列创建过程

6.4.3　替换组件

在装配过程中，可选取指定的组件将其替换为新的组件。要执行替换组件操作，可选取要替换的组件，然后右击并选择"替换组件"命令，或者选择"装配"→"组件"→"替换组件"命令，或者在"装配"面板中单击"替换组件"按钮，打开"替换组件"对话框，如图 6-44 所示。

在该对话框中单击"替换件"下的"选择部件"按钮，在绘图区中选取替换组件，单击"打开"按钮，指定路径打开该组件，或者在"已加载的部件"和"未加载的部件"列表框中选择组件名称。

指定替换组件后，展开"设置"选项组，该选项组中包含两个复选框，其含义如下：

- 维持关系：选中该复选框，可在替换组件时保持装配关系。它是先在装配中移去组件，并在原来位置加入一个新组件。系统将保留原来组件的装配条件，并沿用到替换的组件上，使替换的组件与其他组件构成关联关系。
- 替换装配中的所有事例：选中该复选框，则当前装配体中所有重复使用的装配组件都将被替换。

图 6-44　"替换组件"对话框

6.4.4 抑制组件

抑制组件是指在当前显示中移去组件，使其不执行装配操作。抑制组件时，NX 会忽略这些组件及其子组件的多个装配功能，而隐藏或未加载的组件使用了这些功能，例如部件列表中的数量计数。如果要使装配将某些组件视为不存在，但尚未准备从数据库中删除这些组件，则抑制非常有用，可以用解除组件抑制恢复。

选择"装配"→"组件"→"抑制组件"命令，系统将会打开"类选择"对话框。选择组件后单击"确定"按钮，则在视图中移去了所选组件。组件抑制后它不在视区中显示，也不会在装配工程图和爆炸视图中显示，在装配导航工具中也看不到它。如图 6-45 所示为抑制螺旋桨组件后的效果。

抑制组件不能进行干涉检查和间隙分析，不能进行重量计算，也不能在装配报告中查看有关信息。

若装配中有被抑制的组件，可以选择"装配"→"组件"→"取消抑制组件"命令，弹出如图 6-46 所示的"选择抑制的组件"对话框，其中列出了被抑制的组件，选择要取消抑制的组件后单击"确定"按钮即可取消组件的抑制。

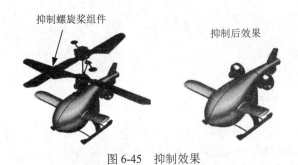

图 6-45 抑制效果

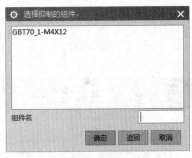

图 6-46 "选择抑制的组件"对话框

6.5 设计范例

本节将详细讲解如图 6-47 所示装配体的装配步骤。通过对本实例的学习，读者可以充分理解和掌握装配过程中各种操作的运用方法。

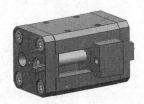

图 6-47 装配体

6.5.1 创建装配文件

步骤01 启动 NX 10.0 软件。在 Windows 系统中选择"开始"→"程序"→Siemens NX 10.0 →NX 10.0 命令,启动 NX 10.0 软件。

步骤02 新建文件。在启动界面中选择"文件"→"新建"命令,或者在"主页"命令面板中单击"新建"按钮,弹出"新建"对话框,设置如图 6-48 所示的参数,单击"确定"按钮进入装配环境。

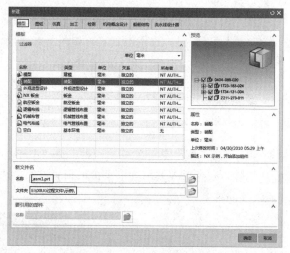

图 6-48 "新建"对话框

6.5.2 装配主体组件

步骤01 添加组件 zhuti.prt。在"添加组件"对话框中单击"打开"按钮(如图 6-49 所示),在弹出的"部件名"对话框中选择组件(如图 6-50 所示),单击 OK 按钮,系统弹出如图 6-51 所示的"组件预览"窗口。

图 6-49 "添加组件"对话框

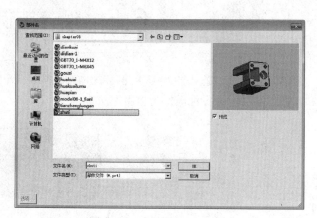

图 6-50 "部件名"对话框

步骤 02 定位放置组件 zhuti.prt。在"添加组件"对话框中设置如图 6-52 所示的参数，单击"确定"按钮，完成组件 zhuti.prt 的添加。

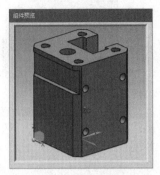

图 6-51 "组件预览"窗口

图 6-52 参数设置

6.5.3 装配底垫组件

步骤 01 添加组件 didian-1.prt。选择"装配"→"组件"→"添加组件"命令，或者在"装配"面板中单击"添加组件"按钮，弹出"添加组件"对话框。

步骤 02 在"添加组件"对话框中单击"打开"按钮，在弹出的"部件名"对话框中选择组件"didian-1.Prt"，单击 OK 按钮。

步骤 03 在"添加组件"对话框的"定位"下拉列表中选择"通过约束"选项（如图 6-53 所示），单击"确定"按钮。

步骤 04 在弹出的"装配约束"对话框中设置如图 6-54 所示的参数，然后在绘图区中选择"面 1"与"面 2"接触，"轴线 1"与"轴线 2"接触，如图 6-55 所示。

图 6-53 参数设置

图 6-54 "装配约束"对话框

步骤 05 在"装配约束"对话框的"类型"下拉列表中选择"平行"选项，然后在绘图区中选择"面 3"与"面 4"（如图 6-55 所示），单击"确定"按钮，装配完成后效果如图 6-56 所示。

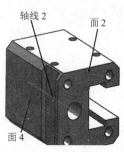

图 6-55　约束示意图　　　　　　　　　　　　图 6-56　装配完成效果

6.5.4 装配滑块螺母组件

步骤 01 添加组件 huakuailumu.prt。在"添加组件"对话框中单击"打开"按钮，在弹出的"部件名"对话框中选择组件"huakuailumu.prt"，单击 OK 按钮。

步骤 02 在"添加组件"对话框的"定位"下拉列表中选择"通过约束"选项，单击"确定"按钮。

步骤 03 在弹出的"装配约束"对话框中的"类型"下拉列表中选择"接触对齐"选项，在"方位"下拉列表中选择"接触"选项，然后在绘图区选择"面 1"与"面 2"接触，"轴线 1"与"轴线 2"接触，如图 6-57 所示。

步骤 04 在"装配约束"对话框的"类型"下拉列表中选择"平行"选项，然后在绘图区选择"面 3"与"面 4"（如图 6-57 所示），单击"反向"按钮调整方向，如图 6-58 所示。

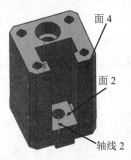
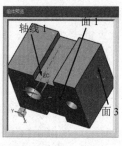

图 6-57　约束示意图　　　　　　　　　　　　图 6-58　装配效果

6.5.5 装配螺杆组件

步骤 01 添加组件 tianzhengluogan.prt。单击"菜单"按钮，选择"装配"→"组件"→"添加组件"命令，或者在"装配"面板中单击"添加组件"按钮，弹出"添加组件"对话框。

步骤 02 在"添加组件"对话框中单击"打开"按钮，在弹出的"部件名"对话框中选择组件"tianzhengluogan.prt"，单击 OK 按钮。

步骤 03 在"添加组件"对话框的"定位"下拉列表中选择"通过约束"选项，单击"确定"按钮。

- **步骤 04** 在弹出的"装配约束"对话框的"类型"下拉列表中选择"接触对齐"选项,在"方位"下拉列表中选择"接触"选项,然后在绘图区选择"轴线1"与"轴线2"接触,单击"反向"按钮![]调整方向,如图6-59所示。
- **步骤 05** 在"装配约束"对话框的"类型"下拉列表中选择"距离"选项,然后在绘图区选择"面1"与"面2",在"距离"文本框中输入值4.3,单击"确定"按钮,装配效果如图6-60所示。

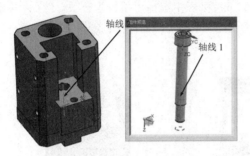

图 6-59　约束示意图　　　　　　　　　　图 6-60　装配效果

6.5.6 装配 M6×45 螺钉组件

- **步骤 01** 在"添加组件"对话框中单击"打开"按钮![],在弹出的"部件名"对话框中选择组件"GBT70_1-M6×45.prt",单击 OK 按钮。
- **步骤 02** 在"添加组件"对话框的"定位"下拉列表中选择"通过约束"选项,单击"确定"按钮。
- **步骤 03** 在"装配约束"对话框的"类型"下拉列表中选择"接触对齐"选项,在"方位"下拉列表中选择"对齐"选项,"轴线1"与"轴线2"对齐,如图6-61所示。
- **步骤 04** 在"方位"下拉列表中选择"接触"选项,然后在绘图区选择"面1"与"面2"接触(如图6-61所示),装配后效果如图6-62所示。

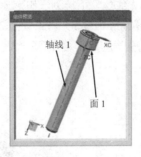

图 6-61　约束示意图　　　　　　　　　　图 6-62　装配效果

6.5.7 装配钩板组件

- **步骤 01** 在"添加组件"对话框中,单击"打开"按钮![],在弹出的"部件名"对话框中选择组件"gouzi.prt",单击 OK 按钮。

步骤 02 在"添加组件"对话框的"定位"下拉列表中选择"通过约束"选项,单击"确定"按钮。

步骤 03 在弹出的"装配约束"对话框的"类型"下拉列表中选择"接触对齐"选项,在"方位"下拉列表中选择"接触"选项,然后在绘图区选择"面 1"与"面 2"。

步骤 04 在"方位"下拉列表中选择"对齐"选项,"轴线 1"与"轴线 2"对齐,如图 6-63 所示。

步骤 05 在"装配约束"对话框的"类型"下拉列表中选择"平行"选项,然后在绘图区选择"面 3"与"面 4"(如图 6-63 所示),单击"反向"按钮 ,单击"确定"按钮,装配效果如图 6-64 所示。

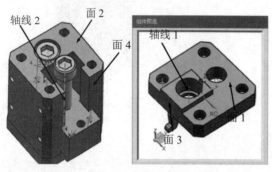

图 6-63 约束示意图

图 6-64 装配效果

6.5.8 装配 M4×12 螺钉组件

步骤 01 在"添加组件"对话框中单击"打开"按钮 ,在弹出的"部件名"对话框中选择组件"GBT70_1-M4×12.prt",单击 OK 按钮。

步骤 02 在"添加组件"对话框的"定位"下拉列表中选择"通过约束"选项,单击"确定"按钮。

步骤 03 在弹出的"装配约束"对话框的"类型"下拉列表中选择"接触对齐"选项,在"方位"下拉列表中选择"对齐"选项,"轴线 1"与"轴线 2"对齐,如图 6-65 所示。

步骤 04 在"方位"下拉列表中选择"接触"选项,"面 1"与"面 2"接触(如图 6-65 所示),装配效果如图 6-66 所示。

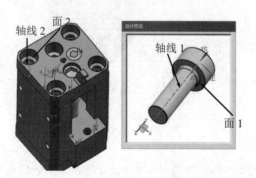

图 6-65 约束示意图

图 6-66 装配效果

6.5.9 阵列 M4×12 螺钉组件

步骤 01 单击"菜单"按钮,选择"装配"→"组件"→"阵列组件"命令,或在"装配"面板中单击"阵列组件"按钮,然后选择如图 6-67 所示的组件。

步骤 02 在弹出的"阵列组件"对话框中选择"线性"选项(如图 6-68 所示),并单击 M4×12 螺钉组件。

图 6-67 选择的组件

图 6-68 "阵列组件"对话框

步骤 03 选择如图 6-69 所示的"XC 向"平面作为"方向 1"的"指定矢量",设置"间距"为"数量和节距","数量"为 2,"节距"为 -21mm。

步骤 04 选中"方向 2"下的"使用方向 2"复选框,选择如图 6-69 所示"YC 向"平面作为"方向 2"的"指定矢量",设置"间距"为"数量和节距","数量"为 2,"节距"为 19mm,如图 6-70 所示。单击"确定"按钮,阵列后效果如图 6-71 所示。

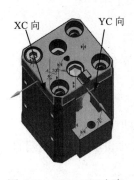

图 6-69 XC、YC 方向

图 6-70 "阵列组件"对话框

图 6-71 阵列效果

6.5.10 镜像 M4×12 螺钉组件

步骤01 在"装配"面板中单击"镜像装配"按钮，或者单击"菜单"按钮，选择"匹配"→"组件"→"镜像装配"命令，系统弹出"镜像装配导向"对话框，单击"下一步"按钮。

步骤02 在"装配导航器"中选择如图 6-72 所示的组件，单击"下一步"按钮。

图 6-72 选择的组件

步骤03 在打开的对话框中单击"创建基准面"按钮，打开"基准平面"对话框，参数设置如图 6-73 所示，单击"确定"按钮，完成镜像平面的创建。

步骤04 在"镜像装配导向"对话框中依次单击"下一步"按钮，最后单击"完成"按钮完成镜像装配的创建，如图 6-74 所示。

图 6-73 "基准平面"对话框　　　图 6-74 镜像装配效果

步骤05 在"主页"命令面板中单击"保存"按钮，保存装配文件。

6.6 本章小结

本章主要讲解 NX 进行装配设计的基本方法，包括自底向上和自顶向下的装配方法，以及爆炸视图和装配序列的生成等基本操作。最后通过一个具体的装配实例详细讲解了组件装配的具体步骤及相关参数的设置，使读者能真正掌握 NX 的装配功能及使用技巧。

第 7 章 模型测量与分析

在模型设计过程中或完成设计之后,无法准确获悉所设计的零部件是否满足要求,也难以从视觉上发现错误或缺陷。利用模型分析工具,则能对模型进行各种分析,帮助用户检查模型的正确性,从而从各个角度验证模型的可行性和正确性。

本章内容主要包括空间点、线、面间距离和角度的测量,曲线长度的测量,面积的测量,体积的测量,模型的偏差分析,几何体的检查,曲线的分析,曲面的分析及装配的干涉检查等。

学习目标

- 掌握模型的测量功能,学会距离、长度、角度等参数的测量
- 掌握模型的分析功能,学会偏差分析、几何体检查、曲面的分析及装配干涉分析
- 学会在实际建模中合理地运用测量与分析功能

7.1 模型的测量

模型的测量主要用于模型的几何参数分析,主要包括模型中点、线、面间距离,长度,角度的测量,模型中面的面积和模型体积的测量。

7.1.1 测量距离

测量距离命令可以计算对象之间的距离、曲线长度、圆弧半径、圆周长等,它是分析工具中最简单、也是常用的一种类型。

单击"菜单"按钮,选择"分析"→"测量距离"命令,弹出如图 7-1 所示的"测量距离"对话框。在"类型"下拉列表中有距离、投影距离、屏幕距离、长度、半径、点在曲线上等 10 种类型,如图 7-2 所示。下面就常用的 6 种类型进行介绍。

1. 距离

"距离"表示测量两指定点、两指定线、两指定平面、一指定点和一指定线、一指定点和一指定面、一指定线和一指定面之间的距离。

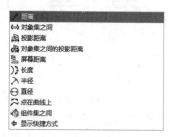

图 7-1 "测量距离"对话框　　　　图 7-2 "类型"下拉列表

在"测量距离"对话框的"起点"中单击"选择点或对象",在图形区中选择起点或起始线或起始面,然后在"终点"中单击"选择点或对象",在图形区中选择终点、终止线或终止面。

单击"确定"或"应用"按钮,即可完成"距离"的测量。"距离"测量示意图如图 7-3 所示。

2. 投影距离

"投影距离"表示两指定点、两指定线、两指定平面、一指定点和一指定线、一指定点和一指定面、一指定线和一指定面在指定的矢量方向上的投影距离。

 在计算投影距离时一定要注意制定矢量方向的正确性。

在"类型"下拉列表中选择"投影距离"选项,如图 7-4 所示。

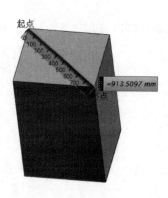

图 7-3 "距离"测量示意图　　　　图 7-4 选择"投影距离"选项

在"测量距离"对话框的"矢量"中单击"指定矢量",在图形区中选择或创建投影矢量,然后在"起点"中单击"选择点或对象",在图形区中选择起点、起始线或起始面,在"终点"中单击"选择点或对象",在图形区中选择终点或终止线或终止面。

单击"确定"或"应用"按钮,即可完成"投影距离"的测量。"投影距离"测量示意图如图 7-5 所示。

3．屏幕距离

"屏幕距离"表示测量两指定点、两指定线、两指定平面、一指定点和一指定线、一指定点和一指定面、一指定线和一指定面之间的屏幕距离。

在"测量距离"对话框的"起点"中单击"选择点或对象",在图形区中选择起点或起始线或起始面,然后在"终点"中单击"选择点或对象",在图形区中选择终点或终止线或终止面。

 注意屏幕距离与距离的区别。

单击"确定"或"应用"按钮,即可完成"屏幕距离"的测量。"屏幕距离"测量示意图如图 7-6 所示。

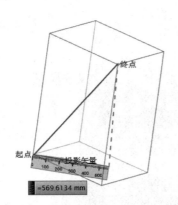

图 7-5 "投影距离"测量示意图

图 7-6 "屏幕距离"测量示意图

4．长度

"长度"表示测量指定边缘或曲线的长度。

在"测量距离"对话框的"类型"下拉列表中选择"长度"选项,弹出如图 7-7 所示。在"曲线"中单击"选择曲线",然后在图形区中选择所要测量的曲线或边缘。

单击"确定"或"应用"按钮,即可完成"长度"的测量。"长度"测量示意图如图 7-8 所示。

5．半径

"半径"表示测量指定圆形边缘或曲线的半径。

图 7-7　选择"长度"选项　　　　　图 7-8　"长度"测量示意图

在"测量距离"对话框的"类型"下拉列表中选择"半径"选项,如图 7-9 所示。在"径向对象"中单击"选择对象",然后在图形区中选择所要测量的圆形曲线或边缘。

单击"确定"或"应用"按钮,即可完成"半径"的测量。"半径"测量示意图如图 7-10 所示。

图 7-9　选择"半径"选项　　　　　图 7-10　"半径"测量示意图

6. 点在曲线上

"点在曲线上"表示测量曲线上指定的两点之间沿曲线路径的长度。

在"测量距离"对话框的"类型"下拉列表中选择"点在曲线上"选项,如图 7-11 所示。在"起点"中单击"指定点"按钮,在图形区中选择曲线上一点作为测量的起点,然后在"终点"中单击"指定点",在图形区中选择曲线上一点作为测量的终点。

 测量距离时注意曲线的选取。

单击"确定"或"应用"按钮,即可完成"点在曲线上"的测量。"点在曲线上"的测量示意图如图 7-12 所示。

图 7-11 选择"点在曲线上"选项

图 7-12 "点在曲线上"测量示意图

7.1.2 测量角度

"测量角度"可以测量两个对象之间的角度,对象包含平面、基准平面、直线、点等。测量的结果是对象的最小角,且在两个平面对象的相交点处显示结果。

单击"菜单"按钮,选择"分析"→"测量角度"命令,弹出如图 7-13 所示的"测量角度"对话框。

"类型"下拉列表中有按对象、按 3 点和按屏幕点 3 种角度测量方式,如图 7-14 所示。下面分别进行介绍。

图 7-13 "测量角度"对话框

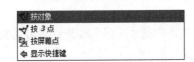

图 7-14 "类型"下拉列表

1. 按对象

"按对象"表示测量两指定对象之间的角度。

对象可以是两直线、两平面、两矢量或它们之间的组合。

在"类型"下拉列表中选择"按对象"选项,在"第一个参考"中单击"选择对象"按钮,在图形区中选择第一个参考对象,然后在"第二个参考"中单击"选择对象"按钮,在图形区中选择第二个参考对象。

单击"确定"或"应用"按钮,即可完成"按对象"的角度测量。"按对象"角度测量示意图如图 7-15 所示。

2. 按 3 点

"按 3 点"表示测量通过 3 点指定的两条连线之间的角度。

在"类型"下拉列表中选择"按 3 点"选项,如图 7-16 所示。在"基点"中单击"指定点"按钮,在图形区中选择一点作为基线的起点,即被测角度的顶点,在"基线的终点"中单击"指定点"按钮,在图形区中选择基线的终点,在"量角器的终点"中单击"指定点",在图形区中选择一点作为量角器的终点。

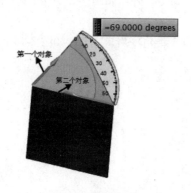

图 7-15 "按对象"角度测量示意图

图 7-16 选择"按 3 点"选项

 选用此方法时注意点的选取顺序。

单击"确定"或"应用"按钮,即可完成"按 3 点"的角度测量。"按 3 点"角度测量示意图如图 7-17 所示。

3. 按屏幕点

"按屏幕点"表示测量通过三点指定的两条连线之间的屏幕角度。在"类型"下拉列表中选择"按屏幕点"选项。

 按"屏幕点"测量屏幕角度的操作与"按 3 点"类似。

单击"确定"或"应用"按钮，即可完成"按屏幕点"的角度测量。"按屏幕点"角度测量示意图如图 7-18 所示。

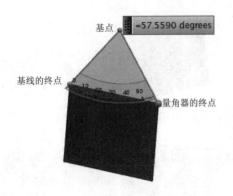 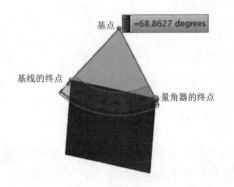

图 7-17 "按 3 点"角度测量示意图　　　　图 7-18 "按屏幕点"角度测量示意图

7.1.3 测量面

"测量面"可以指定对象面的面积及周长。单击"菜单"按钮，选择"分析"→"测量面"命令，弹出如图 7-19 所示的"测量面"对话框。

在"对象"中单击"选择面"，在图形区中选择需要测量的面，单击"确定"或"应用"按钮，即可完成"面"的测量。"面"面积的测量示意图如图 7-20 所示。

 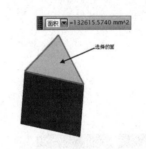

图 7-19 "测量面"对话框　　　　图 7-20 "面"面积测量示意图

 如果想要知道面边界的周长，单击 面积 下拉按钮，选择周长，便可查看所选面的周长信息。

7.1.4 测量体

"测量体"是指对指定对象的计算属性，如体积、质量、重量等进行测量。

单击"菜单"按钮，选择"分析"→"测量体"命令，弹出如图 7-21 所示的"测量体"对话框。

在"对象"中单击"选择体"，在图形区中选择需要测量的模型，单击"确定"或"应用"按钮，即可完成"体"的测量。"体"体积测量示意图如图 7-22 所示。

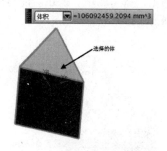

图 7-21 "测量体"对话框　　　　　图 7-22 "体"体积测量示意图

如果想要知道质量、重量等相关信息,单击 体积 下拉按钮,然后根据需要选择不同的结果查看。

7.1.5 最小半径

"最小半径"用来测量曲面上的最小曲率半径。

单击"菜单"按钮,选择"分析"→"最小半径"命令,弹出如图 7-23 所示的"最小半径"对话框。

在对话框中可以设置是否要在最小半径处创建点,在图形区中选择需要测量的曲面,单击"确定"按钮,弹出如图 7-24 所示的"信息"窗口,这样便完成了"最小半径"的测量。

图 7-23 "最小半径"对话框　　　　　图 7-24 "信息"窗口

7.2 模型的分析

模型的分析主要包括偏差分析、几何对象检查、曲线的分析、曲面的分析及装配干涉检查。

7.2.1 偏差分析

偏差命令集可以检查所选的对象是否相切、相接以及边界是否对齐等,并得到所选对象的距离偏移值和角度偏移值。偏差命令最终的检查是以对象上的分布点数来计算结果的。

1. 检查

"检查"命令用于检查面和曲线的连续性、是否相切和对齐。

单击"菜单"按钮,选择"分析"→"偏差"→"检查"命令,弹出如图 7-25 所示的"偏差检查"对话框。在"偏差检查类型"下拉列表中有曲线到曲线、曲线到面、边到面、面到面和边到边 5 种类型。

在"偏差检查类型"下拉列表中选择"曲线到曲线"选项,在"设置"中的"偏差选项"下拉列表中选择"所有偏差"选项,在图形区中选择所要分析的曲线,如图 7-26 所示。在"操作"中单击"检查"按钮,系统弹出如图 7-27 所示的"信息"窗口。

 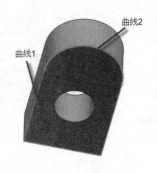 

图 7-25　"偏差检查"对话框　　图 7-26　选择曲线对象　　图 7-27　"信息"窗口

 在"信息"窗口中会列出指定的信息,包括分析点的个数、两个对象的最小距离误差、最大距离误差、平均距离错误、最小角度误差、最大角度误差、平均角度误差及各检查点的数据。

曲线到面、边到面、面到面和边到边偏差的检测操作方法可参考"曲线到曲线"的操作过程。

2. 相邻边

"相邻边"命令用于检查多个面的公共边的偏差。

单击"菜单"按钮,选择"分析"→"偏差"→"相邻边"命令,弹出如图 7-28 所示的"相邻边"对话框。

在图形区选择所要分析的面(如图 7-29 所示),单击"确定"按钮,系统弹出如图 7-30 所示的"信息"窗口和如图 7-31 所示的"报告"对话框。在"信息"窗口中会列出指定的信息,方便用户查询。

图 7-28 "相邻边"对话框

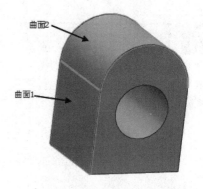

图 7-29 选择曲面对象

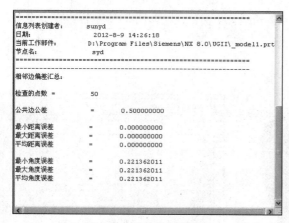

图 7-30 "信息"窗口

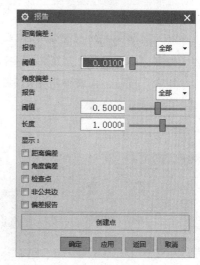

图 7-31 "报告"对话框

7.2.2 检查几何体

"检查几何体"可以用来分析各种类型的几何对象，找出错误或无效的几何体。

 "检查几何体"也可用来分析面和边等几何对象，找出其中无用的几何对象和错误的数据结构。

单击"菜单"按钮，选择"分析"→"检查几何体"命令，弹出如图 7-32 所示的"检查几何体"对话框。

在"要执行的检查/要高亮显示的结果"中单击"全部设置"按钮，在图形区选择所要分析的几何体，如图 7-33 所示。在"操作"中单击"检查几何体"按钮，如图 7-34 所示。模型检查结果如图 7-35 所示。

第 7 章 模型测量与分析

图 7-32 "检查几何体"对话框

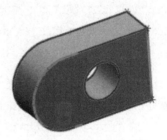

图 7-33 选择几何体对象

图 7-34 单击"检查几何体"按钮

图 7-35 模型检查结果

159

7.2.3 曲线的分析

在 NX 曲线建模中，有时需要对所创建的曲线进行分析。

  曲线分析就是通过动态显示曲线或边上的曲率梳图、曲率峰值点或曲率拐点，以分析曲线或边的形状。

单击"菜单"按钮，选择"分析"→"曲线"→"曲线分析"命令，弹出如图 7-36 所示的"曲线分析"对话框。

在图形区中选择需要进行曲线分析的曲线，在"分析显示"中选中"显示曲率梳"复选框，可以在图形区中显示曲线曲率梳的变化。

  选中"建议比例因子"复选框时，系统会设置最优的曲率梳显示方式。"最大长度"复选框用来设置曲率梳的最大显示长度。

在"标签值"下拉列表中可以选择显示"曲率"或"曲率半径"，"显示标签"中的"最大值"和"最小值"用来设置在"标签值"下拉列表中选择的"曲率"或"曲率半径"的最大值和最小值。

"梳状范围"可以设置曲率梳的显示范围，通过"起点"拖动条和"终点"拖动条进行调节。"峰值"和"拐点"复选框用来设置曲线的峰值与拐点的显示与否。

当"曲线分析"对话框设置如图 7-37 所示时，"曲线分析"效果如图 7-38 所示。

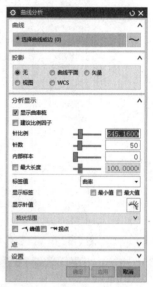

图 7-36 "曲线分析"对话框

图 7-37 "曲线分析"对话框

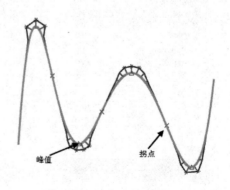

图 7-38 "曲线分析"效果

7.2.4 曲面分析

在 NX 曲面建模中，经常需要对所要创建的曲面进行分析，通过对曲面的形状进行分析验证，改变曲面创建的参数和设置，满足曲面设计分析工作的需要。

1．曲面连续性

"曲面连续性"命令用于分析两组或多组曲面之间的连续性条件，包括位置连续、斜率连续、曲率连续及曲率的斜率连续，即通常所指的 G0、G1、G2 和 G3 连续。

单击"菜单"按钮，选择"分析"→"形状"→"曲面连续性"命令，弹出如图 7-39 所示的"曲面连续性"对话框。

 在"类型"中可以设置曲面连续性分析的类型，包括"边到边"和"边到面"两种类型。

- "对照对象"用来选取分析的目标对象。
- "连续性检查"用于设置是否选择 G0、G1、G2 或 G3 连续。
- "针显示"用来设置选择的连续性条件的显示方式。

2．高亮线

"高亮线"命令用于分析曲面的质量。通过指定的光源数生成一组高亮线来评估曲面的质量。

单击"菜单"按钮，选择"分析"→"形状"→"高亮线"命令，弹出如图 7-40 所示的"高亮线"对话框。

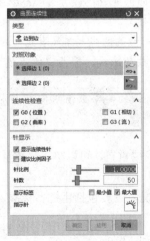

图 7-39　"曲面连续性"对话框

图 7-40　"高亮线"对话框

 在"类型"中可以设置高亮分析的显示类型，包括"反射"和"投影"两种类型。

"反射"是指将一束光线投射到所选择的曲面上，并在视角方向观察反射线。如果旋转视角，那么所得到的反射线将会随之发生变化；"投影"是指将一束光线沿动态坐标的 Y 轴方向投射到曲面上，产生反射线，旋转视角时反射线的方向不会发生变化。

在"光源设置"中，"光源放置"选项用于设置光源的类型，包括均匀、通过点和在点之间 3 个选项。

"均匀"是指等距离、等间隔的光源，可以在"光源数"文本框中输入光源的数目，在"光源间距"文本框中输入光束的间隔；"通过点"是指在曲面上选取一系列光源需要通过的点；"在点之间"是指在曲面上选择两个点作为光源照射的边界点。

3．半径

"半径"命令主要用于检查整张曲面的曲率分布情况，曲面上不同位置的曲率情况可以通过不同的显示类型进行显示，从而非常直观地观察曲面上曲率半径的分布和变化情况。

单击"菜单"按钮，选择"分析"→"形状"→"半径"命令，弹出如图 7-41 所示的"面分析-半径"对话框。

"半径类型"下拉列表用于选择曲率半径的表示方法，主要包括高斯、最大值、最小值、平均、正常、截面、U 和 V 几种类型。

- "高斯"表示曲率半径的最小值和最大值的几何平均值。
- "平均"表示曲率半径的最小值和最大值的算术平均值。
- "正常"表示根据法向截平面得到的曲率半径。
- "截面"表示根据平行于参考平面得到的曲率半径。

"显示类型"下拉列表用于设置半径的显示方式，主要包括云图、刺猬梳和轮廓线三种类型。

- "云图"表示根据曲面上的每一点的曲率大小产生不同的颜色，将所有的点联系起来进行显示，同时配有用不同颜色显示不同曲率大小的按钮。
- "刺猬梳"表示根据颜色显示不同的曲率，同时通过每一点的曲线方向代表此处的曲率方向。
- "轮廓线"表示通过将相同曲率半径的点连接起来构成轮廓线，即曲率的等值线图。

"保持固定的数据范围"复选框表示是否将测量得到的曲率数值限制在固定的曲率范围内。

"范围比例因子"用来调节显示数据的范围大小。如果需要重置，可以单击"重置数据范围"按钮。

"显示曲面分辨率"下拉列表表示选择显示的分辨率情况，主要包括粗糙、标准、精细、特精细、超精细和极精细 6 种类型。

"更改曲面法向"选项用于指定内部位置和改名曲面的法向方向。

4．反射

"反射"命令主要用来分析曲面的反射特性。

单击"菜单"按钮，选择"分析"→"形状"→"反射"命令，弹出如图 7-42 所示的"面分析-反射"对话框。

 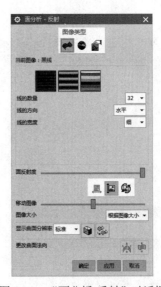

图 7-41 "面分析-半径"对话框　　　　图 7-42 "面分析-反射"对话框

"图像类型"选项区用于选择进行面分析的图像类型，主要包括直线图像、场景图像和用户指定的图像 3 种类型。

- "直线图像"表示选择使用直线图像进行反射性分析。
- "场景图像"表示根据系统提供的场景类型进行分析。
- "用户指定的图像"表示根据用户选择的图像来进行分析。

"面分析-反射"对话框中包含了线型的选择，有黑色线条、黑白色线条和彩色线条，用户可以根据需要，选择合适的线条进行反射性能的分析。

"面反射度"滑块用于调节反射面的反射度。

"移动图像"滑块用于调整图像的位置和方向。

"图像大小"下拉列表用于设置在对不同曲面进行分析时的图像大小的调整。

5．斜率

"斜率"命令主要用于分析曲面上每一点的法向与指定的矢量方向之间的夹角。

单击"菜单"按钮，选择"分析"→"形状"→"斜率"命令，弹出如图 7-43 所示的"矢量"对话框。

设置好矢量后，系统弹出如图 7-44 所示的"面分析-斜率"对话框。在对话框中可以设置曲面斜率分析的参数和选项，该对话框的设置与"面分析-半径"对话框类似，这里就不具体进行讲解了。

6．距离

"距离"命令主要用于分析曲面上每一点与参考平面之间的距离。

单击"菜单"按钮，选择"分析"→"形状"→"距离"命令，弹出如图 7-45 所示的"刨"对话框。

设置好参考平面后，系统弹出如图 7-46 所示的"面分析-距离"对话框。

"面分析-距离"对话框与"面分析-斜率"对话框及"面分析-半径"对话框类似,这里就不具体进行讲解了。

图 7-43 "矢量"对话框

图 7-44 "面分析-斜率"对话框

图 7-45 "刨"对话框

图 7-46 "面分析-距离"对话框

7.2.5 装配干涉检查

在实际产品设计中,当产品中的各个零件组装完成后,设计人员往往比较关心产品中各个零件之间的是否会存在干涉,这对产品的设计有着非常重要的影响。

单击"菜单"按钮,选择"分析"→"简单干涉"命令,弹出如图 7-47 所示的"简单干涉"对话框。

在图形区中依次选择装配体中的对象 1 和对象 2，如图 7-48 所示。在"干涉检查结果"的"结果对象"下拉列表中选择"干涉体"选项，单击"确定"或"应用"按钮，系统会弹出如图 7-49 所示的"简单干涉"提示信息。

图 7-47 "简单干涉"对话框　　图 7-48 选择干涉对象　　图 7-49 "简单干涉"提示信息

当在"干涉检查结果"的"结果对象"下拉列表中选择"高亮显示的面对"选项，在"要高亮显示的面"下拉列表中选择"仅第一对"选项时，模型将会显示如图 7-50 所示的干涉平面。

图 7-50 "高亮显示的面对-仅第一对"示意图

7.3　本章小结

本章主要介绍了模型测量与分析的基础知识，包括空间点、线、面间距离和角度的测量、曲线长度的测量、面积的测量、模型的偏差分析、几何体的检查及装配的干涉检查等。通过学习本章模型测量与分析的相关知识，可以提高读者在模型建立及装配体分析的能力。

第 8 章　GC 工具箱应用

NX 中国工具箱（NX for China）是 Siemens PLM Software 为了更好地满足中国用户对于 GB 的要求，缩短 NX 导入周期，专为中国用户开发使用的工具箱，主要包括质量检查工具、属性工具、弹簧设计、齿轮建模工具等。使用 GC 工具箱可以帮助提高产品设计效率和标准化程度。

学习目标

- 了解 GC 工具箱的应用
- 熟悉 GC 工具箱的优点
- 掌握齿轮建模工具

8.1　GC 工具箱概述

NX GC 工具箱（GC Toolkits）为用户提供了一系列的工具，用于帮助用户提升模型质量、提高设计效率。内容覆盖了 GC 数据规范、齿轮建模、（制图）工具、注释工具和尺寸工具。

系统会在不同的模块中提供相应的 GC 工具箱内容，如图 8-1 所示。

（a）建模模块　　　　（b）制图模块

图 8-1　GC 工具箱

GC 工具箱作为一个强大的本地化工具，其优势有：

- 提供基于 GB 的标准化的 NX 工作环境，大幅减少客制化的时间；
- 提供基于 GB 的标准化的 NX 制图环境，提高模型和图纸的规范化水准；
- 提供规范化数据创建的辅助命令面板，帮助快速达到数据规范化的需求；

- 提供数据检查工具及经过客制化的检查规则,保证公司的所有模型、图纸和装配均符合规范化的设计要求,便于企业内部文件的共享,并保证下游应用部门获得正确的数据。
- 提供客户急需的制图工具,满足客户常见的应用需求,如图纸拼接、明细表输出等;
- 提供图纸注释工具,解决客户在制按钮注方面的需求,如网格线绘制、技术条件库等;
- 提供快速尺寸格式工具,客户在标注尺寸时,常常要变换尺寸标注格式,可以大大减少用户设置的工作量;
- 提供 GB 标准件的查询和调用环境,提高标准件的重用率;
- 提供标准化、专业的标准齿轮建模环境。

8.2 GC 数据规范

GC 数据规范包括质量检查工具、属性工具、标准化工具和其他工具 4 个子模块,如图 8-2 所示。

8.2.1 检查工具

工具箱提供的检查工具,是在 NX check-Mate 的基础之上根据中国客户的具体需求定制的检查工具,如图 8-2 所示。内容包含模型检查、二维图检查和装配检查,如图 8-3 所示。用户可以通过菜单或命令面板快速执行检查。

图 8-2 GC 工具箱二级菜单

图 8-3 GC 数据规范子模块

在完成产品模型设计后,单击"模型检查"按钮,系统自动打开如图 8-4(a)所示的对话框。在该对话框中可对如下对象进行检查。

- 检查零件单位;
- 建模工程;
- 彩图约束性;
- 体的数据结构和一致性;
- 抑制特征状况检查。

其中二维图检查和装配检查如图 8-4(b)和图 8-4(c)所示。

（a）模型检查　　　　　　　（b）二维图检查　　　　　　（c）装配检查

图 8-4　检查器

8.2.2　属性填写

属性填写用于编辑或增加当前工作部件的属性。单击"菜单"按钮，选择"GC 工具箱"→"GC 数据规范"→"属性工具"→"属性工具"命令，打开如图 8-5 所示的"属性工具"对话框。

该对话框主要实现以下功能：

- 修改或添加当前部件的属性。
- 从配置文件中加载属性项到当前部件。
- 从当前装配中的其他部件继承属性到当前部件。
- 从外部件文件 part 继承属性到当前部件。
- 从配置文件读取比例（Scale）属性列表。
- 从 NX 材料库中读取材料（Material）属性列表。
- 赋值重量（Weight）属性可以通过读取名称为 Weight 的引用集中所有对象的重量。

各选项的含义如下。

- 属性列表：初始状态下显示当前部件的所有属性的标题和值，用户通过新建的属性也自动添加到列表下方。

 用户还可以选择列表顶端的列标题，对列表中的项目进行排序。还可以直接在列表中添加属性或对属性进行修改。

- 比例（Scale）属性：如图 8-6 所示，可对比例属性进行赋值操作。

 默认属性列表可以在配置文件 gc_tool.cfg 修改 ATTRIBUTE_TOOL_ SCALE_START 的值设置。

- 从组件继承 ⊕：用户可以从图形界面或装配导航栏上选择需要继承的组件，一旦选中组件，系统会自动将其组件添加到属性列表。

 如果原先的属性存在并且值为空，则更新其值；如果不存在，则自动创建相同的属性项到列表。

- 从部件继承 📁：用户可以从弹出的对话框中选择外部的 NX 部件文件，系统自动将其组件添加到属性列表。

 如果原先的属性存在并且值为空，则更新其值；如果不存在，则自动创建相同的属性项到列表。

- 从配置文件加载 📄：系统读取指定位置的配置文件 %NXII_BASE_DIR%\Localization\prc\gc_tools\configuration\gc_tool.cfg 中定义的属性内容。

属性同步（如图 8-7 所示）选项卡用于对主模型和图纸间的指定属性进行同步，可以实现属性的双向传递。

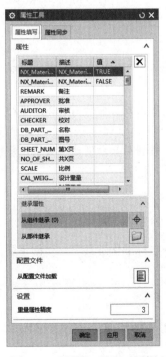
图 8-5 "属性工具"对话框

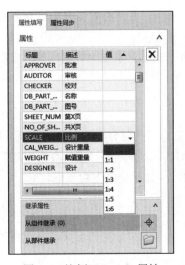
图 8-6 比例（Scale）属性

图 8-7 "属性同步"选项卡

主要实现以下功能：

- 将选定的属性从主模型同步到图纸。
- 将选定的属性从图纸同步到主模型。

8.2.3 标准化工具

标准化工具定制了用户默认设置，即内置符合 GB 标准的 NX 设置文件（DPV 文件）。标准化工具共包含 3 种（如图 8-8 所示），分别为创建标准引用集、创建层分类和存档状态设置。

图 8-8　标准化工具

1．创建标准引用集

创建标准引用集可以用于规范企业标准引用集创建与使用过程。

单击"菜单"按钮，选择"GC 工具箱"→"GC 数据规范"→"标准化工具"→"创建标准引用集"命令，打开如图 8-9 所示的"创建标准引用集"对话框。主要实现以下功能：

- 读取配置文件中企业标准关于引用集的定义，自动创建引用集；如果定义的标准引用集已存在，可以根据选项，自动删除并重新创建。
- 根据引用集与图层对应关系，自动将对应图层中的对象添加到引用集中。
- 提供报告功能，用户可以查看工作部件的引用集中对象的数量及创建信息。

各选项的含义如下。

- 工作部件引用集：显示当前工作部件中存在的引用集。
- 重新创建：选中该复选框，系统将删除已经存在的并在配置文件中定义的引用集，重新创建该引用集。
- 自动分配对象：选中该复选框，系统将根据引用集与图层对应关系自动将对应图层中的对象添加到引用集中。
- 显示创建信息：选中该复选框，在单击"确定"或"应用"按钮后显示创建相关引用集结果的信息。

2．创建层分类

"创建层分类"用于规范企业标准图层分类的创建与使用过程。

单击"菜单"按钮，选择"GC 工具箱"→"GC 数据规范"→"标准化工具"→"创建层分类"命令，打开如图 8-10 所示的"创建层分类"对话框。

主要实现以下功能：

- 读取配置文件中企业标准关于图层分类的定义，自动创建图层分类。
- 删除原有图层分类。

图 8-9 "创建标准引用集"对话框

图 8-10 "创建层分类"对话框

3．存档状态设置

"标准化图层状态"用于规范用户存盘时企业标准的图层显示与可选状态。

单击"菜单"按钮，选择"GC 工具箱"→"GC 数据规范"→"标准化工具"→"存档状态设置"命令，打开如图 8-11 所示的"存档状态设置"对话框。

主要实现以下功能：

- 各图层状态按标准进行设置，确保存档状态的一致，便于数据交互。
- 选中报告图层状态，完成设置后，系统弹出窗口显示当前图层设置状态。

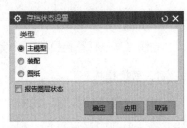

图 8-11 "存档状态设置"对话框

8.2.4 其他工具

"其他工具"用于零组件更名及导出。在装配文件中更改部件名称和实现导出功能。

单击"菜单"按钮，选择"GC 工具箱"→"GC 数据规范"→"其他工具"→"零组件更名及导出"命令，打开如图 8-12 所示的"零组件更名及导出"对话框。

(a)"零组件更名"选项卡

(b)"导出装配"选项卡

图 8-12 "零组件更名及导出"对话框

各选项的含义如下。

- 选择组件：选择装配导航器中的装配节点，原组件名自动放置到新零组件名中。
- 新名称：指定重命名后的文件名称。
- 删除原零件：重命名后删除原先的零部件。
- 目录：从目录中选择装配。
- 装配导航器：从装配导航器中选择。
- 输出目录：在该目录放置导出的装配文件，装载文件选项有两种方式搜索查询装配子部件，即"从文件夹"和"搜索路径"。
- 输出图纸文件：激活时，系统自动查找装配文件中对应的图纸文件并同时自动输出到导入文件夹。

8.3 制图工具

制图工具包括替换模板、图纸拼接、明细表输出、编辑明细表和装配序号排序，如图 8-13 所示。

1. 替换模板

单击"菜单"按钮，选择"GC 工具箱"→"工具"→"替换模板"命令，打开如图 8-14 所示的"工程图模板替换"对话框。

图 8-13　制图工具

图 8-14　"工程图模板替换"对话框

"替换模板"可实现对当前图纸中选定的图纸页进行替换。

2. 图纸拼接

单击"菜单"按钮，选择"GC 工具箱"→"工具"→"图纸拼接"命令，弹出如图 8-15 所示的"图纸拼接"对话框。通过该功能可以实现智能自动图纸拼接。

3. 明细表输出

单击"菜单"按钮,选择"GC 工具箱"→"工具"→"明细表输出"命令,弹出如图 8-16 所示的"明细表输出"对话框。

本功能用于辅助用户将零件图中的明细表内容输出为指定格式的 Excel 文件。

 用户通过配置文件指定零件明细表中属性名称与 Excel 模板之间的映射关系,通过不同模板的应用,可以满足不同明细表(如组件明细表、标准件明细表、外协件明细表等)的输出。

4. 编辑明细表

单击"菜单"按钮,选择"GC 工具箱"→"工具"→"编辑明细表"命令,打开如图 8-17 所示的"编辑零件明细表"对话框。可对明细表进行编辑,以及更新明细表中零件的件号。

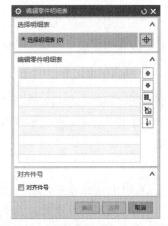

图 8-15 "图纸拼接"对话框　　图 8-16 "明细表输出"对话框　　图 8-17 "编辑零件明细表"对话框

5. 装配序号排序

单击"菜单"按钮,选择"GC 工具箱"→"工具"→"装配序号排序"命令,打开如图 8-18 所示的"装配序号排序"对话框。本功能可提供快捷的功能实现快速自动对齐件号并按照序号进行排列。

图 8-18 "装配序号排序"对话框

8.4 视图工具

视图工具包括图纸对象 3D-2D 转换、编辑剖面边界、局部剖切和曲线剖,如图 8-19 所示。

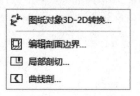

图 8-19 视图工具

8.4.1 图纸对象 3D-2D 转换和编辑剖面边界

1. 图纸对象 3D-2D 转换

"图纸对象 3D-2D 转换"可以快捷地将视图上的空间曲线或边自动投影转化为平面的草图曲线,以方便用户对平面视图进行编辑、修改。

2. 编辑剖面边界

单击"菜单"按钮,选择"GC 工具箱"→"视图"→"编辑剖面边界"命令,弹出如图 8-20 所示的"编辑剖面边界"对话框。

 该对话框可实现快速改变剖面线的边界,实现剖面线的编辑与修改。

图 8-20 "编辑剖面边界"对话框

- 选择视图:选择需要编辑的剖视图并高亮显示。
- 选择边界(Select Boundary):向剖面线边界中添加或删除边界曲线,对于已经高亮的边界线,按 Shift 键即可取消选择。
- 线型:设置剖面线边界线的线型。
- 线宽:设置剖面线边界线的线宽。

8.4.2 局部剖切

单击"菜单"按钮,选择"GC 工具箱"→"视图"→"局部剖切"命令,弹出如图 8-21 所示的"局部剖切"对话框。

 该模块可实现在选择父亲视图和剖切范围后,在指定的方向上创建局部剖切视图。

图 8-21 "局部剖切"对话框

各选项的含义如下。

- 选择父视图：选择需要部分剖切视图的父亲视图。
- 指定剖切点：指定详细的剖切位置。
- 定义铰链线：指定剖切方向。
- 剖切宽度定义：决定了剖切视图的宽度，并不是像普通视图那样只要选中点和方向及对父亲视图完全剖切，而是对父亲视图中剖切方向的某一段进行剖切。
- 指定起点位置：即直接选取视图中点的位置来指定剖切的第一端点位置。
- 指定终点位置：即直接选取视图中点的位置来指定剖切的另一端点位置。
- 指定剖切宽度：输入宽度值来指定剖切的另一端点的具体位置。该选项初始为不可选，当选中该复选框将会显示并提示输入剖切宽度。

8.4.3 曲线剖

单击"菜单"按钮，选择"GC 工具箱"→"视图"→"曲线剖"命令，弹出如图 8-22 所示的"曲线剖"对话框。在创建图纸时，该功能可以按照定义的曲线进行视图剖切并展开。

图 8-22 "曲线剖"对话框

8.5 尺寸工具

尺寸工具包括尺寸标注样式、对称尺寸标注、尺寸线下注释、尺寸排序、坐标尺寸对齐和尺寸/注释查询，如图 8-23 所示。

1. 尺寸标注样式

单击"菜单"按钮，选择"GC 工具箱"→"尺寸"→"尺寸标注样式"命令，可设置图纸的尺寸标注样式，如图 8-24 所示。

图 8-23　尺寸工具

图 8-24　尺寸标注样式

该模块提供了十几种常见的尺寸标注快捷方式，包括基本、参考和样式继承的格式模块。

2. 对称尺寸标注

单击"菜单"按钮，选择"GC 工具箱"→"尺寸"→"对称尺寸标注"命令，打开如图 8-25 所示的"对称尺寸"对话框，该功能模块主要用于创建图纸中的对称尺寸。

"选择对象"的类型包括水平、竖直、平行、垂直、圆柱坐标系等，如图 8-26 所示。

图 8-25　"对称尺寸"对话框

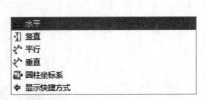

图 8-26　"选择对象"的类型

- 选择中心线：选择对称尺寸的中心线。
- 指定终点（Specify End Point）：标注对称尺寸一端的端点或起始位置。
- 指定光标位置：放置对称尺寸的原点。

3. 尺寸线下注释

单击"菜单"按钮，选择"GC 工具箱"→"尺寸"→"尺寸线下注释"命令，打开如图 8-27 所示的"尺寸线下注释"对话框。

"尺寸线下注释"主要用于标注尺寸线以下的文本以及尺寸其他方位的文本。

- 选择尺寸（Select Dimension）：选择需要进行文字标注的尺寸。
- 上面：输入尺寸文本上方的文字。
- 下面：输入尺寸线下方的文字。
- 前面：输入尺寸文本前面的文字。
- 后面：输入尺寸文本后面的文字。

4. 尺寸排序

图 8-27 "尺寸线下注释"对话框

单击"菜单"按钮，选择"GC 工具箱"→"尺寸"→"尺寸排序"命令，打开如图 8-28 所示的"尺寸排序"对话框。

 该模块可通过选定的尺寸线，以基准尺寸为参照，根据尺寸值的大小，从小到大，从里到外进行空间的布局调整。

5. 坐标尺寸对齐

单击"菜单"按钮，选择"GC 工具箱"→"尺寸"→"坐标尺寸对齐"命令，打开如图 8-29 所示的"坐标尺寸对齐"对话框。该模块主要实现对坐标尺寸的位置对齐和格式对齐。

- 基准尺寸：作为对齐的基准尺寸。
- 对齐尺寸：要对齐的尺寸。

6. 尺寸/注释查询

单击"菜单"按钮，选择"GC 工具箱"→"尺寸"→"尺寸/注释查询"命令，打开如图 8-30 所示的"尺寸/注释查询"对话框。

该模块可通过输入尺寸的数值和相应的附属文字，或者输入注释文本，对图纸上的尺寸和注释进行搜索，查询出符合要求的尺寸和注释并在图纸上进行显示。

图 8-28 "尺寸排序"对话框　　图 8-29 "坐标尺寸对齐"对话框　图 8-30 "尺寸/注释查询"对话框

8.6 齿轮建模

齿轮建模工具包括柱齿轮、锥齿轮和显示齿轮，如图 8-31 所示。

图 8-31 齿轮建模工具

1. 柱齿轮

单击"菜单"按钮，选择"GC 工具箱"→"齿轮建模"→"柱齿轮"命令，打开如图 8-32 所示的"渐开线圆柱齿轮建模"对话框。

该对话框可执行的齿轮操作方式有创建齿轮、修改齿轮参数、齿轮啮合、移动齿轮、删除齿轮和信息。

- 创建齿轮：进入齿轮创建模块，可根据不同的齿轮参数生成不同的圆柱齿轮。
- 修改齿轮参数：根据参数，模块化修改齿轮。
- 齿轮啮合：可设置两个齿轮的啮合。
- 移动齿轮：实现对齿轮的移动。
- 删除齿轮：删除已经创建或存在的齿轮。
- 信息：获取齿轮的相关参数信息。

2. 锥齿轮

单击"菜单"按钮，选择"GC 工具箱"→"齿轮建模"→"锥齿轮"命令，打开如图 8-33 所示的"锥齿轮建模"对话框。

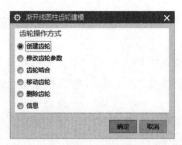
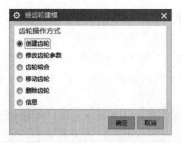

图 8-32　"渐开线圆柱齿轮建模"对话框　　　图 8-33　"锥齿轮建模"对话框

该对话框包含的子功能模块与"渐开线圆柱齿轮建模"模块类似，同样包含创建齿轮、修改齿轮参数、齿轮齿合、移动齿轮、删除齿轮和信息齿轮操作方式。

8.7　齿轮操作实例

本小节将通过具体的实例，介绍如何创建、修改齿轮和获取齿轮详细信息。

8.7.1　创建齿轮

创建齿轮参数为模数 m=4，齿数 z=24，压力角为 20°，齿轮厚度 B=35mm 的直齿渐开线圆柱齿轮。

步骤01 单击"新建"按钮，弹出"新建"对话框，设置参数如图 8-34 所示，进入建模模式。

图 8-34　"新建"对话框

步骤02 单击"菜单"按钮，选择"GC 工具箱"→"齿轮建模"→"柱齿轮"命令，打开如图 8-35 所示的"渐开线圆柱齿轮建模"对话框。

步骤 03 选中"创建齿轮"单选按钮,单击"确定"按钮,系统弹出如图 8-36 所示的"渐开线圆柱齿轮类型"对话框。

步骤 04 选中"直齿轮""外啮合齿轮"和"滚齿"单选按钮,单击"确定"按钮。

步骤 05 系统弹出如图 8-37 所示的"渐开线圆柱齿轮参数"对话框,在其中设置齿轮参数。

> 齿轮建模精度分为 low、中部和 High 3 种。如果单击"Default Value"按钮,系统会自动根据系统默认的齿轮参数设置当前齿轮的参数值。

图 8-35 "渐开线圆柱齿轮建模"对话框　　图 8-36 "渐开线圆柱齿轮类型"对话框　　图 8-37 "渐开线圆柱齿轮参数"对话框

步骤 06 单击"确定"按钮,系统弹出"矢量"对话框,在"类型"下拉列表中选择"XC轴",单击"确定"按钮,如图 8-38 所示。

步骤 07 系统弹出"点"对话框,相关设置如图 8-39 所示。

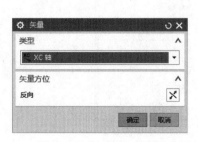

图 8-38 "矢量"对话框　　图 8-39 "点"对话框

步骤 08 单击"确定"按钮,生成如图 8-40 所示的齿轮。

图 8-40 齿轮

8.7.2 获取齿轮信息

获取上节所创建的齿轮信息。其相关步骤如下：

步骤01 单击"菜单"按钮，选择"GC 工具箱"→"齿轮建模"→"柱齿轮"命令，打开"渐开线圆柱齿轮建模"对话框。

步骤02 选中"信息"单选按钮，如图 8-41 所示。

步骤03 单击"确定"按钮，系统弹出如图 8-42 所示的"选择齿轮进行操作"对话框。

图 8-41 选中"信息"单选按钮

图 8-42 "选择齿轮进行操作"对话框

步骤04 选择需要获取信息的齿轮，如"chilun（general gear）"。

步骤05 单击"确定"按钮，系统弹出如图 8-43 所示的"信息"窗口。

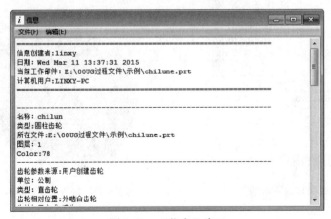

图 8-43 "信息"窗口

步骤06 "信息"窗口中包括齿轮的基本信息，如齿轮加工方式、模数、齿宽和压力角等。

8.7.3 修改齿轮尺寸

修改 8.7.1 节所创建的齿轮信息。其相关步骤如下：

步骤01 单击"菜单"按钮，选择"GC 工具箱"→"齿轮建模"→"柱齿轮"命令，打开如图 8-44 所示的"渐开线圆柱齿轮建模"对话框。

步骤02 选中"修改齿轮参数"单选按钮。

步骤03 单击"确定"按钮，系统弹出如图 8-45 所示的"选择齿轮进行操作"对话框。

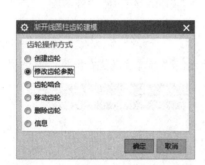

图 8-44 "渐开线圆柱轮建模"对话框

图 8-45 "选择齿轮进行操作"对话框

步骤04 选择需要修改尺寸的齿轮，如"chilun（general gear）"。

步骤05 单击"确定"按钮，系统弹出"渐开线圆柱齿轮参数"对话框。

步骤06 修改齿轮"齿宽（毫米）"为 25，如图 8-46 所示。

步骤07 单击"确定"按钮，完成齿轮参数的修改，结果如图 8-47 所示。

图 8-46 "渐开线圆柱齿轮参数"对话框

图 8-47 齿宽为 25 毫米的齿轮

8.8 弹簧设计

在建模环境中 GC 工具箱提供了圆柱压缩弹簧、圆柱拉伸弹簧、碟簧和删除弹簧 4 个子模块，如图 8-48 所示。制图环境为弹簧简化画法，如图 8-49 所示。

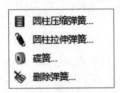

图 8-48　建模环境弹簧设计

图 8-49　制图环境弹簧设计

8.8.1 圆柱压缩弹簧

单击"菜单"按钮，选择"GC 工具箱"→"弹簧设计"→"圆柱压缩弹簧"命令，打开如图 8-50 所示的"圆柱压缩弹簧"对话框。

（a）输入参数

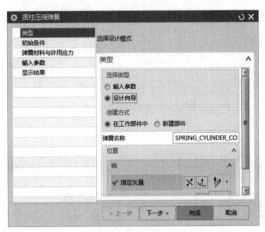

（b）设计向导

图 8-50　"圆柱压缩弹簧"对话框

创建弹簧的步骤如下：

步骤 01 弹簧设计分为两种模式："输入参数"和"设计向导"。如果选择"输入参数"，则初始条件、弹簧材料与许用应力不可用。

步骤 02 设置初始条件。设置载荷、行程、外径（或中径或内径）、端部结构、支承圈数等参数，如图 8-51 所示。

步骤 03 设置弹簧材料与许用应力。输入弹簧丝直径、材料及载荷类型，单击"估算许用应力范围"按钮，如图 8-52 所示。

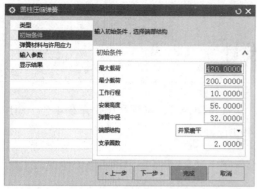

图 8-51 设置初始条件

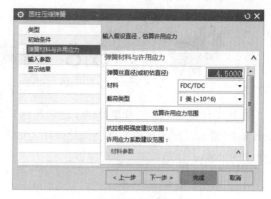

图 8-52 设置弹簧材料与许用应力

步骤 04 设置输入参数，如图 8-53 所示。

步骤 05 显示输入参数与设计结果，如图 8-54 所示。

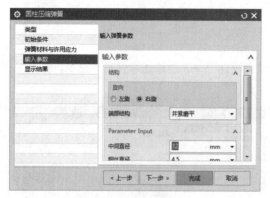

图 8-53 设置输入参数

图 8-54 显示结果

 圆柱拉伸弹簧的操作与圆柱压缩弹簧类似，这里就不再介绍。

8.8.2 删除弹簧

单击"菜单"按钮，选择"GC 工具箱"→"弹簧设计"→"删除弹簧"命令，打开"删除弹簧"对话框，如图 8-55 所示。该功能可以将工作部件中的弹簧（包括表达式、特征组等）彻底删除。

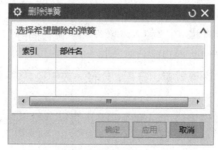

图 8-55 "删除弹簧"对话框

第8章 GC工具箱应用

8.9 创建弹簧实例

本小节将通过具体的实例介绍如何创建弹簧。

8.9.1 创建圆柱压缩弹簧

步骤01 单击"新建"按钮,弹出"新建"对话框,设置参数如图8-56所示,进入建模模式。

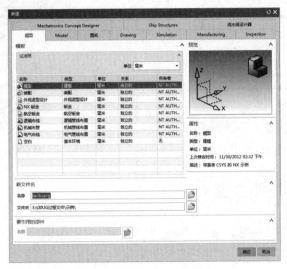

图8-56 "新建"对话框

步骤02 单击"菜单"按钮,选择"GC工具箱"→"弹簧设计"→"圆柱压缩弹簧"命令,打开如图8-57所示的"圆柱压缩弹簧"对话框。

步骤03 选中"输入参数"和"在工作部件中"单选按钮,单击"下一步"按钮进入如图8-58所示的"圆柱压缩弹簧"对话框的"输入参数"选项。

图8-57 "圆柱压缩弹簧"对话框

图8-58 "输入参数"选项

步骤 04 "旋向"选择"左旋",其他参数选择默认,单击"下一步"按钮,进入如图 8-59 所示的"圆柱压缩弹簧"对话框的"显示结果"选项。

 该对话框显示了弹簧的各个参数,如弹簧中径、直径等。

步骤 05 单击"完成"按钮,生成如图 8-60 所示的圆柱压缩弹簧。

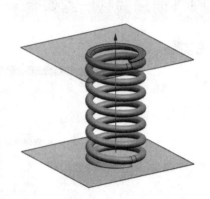

图 8-59 "显示结果"选项　　　　　图 8-60 圆柱压缩弹簧

8.9.2 创建圆柱拉伸弹簧

步骤 01 单击"新建"按钮,弹出"新建"对话框,将"名称"命名为 lashentanhaung,其他参数设置如图 8-61 所示,进入建模模式。

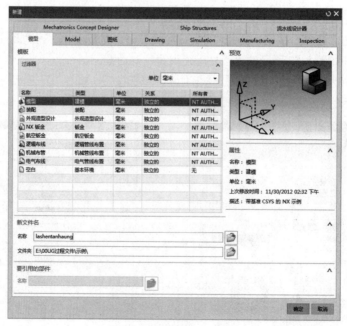

图 8-61 "新建"对话框

步骤 02　单击"菜单"按钮,选择"GC 工具箱"→"弹簧设计"→"圆柱拉伸弹簧"命令,打开如图 8-62 所示的"圆柱拉伸弹簧"对话框。

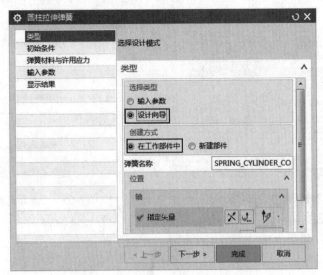

图 8-62　"圆柱拉伸弹簧"对话框

步骤 03　选中"设计向导"和"在工作部件中"单选按钮,单击"下一步"按钮进入"圆柱拉伸弹簧"对话框的"初始条件"选项,参数设置如图 8-63 所示。单击"下一步"按钮,进入如图 8-64 所示的"圆柱拉伸弹簧"对话框的"弹簧材料与许用应力"选项。

图 8-63　"初始条件"选项　　　　　　图 8-64　"弹簧材料与许用应力"选项

步骤 04　单击"下一步"按钮,进入"输入参数"选项,"旋向"选择"左旋","端部结构"选择"半圆钩环",其他参数选择默认,如图 8-65 所示。单击"下一步"按钮,进入如图 8-66 所示的"显示结果"选项。

图 8-65 "输入参数"选项

图 8-66 "显示结果"选项

步骤 05 单击"完成"按钮,生成如图 8-67 所示的圆柱压缩弹簧。

图 8-67 圆柱压缩弹簧

8.10 本章小结

在实际工作中,GC 工具箱已经证明了它的优越性,能大大提高设计效率。在 NX 10.0 中,GC 工具箱的功能更加丰富,包括 GC 数据规范、制图工具、视图工具、尺寸工具和齿轮与弹簧建模等,读者应深入了解和掌握上述内容。

第 9 章 创建工程图

在产品实际加工制作过程中,一般都需要二维工程图来辅助设计。NX 工程制图模块主要是为了满足二维出图功能需要,是 NX 系统的重要应用之一。通过特征建模创建的实体可以快速引入工程制图模块中,从而生成二维图。

学习目标

- 熟悉工程图的管理
- 熟练创建工程图
- 熟练掌握编辑尺寸与标注
- 熟练运用编辑工程图

9.1 工程图概述

工程图是工程界的"技术交流语言"。在产品的研发、设计和制造过程中各类技术人员需要经常进行交流和沟通,工程图则是经常使用的交流工具。

NX 10.0 工程图模块可以把由建模应用模块创建的特征模型生成二维工程图。创建的工程图中的视图与模型完全关联,即对模型所做的任何更改都会在引起二维工程图的相应更新。

9.1.1 创建工程图的一般过程

通常在创建工程图前,用户需要完成三维模型的设计,在三维模型的基础上就可以应用工程图模块创建二维工程图了。其操作步骤如下:

步骤 01 创建图纸。单击"应用模块"面板中的"制图"按钮,将弹出"工作表"对话框。利用该对话框为图纸页指定各种图纸参数,包括图纸大小、缩放比例、测量单位和投影角度。

步骤 02 参数预设置。执行"首选项"→"制图"命令,进入"制图首选项"对话框,对制图相关参数进行预设置。

步骤 03 导入模型视图。
步骤 04 在工程视图中添加视图。
步骤 05 添加尺寸标注、公差标注、文字标注等。
步骤 06 存盘，打印输出。

9.1.2 工程图的参数设置

NX 10.0 的默认设置是国际通用的制按钮准，其中很多选项不符合我国国家标准，所以在创建工程图之前，一般需要对工程图参数进行预设置，避免后续的大量修改工作，可提高工作效率。

通过工程图参数的预设置，可以控制箭头的大小和形式、线条的粗细、不可见线的显示与否、标注样式和字体大小等。但这些预设置只对当前文件和以后添加的视图有效，而对于在设置之前添加的视图则需要通过视图编辑来修改。

单击"菜单"按钮，选择"首选项"→"制图"命令，弹出"制图首选项"对话框，如图 9-1 所示。所有的参数全都在此对话框中进行设置。

图 9-1 "制图首选项"对话框

9.2 工程图管理

一般情况下，对三维特征模型创建二维工程图时，默认的工程图纸空间参数与用户的实际需求不相符。此时需要用户对图纸进行管理，包括部件导航器管理、新建、打开、编辑工程图。本节主要介绍部件导航器的操作及工程图的管理。

9.2.1 新建工程图

单击"应用模块"面板中的"制图"按钮，进入制图应用模块后，系统会按默认设置，自动新建一张工程图并将图名默认为"Sheet1"。

通常系统生成工程图中的设置不一定适用于用户的需求因此，在添加视图前，用户最好新建一张工程图，按输出三维实体的要求，来设置工程图的名称、图幅大小、绘图单位、视图默认比例和投影角度等参数。

单击"主页"面板中的"新建图纸页"按钮 ，或者选择"插入"→"图纸页"命令，系统将弹出"图纸页"对话框，如图9-2所示。

图9-2 "图纸页"对话框

在该对话框中输入图纸名称，并设置图纸尺寸、比例、投影角度、单位等参数，即可完成新建工程图的工作。

- 使用模版：选中该单选按钮，用户可以根据自己的习惯提前创建好一些常用模版，以便使用时直接在此调用即可，如图9-3所示。
- 标准尺寸：选中该单选按钮，用户可以根据产品大小合理选择国家标准规定的图幅大小，系统提供了A4、A3、A2、A1和A0共5种型号的图纸，如图9-4所示。

图9-3 "使用模板"选项

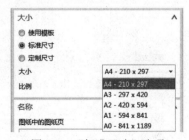

图9-4 "标准尺寸"选项

- 定制尺寸：选中该单选按钮，用户可以通过在高度和长度、文本框中直接输入数值来自定义图纸大小，如图9-5所示。
- 图纸页名称：可以在该文本框中输入图样名以指定新图样的名称，默认的图纸名称是"SHT1"。

图样名最多可以包含30个字符,不允许使用空格,并且所有名称都会自动转换为大写,如图9-6所示。

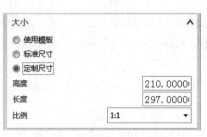

图9-5 "定制尺寸"选项

图9-6 "图纸页名称"选项

- 设置:在该选项组中,"单位"选项下用户可以在此设置度量单位为"毫米"或"英寸"(1 英寸=25.4毫米)。"投影"选项可以指定投影方式为第一视角投影方式或第三视角投影方式。我国国家标准规定的投影方式为第一视角投影,如图9-7所示。

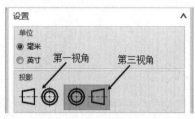

图9-7 "设置"选项组

单击"确定"按钮,即可完成新图纸的创建。

9.2.2 编辑工程图

在工程图的绘制过程中,如果想更换一种表现三维模型的方式(如增加剖视图等),那么原来设置的工程图参数不能满足要求,此时就需要对已有的工程图有关参数进行编辑修改。

单击"菜单"按钮,选择"编辑"→"图纸页"命令(如图9-8所示),弹出"图纸页"对话框。或者在"部件导航器"中选中需要编辑的工程图,单击鼠标右键,选择"编辑图纸页"命令(如图9-9所示),打开"图纸页"对话框。

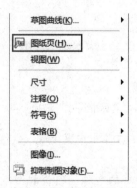

图9-8 选择"图纸页"命令

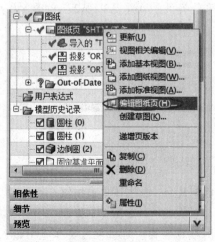

图9-9 选择"编辑图纸页"命令

用户可以在该对话框中修改原来图纸的参数,然后单击"确定"按钮,即可完成对工程图的编辑。系统将按新的工程图参数自动更新所选的工程图。

9.3 创建视图

当工程图基本参数设置、图幅和图纸确定后,下面就应该在图纸上创建各种视图来表达三维模型了。用户可以根据零件形状,创建基本视图、投影视图、剖视图、半剖视图、旋转剖视图、折叠剖视图、局部剖视图和断开视图。通常一个工程图中包含多种视图,通过这些视图的组合来进行模型的描述。

9.3.1 基本视图

基本视图是指特征模型的各种向视图和轴测图,包括俯视图、前视图、右视图、后视图、仰视图、左视图、正等测视图和正二侧视图共 8 种类型。

 通常情况下,在一个工程视图中至少包含一个基本视图。基本视图可以是独立的视图,也可是其他视图类型(如剖视图)的父视图。

在制图模式下,单击"菜单"按钮,选择"插入"→"视图"→"基本"命令,或者单击"主页"面板中的"基本视图"按钮,进入"基本视图"对话框,如图9-10所示。

- 部件:用于选择要添加基本视图的零件。因为我们一般是在建模环境绘制完成后进入制图环境的,所以会自动捕捉到部件,如果是新建的制图文件,则需要手动单击打开按钮来添加部件。
- 视图原点:用来确定视图的放置位置,用户可以通过鼠标直接在图纸页进行单击来确定视图位置,也可以通过跟踪选项,在光标跟踪文本框中输入光标的坐标值来确定视图原点的放置位置,并且系统还提供了 5 种视图原点类型,如图9-11所示。
- 模型视图:用于选择所需要添加的基本视图类型,系统提供了 8 种模型视图类型,如图9-12所示。其中"定向视图工具"用来定义当前视图的方向,单击该按钮弹出"定向视图"对话框,如图9-13所示。"定向视图"主要用来调整视图的方向和位置,调整完成后单击鼠标中键确认,此时,在图纸页即可生成新视图。

图9-10 "基本视图"对话框

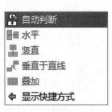
图 9-11 "视图原点"类型

图 9-12 "模型视图"类型

- 比例：用于设置图纸与实际图纸的比例。系统不仅提供了 7 种比例，还提供了定制比率和利用表达式定制比例两种方式，如图 9-14 所示。

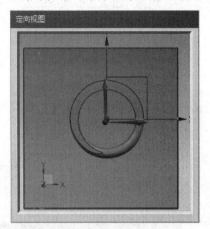
图 9-13 "定向视图"对话框

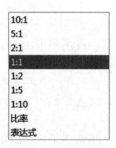
图 9-14 缩放类型

9.3.2 投影视图

投影视图是从父项视图产生正投影视图。当创建完基本视图后，继续移动鼠标将添加投影视图。如果已退出添加视图操作，可单击"菜单"按钮，选择"插入"→"视图"→"投影"命令，或者单击"主页"面板中的"投影视图"按钮，弹出"投影视图"对话框，如图 9-15 所示。

- 基本视图：单击"父视图"按钮，即可重新选择父视图进行投影。若不单击该按钮，系统默认的父视图是上一步添加的视图。
- 铰链线：指定铰链线（铰链线垂直于投影方向）。"矢量选项"下拉列表用于选择铰链线的指定方式，"自动判断"选项为系统默认，铰链线可以在任意方向，如图 9-16 所示。选择"已定义"选项后，系统提供"矢量构造器"，用于指定铰链线的具体方向。若选中"反转投影方向"复选框，则将投影方向变成反向。
- 视图原点：与创建基本视图的设置相同，这里就不再赘述了。

图 9-15 "投影视图"对话框

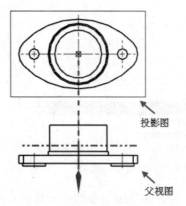

图 9-16 "投影"效果图

9.3.3 局部放大图

"局部放大图"是指将模型的局部结构按一定比例进行放大,以满足放大清晰和后续标注注释需要。其主要用于表达模型上的细小结构或在视图上由于过小难以标注尺寸的模型,如退刀槽、键槽、密封圈槽等细小部位。

从任意主视图产生局部放大图,在视图模式下选择"插入"→"视图"→"局部放大图"命令,或者单击"图纸布局"命令面板中的"局部放大图" 按钮,弹出"局部放大图"对话框,如图 9-17 所示。

- 类型:用于指定父视图上放置的标签形状。系统提供了 3 种形状:圆形、按拐角绘制矩形和按中心和拐角绘制矩形,如图 9-18 所示。
- 边界:用于在父视图上指定要放大的区域边界。边界的选择可以通过两个点来确定局部放大的视图边界;创建点的方式可以通过点构造器来实现,如图 9-19 所示。

图 9-17 "局部放大图"对话框

图 9-18 "类型"选项　　　　　　　图 9-19 "边界"选项

- 父视图：用来确定局部放大视图的参考图。用户可以通过单击"选择视图" 按钮进行父视图的选择，如图 9-20 所示。

图 9-20 "父视图"选项组

- 原点：与基本视图中的"视图原点"设置方式基本相同。
- 比例：用于设置放大图的比例，如图 9-21 所示。
- 父项上的标签：用于指定父视图上放置的标签形式。系统提供了 6 种"标签"形式，如图 9-22 所示。局部放大图最终效果如图 9-23 所示。

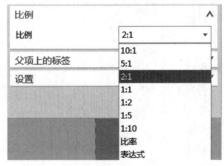　　

图 9-21 "比例"选项　　　　　　　图 9-22 "父项上的标签"选项组

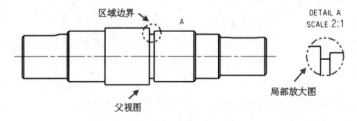

图 9-23 局部放大效果

9.3.4 剖视图

"剖视图"是指通过不同的切割平面去分割部件，观看一个部件的内侧。通常用于特征模型内部的结构比较复杂，则在工程图创建过程中会出现较多的虚线，致使图纸的表达不清晰，往往会给看图和标注尺寸带来困难。此时，需要绘制剖视图，以便更清晰、更准确地表达特征模型内部的详细结构。

单击"菜单"按钮，选择"插入"→"视图"→"剖视图"命令，或者单击"视图"面板中的"剖视图"按钮，弹出"剖视图"对话框，如图9-24所示。

如图9-25所示的"剖视图"对话框中包括了简单剖/阶梯剖、半剖、旋转和点到点4种剖视方法，下面分别对这几种方法进行介绍。

图9-24 "剖视图"对话框

图9-25 剖视方法

（1）简单剖/阶梯剖

通过一个单一的切割平面去分割物体，观看部件的内侧，这种方法一般为简单剖视。选择"简单剖/阶梯剖"后，如图9-26所示为出现的剖视箭头。

单击想剖视的位置，然后在视图上定义剖切的位置，即向上、下、左、右、左上、左下、右上、右下8个方向移动鼠标，即可创建不同的剖视图。如图9-27所示为创建好的简单剖视图。

（2）半剖

半剖视图是指当特征模型具有对称平面时，向垂直于对称平面的投影面上投影所得的视图。可以利用"半剖视图"功能，以对称中心为边界将视图的一半绘制成剖视图。

要创建半剖视图，在"方法"下拉列表中选择"半剖"选项，如图 9-28 所示，然后在绘图区域选择要进行半剖视图的父视图，并利用失量功能指定铰链线（铰链线的指定方法与剖视图相同），接着在父视图上指定要剖切的位置，指定折弯处，最后拖动鼠标将半剖视图放置到图纸的理想位置即可，如图 9-29 所示。

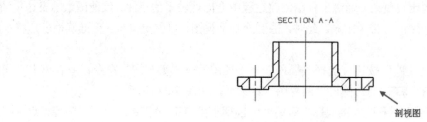

图 9-27 简单剖视图

图 9-26 剖视箭头

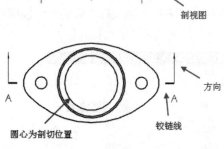

图 9-28 "剖视图"对话框

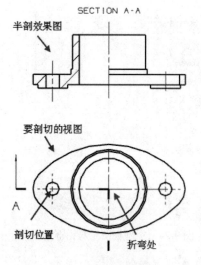

图 9-29 半剖视图

（3）旋转

旋转剖视图是指用两个成角度的剖切面剖开特征模型，以表达其内部形状的视图。

在"方法"下拉列表中选择"旋转"选项，如图 9-30 所示。旋转剖视图的创建方式与剖视图类似，只是在指定剖切平面的位置时，需要先指定旋转点，然后指定第一剖切面位置和第二剖切面位置。完成剖切面的指定后，拖动鼠标将剖视图放置在适当的位置即可，效果如图 9-31 所示。

图 9-30 "剖视图"对话框

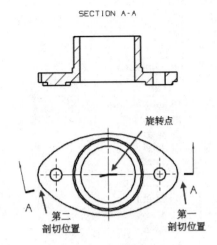
图 9-31 旋转剖视图

9.3.5 局部剖视图

局部剖视图是指用剖切面局部剖开特征模型所得到的视图，通常使用局部剖视图表达零件内部的局部特征。局部剖视图与其他剖视图不同，局部剖视图是从现有的视图中产生，而不是生成新的剖视图。

单击"菜单"按钮，选择"插入"→"视图"→"局部剖"命令，或者单击"主页"面板中的"局部剖"按钮 ，弹出"局部剖"对话框，如图 9-32 所示。当选择要剖切的视图后，系统弹出如图 9-33 所示的对话框。

图 9-32 "局部剖"对话框

图 9-33 "局部剖"对话框

（1）进入扩大

在做局部剖视图前，需要对要剖切的视图绘制好剖切边界线，而绘制剖切边界线必须进入扩大环境下。具体操作是：

将光标放在视图边框以内右击，在弹出的快捷菜单中选择"扩大"命令，如图 9-34 所示。此时进入"扩大"环境。

（2）绘制剖切边界线

进入"扩大"环境后，单击"菜单"按钮，选择"插入"→"曲线"→"艺术样条"命令，弹出如图 9-35 所示的"艺术样条"对话框,选中"封闭"复选框,绘制如图 9-36 所示的样条曲线。

图 9-34　选择"扩大"命令　　　　　　　图 9-35　"艺术样条"对话框

 样条曲线要绘制在视图边框以内。

单击"确定"按钮。将光标放在视图边框内右击,在弹出的快捷菜单中选择"扩大"命令,退出"扩大"环境,如图 9-37 所示。

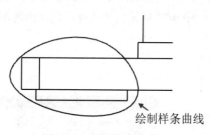

图 9-36　绘制样条曲线　　　　　　　图 9-37　退出"扩大"环境

(3)选择视图

打开"局部剖"对话框,"选择视图"按钮被自动激活,此时可在绘图区中选择以建立局部剖视图边界的视图,如图 9-38 所示。

(4)指定基点

基点是用于指定剖切位置的点,选择视图后"指定基点"按钮被自动激活。此时可选择一点来指定局部剖视图的剖切位置。

(5)指出拉伸矢量

指定"基点"位置后,对话框中的"指出拉伸矢量"按钮被自动激活,此时绘图工作区会显示默认的投影方向,可以接受默认方向,也可利用矢量功能指定其他方向作为投影方向,如果想反向方向。可单击"矢量反向"按钮使之反向,如图 9-39 所示。

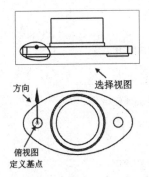

图 9-38 选择视图和指定基点

图 9-39 "矢量反向"按钮

（6）选择曲线

曲线指的是局部剖视图中的剖切范围线。指定了剖切基点和矢量后，"选择曲线"按钮 被激活，此时可选择对话框中的"链"选项选择曲线，如图 9-40 所示。选择剖切边界符号要求，单击"确定"按钮后，系统会在选择的视图中生成局部剖视图，如图 9-41 所示。

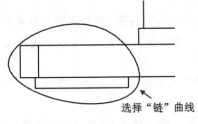

图 9-40 选择"链"曲线

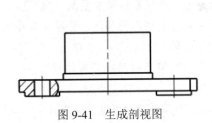

图 9-41 生成剖视图

9.4 编辑视图

在工程图中创建完各类视图后，当用户需要调整视图的位置、边界或显示等有关参数时，就需要用到编辑视图操作。下面来介绍编辑视图。

9.4.1 移动和复制视图

移动和复制视图是指选择一个视图作为参照，使其他视图以参照视图进行水平或竖直方向的移动或复制，二者都可以改变视图窗口中的位置。

 前者是将原视图直接移动到指定位置，可以在同文件下的另一张工程图上复制现有视图。而后者是在原视图的基础上新建一个副本，并将副本移动至指定位置。

单击"菜单"按钮，选择"编辑"→"视图"→"移动/复制"命令，弹出如图 9-42 所示的对话框。

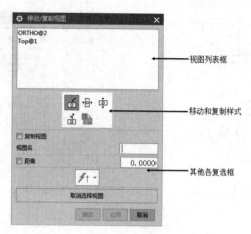

图 9-42 "移动/复制视图"对话框

该对话框中主要选项的功能及含义如下。

- 视图列表框用于选择和显示当前绘图区中的视图。
- 至一点：选取要移动或复制的视图后，单击"至一点"按钮，该视图的一个虚拟线框将随着鼠标的移动而移动，当移动到合适的位置后，单击鼠标左键，即可把视图移动或复制到该位置。
- 水平：选取要移动或复制的视图后，单击"水平"按钮，将沿水平方向移动或复制该视图。
- 垂直：选取要移动或复制的视图后，单击"垂直"按钮，将沿垂直方向移动或复制该视图。
- 垂直于直线：选取要移动或复制的视图后，单击"垂直于直线"按钮，此时将沿垂直于一条直线的方向移动或复制该视图。
- 复制视图：该复选框用于选择和移动视图。
- 视图名：该文本框用于编辑视图的名称。
- 距离：该复选框用于输入距离，来控制移动和复制视图的位置。如图 9-43 所示就是沿垂直方向移动视图 15mm，最终效果如图 9-44 所示。
- 取消选择视图：用于取消已选择的视图。

图 9-43 设置移动距离

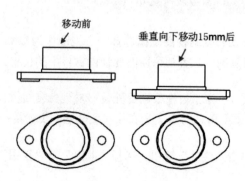

图 9-44 "垂直"移动效果

9.4.2 对齐视图

对齐视图是指在工程图中将不同的实体按照用户所需的要求对齐，其中一个为静止视图，与之对齐的视图称之为对齐视图。对齐视图选择一个视图作为参照，使其他视图以参照视图进行水平或竖直方向的对齐。

对齐视图也可以直接选择视图对象，按住鼠标左键不放并拖动来实现，如图 9-45 所示。

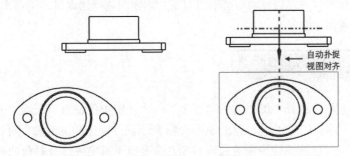

图 9-45　拖动视图自动对齐

单击"菜单"按钮，选择"编辑"→"视图"→"对齐视图"命令，进入"对齐视图"对话框。下面对各个选项进行说明。

1．对齐方式

用于确定视图的对齐方式。系统提供了以下 5 种视图对齐的方式。

- 叠加：设置各视图的基准点进行重合对齐。
- 水平的：设置各视图的基准点进行水平对齐。
- 竖直的：设置各视图的基准点进行垂直对齐，如图 9-46 和图 9-47 所示。
- 垂直于直线：设置各视图的基准点垂直某一直线对齐。
- 自动判断：根据选择的基准点不同，利用自动推断方式对齐视图。

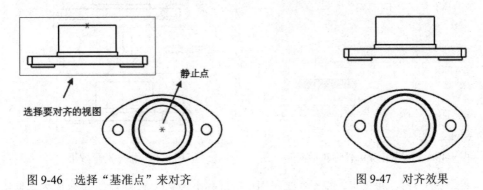

图 9-46　选择"基准点"来对齐　　　　　　图 9-47　对齐效果

2．视图对齐选项

用于设置对齐时的基准点。基准点是视图对齐时的参考点，对齐基准点的选择方式有以下 3 种。

- 模型点：选择模型中的一点作为基准点。
- 视图中心：选择视图的中心点作为基准点。
- 点到点：在各对齐视图中分别指定对齐基准点，然后按指定的对齐方式进行对齐。

在对齐视图时，先要选择对齐的基准点方式，并用点创建功能选项或矢量功能选项在视图中指定一个点作为对齐视图的基准点。

在视图列表框或绘图工作区中选择要对齐的视图，再在对齐方式中选择一种视图的对齐方式。选择的视图会按所选的对齐方式自动与基准点对齐。当视图选择错误时，可单击"取消选择视图"按钮，取消选择的视图。

9.4.3 视图的相关编辑

单击"菜单"按钮，选择"编辑"→"视图"→"视图相关编辑"选项，或者在"视图"面板中单击"视图相关编辑"按钮，弹出如图9-48所示的"视图相关编辑"对话框。

应用该对话框，可以擦除视图中的几何对象及改变整个对象或部分对象的显示方式，也可取消在视图中所做的相关性编辑操作。

1. 添加编辑

用于选择要进行视图的编辑操作，系统提供了以下3种编辑操作方式。

- 擦除对象：用于擦除视图中选择的对象（如曲线、边和样条曲线等）。擦除对象不同于删除操作，擦除操作仅仅是将所选取的对象隐藏起来，不进行显示，如图9-49所示。但该选项无法擦除有尺寸标注的对象。

图9-48 "视图相关编辑"对话框

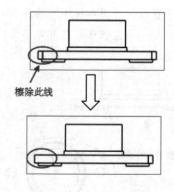

图9-49 擦除对象效果

- 编辑完全对象：用于编辑视图或工程图中所选整个对象的显示方式，编辑的内容包括颜色、线型和线宽，如图9-50和图9-51所示。

图 9-50 编辑完全对象方式

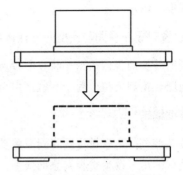

图 9-51 编辑完全对象效果

- 编辑对象段：用于编辑视图中所选对象的某个片断的显示方式，编辑的内容包括颜色、线型和线宽，如图 9-52 所示。

选择该方式后，先设置对象的颜色、线型和线宽选项，单击"应用"按钮，接着选择要编辑的对象，并选择该对象的一个或两个边界点，单击"确定"按钮，则所选对象在指定边界点内的部分会按指定颜色、线型和线宽进行显示（编辑选取的对象的线型为不可见），如图 9-53 所示。

图 9-52 编辑对象段方式

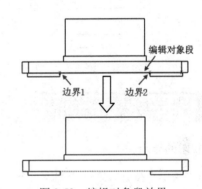

图 9-53 编辑对象段效果

2．删除编辑

用于删除前面所做的某些编辑操作，系统提供了以下 3 种删除编辑操作的方式。

- 删除选择的擦除：用于删除前面所做的擦除操作，使先前擦除的对象重新显示出来。
- 删除选择的修改：用于删除所选视图先前进行的某些编辑操作，使先前编辑的对象回到原来的显示状态。
- 删除所有修改：用于删除所选视图先前进行的所有编辑操作，所有对象全部回到原来的显示状态，如图 9-54 所示。

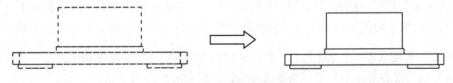

图 9-54 删除虚线显示

3．转换相依性

用于设置对象在视图与模型间进行转换。

- 模型转换到视图：用于将模型中所选的单独对象转换到视图中。
- 视图转换到模型：用于将视图中所选的单独对象转换到模型中。

4．线框编辑

- 线条颜色：用于改变选择对象的颜色。
- 线型：用于改变选择对象的线型，系统提供了9种线型，如图9-55所示。
- 线宽：用于改变几何对象的线宽，系统提供了多种线宽类型，如图9-56所示。

当要进行视图相关编辑操作时，应先在视图列表框或绘图工作区中选择某个视图，再单击相关的编辑方式按钮，最后选择要编辑的对象。

图9-55 "线型"类型

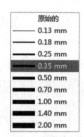

图9-56 "线宽"类型

9.4.4 显示与更新视图

1．视图的显示

单击"菜单"按钮，选择"视图"→"显示图纸页"命令，弹出"图纸页显示"对话框，单击"确定"按钮，视图会在对象的二维模型与三维工程图之间进行切换，以便于实体模型与工程图之间的对比观察和操作，如图9-57所示。

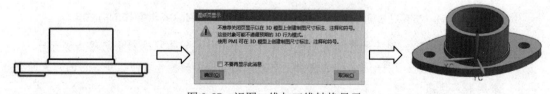

图9-57 视图二维与三维转换显示

2．视图的更新

单击"菜单"按钮，选择"编辑"→"视图"→"更新视图"命令，可以更新绘图工作区中的视图。系统将弹出如图9-58所示的"更新视图"对话框，该对话框用于选择要更新的视图。

- 视图：该选项组用于选择视图。选择视图的方式有很多种，既可在视图列表框中选择；也可在绘图工作区中利用鼠标直接选择视图，如图9-59所示。

在选择视图时,可以单击鼠标左键选择单个视图,也可利用拖动鼠标的方式,或者按住 Ctrl 键再单击鼠标的方式选取多个视图。

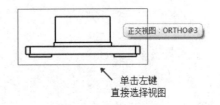

图 9-58 "更新视图"对话框　　　　图 9-59 直接选择视图

- 选择所有过时视图:用于选择工程图中的过时视图,单击"确定"按钮,更新视图。
- 选择所有过时自动更新视图:用于自动更新工程图中的过时视图。
- 视图列表:显示图纸中的所有视图,并自动选择所有过期视图。

选中"显示图纸中的所有视图"复选框时,列表框中列出选取的所有过时视图;反之,将不显示过时视图,用户要手动选择需要更新的过时视图。

 9.5　尺寸标注与注视

当工程图的各种视图能清楚地表达模型的信息后,需要对视图进行添加各种使用符号、进行尺寸标注、各种注释等制图对象的操作。对工程图进行标注后,才可完整地表达出零部件的尺寸、形位公差和表面粗糙度等重要信息。

9.5.1　尺寸标注

尺寸标注用于标识对象的尺寸大小。由于 NX 工程图模块与三维实体造型模块是完全关联的,因此在工程图中进行标注尺寸就是直接引用三维模型真实的尺寸,具有实际的含义,进而无法像二维软件中的尺寸一样可以进行改动。如果要改动零件中的某个尺寸参数,则需要在三维实体中修改。

如果三维模型被修改,工程图中的相应尺寸会自动更新,从而保证工程图与模型的一致性。本节主要介绍尺寸标注的设置和操作方法。

单击"菜单"按钮,选择"插入"→"尺寸"子菜单中的各尺寸选项命令,或者单击"尺寸"命令面板(如图 9-60 所示)中相应的按钮,将弹出如图 9-61 所示的"快速尺寸"对话框,即可对工程图进行尺寸标注。

图 9-60 "尺寸"命令面板

图 9-61 "快速尺寸"对话框

9.5.2 插入中心线

选择"插入"→"中心线"命令,弹出"中心线"子菜单,如图 9-62 所示。

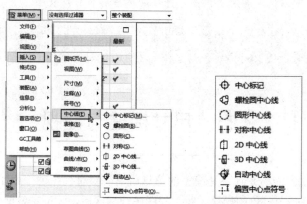

图 9-62 "中心线"子菜单

- 中心标记:用于创建同一直线上分布的中心线,如图 9-63 所示。其中,孔的圆心必须共线。
- 螺栓圆中心线:适合圆周阵列分布的孔。依次选择要标注的小圆,中心线过点或弧的圆心。

 当选中"整圆"复选框时将形成完整的螺栓圆中心线;反之,为局部螺栓圆中心线,如图 9-64、图 9-65 所示。

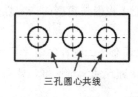

图 9-63 中心标记

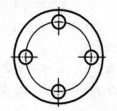

图 9-64 整圆螺栓圆中心线

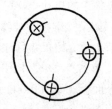

图 9-65 局部螺栓圆中心线

- 圆形中心线：用于创建完整或不完整的中心线，显示不含十字形，如图9-66所示。
- 对称中心线：适合于对称图形，标注此符号，只能画出视图的一部分，如图9-67所示。

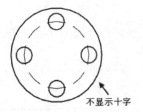

图9-66　圆形中心线

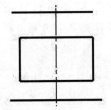

图9-67　对称中心线

- 2D中心线：适合矩形类中心线的标注，如图9-68所示。
- 3D中心线：适合圆柱类中心线的标注。选择要标注的圆柱面，在箭头位置按住鼠标左键并拖动，可以改变中心线的长度，如图9-69所示。

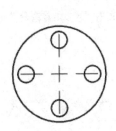

图9-68　2D中心线

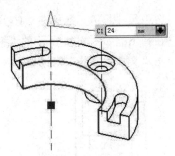

图9-69　3D中心线

- 自动中心线：适用于在指定的视图上自动标注中心线，只要直接指定视图即可，如图9-70所示。

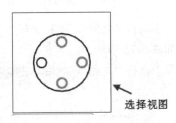

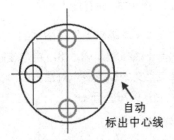

图9-70　自动标出中心线

9.5.3　文本注释

文本注释主要用于对图纸相关内容进一步说明。例如某特征部分的具体要求、标题栏中有关文本、技术要求等。

执行"插入"→"注释"命令，进入"注释"对话框。

要生成一段文本标注和注释标注，一般执行如下步骤：

1. 文本标注

步骤01 在文本编辑框中输入文字，在输入文字前先要指定字体和字高，这里选择字体为"宋体"、字高为1，如图9-71所示。

步骤02 文字输入完成后，移动鼠标确定文本位置，完成标注如图9-72所示。

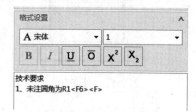

图9-71 输入文字

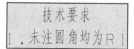

图9-72 最终效果

2. 尺寸注释标注

步骤01 选中尺寸，将光标放在ϕ16尺寸上进行双击，如图9-73所示。

步骤02 在弹出的如图9-74所示的"编辑尺寸"命令面板上单击"文本编辑器"按钮 **A**，弹出"文本编辑器"对话框。

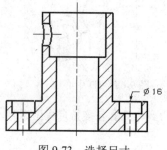

图9-73 选择尺寸

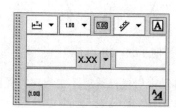

图9-74 "编辑尺寸"命令面板

步骤03 在"文本编辑器"对话框的"文本位置"中选择"之前"，然后展开"符号"选项组，单击 ϕ 按钮，输入8，再单击 按钮，如图9-75所示。

步骤04 在"文本编辑器"对话框的"文本位置"中选择"之后"，然后单击 按钮，输入8，如图9-76所示。

图9-75 选择"之前"

图9-76 选择"之后"

步骤05 单击"确定"按钮，即可得到如图9-77所示的标注。

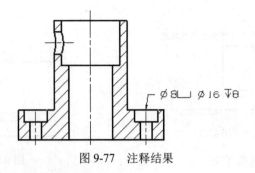

图 9-77 注释结果

9.5.4 插入表面粗糙度符号

要想标注出符合 GB 的粗糙度标注符号，应当在启动 NX 之前设置相应的环境变量值。在 NX 10.0 的安装目录中找到"\NXII\NXii_env_NX"文件，利用记事本打开该文件。

利用菜单中的"编辑"→"查找"功能，找到"NXII_SURFACE_FINISH"选项，将"NXII_SURFACE_FINISH=OFF"修改为"NXII_SURFACE_FINISH=ON"，并保存文件。

启动 NX 10.0 软件，单击"菜单"按钮，在"插入"→"注释"子菜单中出现了"表面粗糙度符号"选项，选择该命令，弹出"表面粗糙度符号"对话框。

1．原点

"原点"即指定粗糙度的起始放置位置，如图 9-78 所示。粗糙度符号可以放在屏幕上的任意位置，一般只需要直接在绘图区域的空白处单击左键即可。

2．指引线

"指引线"即指定粗糙度的终止放置位置，如图 9-79 所示。粗糙度符号与模型和尺寸相关，它们可以放置在边的延伸线上、零件的边上、尺寸线上，如图 9-80 所示。

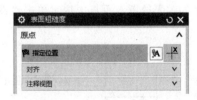

图 9-78 "原点"选项组

图 9-79 "指引线"选项组

选中"带折线创建"复选框，可创建有折线的指引线。"样式"选项组用于设置箭头的样式、短划线的长度等，一般选择封闭的箭头，效果如图 9-81 所示。

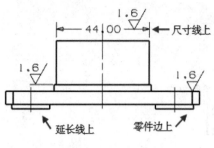

图 9-80 放置方式

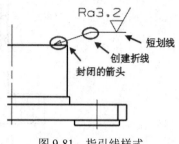

图 9-81 指引线样式

3．属性

粗糙度符号如图 9-82 所示，共 9 种，其中 ∀ 和 ∀ 两种符号是国标中最常用的。选择"属性"后，输入粗糙度值。一般仅标注 a2 位置的粗糙度值，如图 9-83 所示，在"下部文平（a2）"中直接输入或单击下拉按钮 ▾ 选择粗糙度值，最终效果如图 9-84 所示。

图 9-82 粗糙度符号

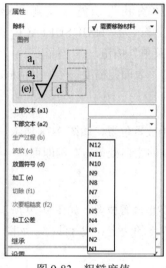

图 9-83 粗糙度值

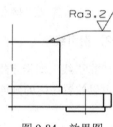

图 9-84 效果图

4．设置

设置粗糙度的符号方位，如图 9-85 所示。系统默认为水平放置，垂直放置时单击"设置"选项，在"角度"中输入需要的数值，如图 9-86 所示。

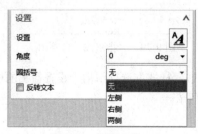

图 9-85 设置方位

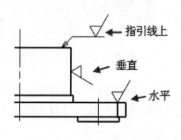

图 9-86 各方位效果

9.5.5 形位公差标注

形位公差的标注是将几何、尺寸和公差符号组合在一起的符号。要生成一个形位公差符号，可执行如下步骤：

1. 创建基准

步骤01 单击"注释"命令面板中的"基准特征符号"按钮，或者单击"菜单"按钮，选择"注释"→"基准特征符号"命令，弹出"基准特征符号"对话框，参数设置如图 9-87 所示。

步骤02 指定基准面/边。在对话框中单击按钮，选择如图 9-88 所示的直线。

步骤03 放置基准标识符。移动鼠标，待符号放到适当位置后单击，如图 9-88 所示。

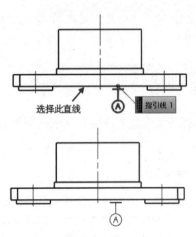

图 9-87　设置基准参数　　　　图 9-88　创建标识符

2. 创建形位公差

步骤01 单击"注释"命令面板中的按钮，或者单击"菜单"按钮，选择"插入"→"特征控制框"命令，弹出"特征控制框"对话框，如图 9-89 所示。

步骤02 指定要标注形位公差的终止对象。在对话框中单击按钮，选择尺寸线的端点。

步骤03 在"类型"下拉列表中选择"普通"选项，在"特性"下拉列表中选择"垂直度"选项，在"框样式"下拉列表中选择"单框"选项，在"公差"文本框中输入 0.01，在"第一基准参考"下拉列表中选择 A。

步骤04 按住鼠标左键不放并拖动，确定标注位置后单击，效果如图 9-90 所示。

图 9-89 "特征控制框"对话框

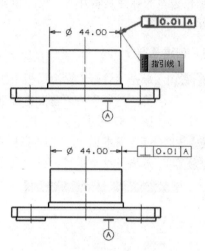

图 9-90 创建特征控制框

9.5.6 创建表格

在制图环境下建立表格并显示在图纸上,特别适用于相似零件的尺寸标注和视图,创建方法如下:

1. 创建表格

步骤 01 单击"菜单"按钮,选择"插入"→"表格"→"表格注释"命令,系统弹出如图 9-91 所示的对话框。利用光标将表格定位到工程图合适的位置,将出现如图 9-92 所示的一个空白表格。

图 9-91 "表格注释"对话框

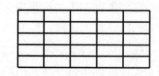

图 9-92 生成表格

步骤 02 在表格上移动光标,根据需要选择单元格、行或列,操作类似于 Excel 程序,可对行、列的高度、宽度进行改变。单击鼠标右键,弹出如图 9-93 所示的快捷菜单,可以对表格进行导入、设置、删除等操作。

步骤 03　双击单元格，在弹出的文本框中输入文字，完成表格注释操作，如图 9-94 所示。

图 9-93　编辑表格　　　　　　　　　图 9-94　注释表格

2．表格编辑

步骤 01　表格的移动。移动鼠标至表格左上角，待出现一个小方框，按住鼠标左键拖动至合适的位置。

步骤 02　表格内容的修改。需要修改表格内容，只要直接双击该单元格即可进行修改。

9.5.7　创建装配序列号（符号标注）

符号标注多用来表示装配图零件引出序号。在"注释"命令面板中单击 按钮，或者单击"菜单"按钮，选择"插入"→"符号"→"符号标注"命令，打开"符号标注"对话框，如图 9-95 所示。

- 类型：提供各种符号标注，系统提供了 11 种符号类型，如图 9-96 所示。
- 原点：指定符号标注的终止位置，一般在空白处单击即可。
- 指引线：单击 下拉按钮，弹出下拉列表，系统提供了 4 种引线形式，如图 9-97 所示。
- 文本：指输入符号标注内的字符，如图 9-98 所示输入 A。
- 设置：指定符号标注的大小和字体类型等参数，设置大小为 10。最终效果如图 9-99 所示。

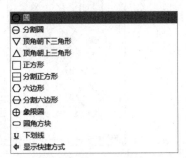

图 9-95　"符号标注"对话框　　　　　图 9-96　符号类型

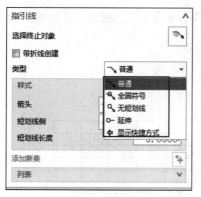

图 9-97 指引线形式

图 9-98 设置参数

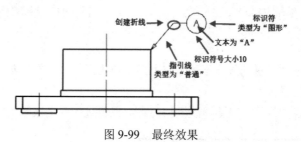

图 9-99 最终效果

 9.6 工程图实战演练

通过对前面知识的学习，读者应对 NX 10.0 的工程图环境有了总体的了解，本节将介绍创建箱盖零件模型工程图的完整过程。

通过本实例的学习，读者将会对创建 NX 10.0 工程图的具体过程有更加深刻的理解，完成后的工程图如图 9-100 所示。

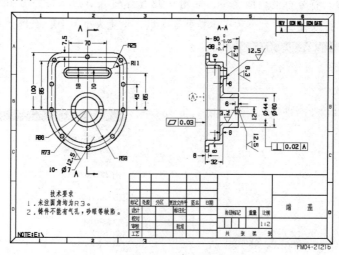

图 9-100 完整工程图

9.6.1 准备工作

步骤01 在桌面上双击 NX 10.0 的快捷方式，启动 NX 10.0 软件。

步骤02 单击"打开"按钮，或者单击"菜单"按钮，选择"文件"→"打开"命令，打开"打开"对话框，选择"素材文件\chapter09\后盖.prt"文件，单击"确定"按钮，进入建模环境。

9.6.2 创建图纸页和视图

步骤01 单击"应用模块"面板中的"制图"按钮，切入工程制图模块。单击"主页"面板中的"新建图纸页"按钮，弹出"图纸页"对话框，选中"大小"中的"使用模板"单选按钮，并选择"A2-无视图"，如图 9-101 所示。

步骤02 进入工程制图模块后，弹出"视图创建向导"对话框，单击"取消"按钮，关闭对话框。单击"菜单"按钮，选择"插入"→"视图"→"基本视图"命令，或者单击面板中的"基本视图"按钮，进入"基本视图"对话框。

步骤03 在对话框中选择已加载的"后盖.prt"文件（如图 9-102 所示），在"模型视图"选项组的"要使用的模型视图"中选择"俯视图"选项。

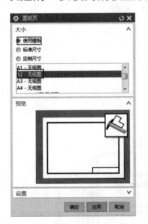

图 9-101　"图纸页"对话框

图 9-102　选择部件

步骤04 在"比例"选项组中，设置"比例"为 1:2（如图 9-103 所示），其他参数保持默认，单击"确定"按钮。在图纸区域选择合适的位置，单击鼠标中键，效果如图 9-104 所示。

图 9-103　设置参数

图 9-104　俯视图

步骤 05　单击"菜单"按钮,选择"插入"→"视图"→"剖视图"命令,或者单击"主页"面板中的"剖视图"按钮,弹出"剖视图"对话框。

步骤 06　在"定义"下拉列表中选择"动态"选项,在"方法"下拉列表中选择"简单剖/阶梯剖"选项,其余按照默认设置,如图 9-105 所示。

步骤 07　定义铰链线。选择俯视图的凸台圆心为中心,旋转铰链线到竖直方位(如图 9-106 所示),选择要放置的位置后,单击鼠标左键即可生成剖视图,效果如图 9-107 所示。完成操作后单击对话框中的"关闭"按钮。

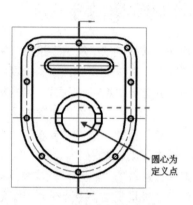
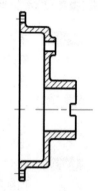

图 9-105　"剖视图"对话框　　　　图 9-106　定义铰链线　　　　图 9-107　生成剖视图

9.6.3　标注尺寸

步骤 01　基本尺寸标注。单击"菜单"按钮,在"插入"→"尺寸"子菜单中选择"线性"、"径向"尺寸标注方式,进行合理的尺寸标注,如图 9-108 所示。

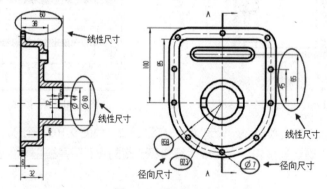

图 9-108　标注尺寸

步骤 02　标注公差。双击水平尺寸为 60 的标注,弹出设置公差的对话框,在"值"选项区设置单项负公差,精度为 2,如图 9-109 所示。

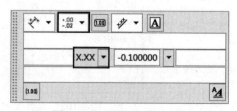

图 9-109　设置单项负公差

9.6.4 标注形位公差符号

步骤 01 单击"菜单"按钮,选择"插入"→"注释"→"特征控制框"命令,或者单击 按钮,在弹出的"特征控制框"对话框中展开"指引线"选项组。

步骤 02 单击"选择终止对象"按钮 ,在孔尺寸为 44 的尺寸线上单击鼠标左键。在"框"选项组的"特性"下拉列表中选择"垂直度"选项,如图 9-110 和图 9-111 所示。

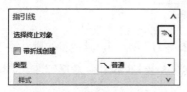

图 9-110 选择终止对象

图 9-111 选择"垂直度"选项

步骤 03 在"公差"文本框中输入 0.03,在"第一基准参考"下拉列表中选择 A(如图 9-112 所示),其他参数默认不变,单击"确定"按钮,最终效果如图 9-113 所示。其他形位公差的标注方法与之相同,在这里就不再赘述。

步骤 04 标注基准符号。单击"菜单"按钮,选择"插入"→"注释"→"基准特征符号"命令,或者单击 按钮打开"符号标注"对话框。

图 9-112 设置"公差"

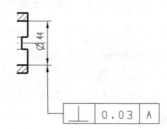

图 9-113 创建特征框

步骤 05 在对话框中单击"指引线"选项组中的"选择终止对象"按钮,选择剖视图的边为终止对象的放置位置,如图 9-114 所示。在"基准标识符"选项组的"字母"文本框中输入 A,其他参数默认不变,单击鼠标中键,生成基准符号,如图 9-115 所示。

图 9-114 创建基准符号

图 9-115 设置字母

步骤 06 标注表面粗糙度。单击"菜单"按钮,选择"插入"→"注释"→"表面粗糙度符号"命令,在"表面粗糙度符号"对话框中单击"指引线"选项组,选择剖视图水平尺寸为 60 的尺寸界线为终止对象的放置位置,在"属性"选项组中选择符号类型为"需要移除材料",在"下部文本(a2)"中输入 6.3,如图 9-116 所示。

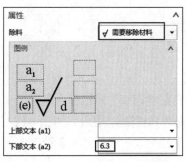

图 9-116　设置粗糙度参数

步骤 07 在"设置"选项组的"角度"中输入-90（如图 9-117 所示），其他参数默认不变。单击鼠标中键，即可生成粗糙度为 6.3 的标注，如图 9-118 所示。其他粗糙度值的标注方法相同，在这里就不再赘述。

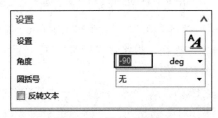

图 9-117　设置"角度"

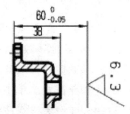

图 9-118　创建粗糙度

步骤 08 文本注释。单击"菜单"按钮，选择"插入"→"注释"→"注释"命令，或者单击 A 按钮打开"注释"对话框，在"文本输入"选项组中输入注释内容，如图 9-119 所示。在"设置"选项组下单击"样式" A 按钮，设置字体为" chinesef "（如图 9-120 所示），最后在绘图区中单击鼠标中键完成文本的注释。

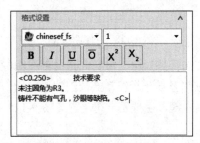

图 9-119　输入文本注释

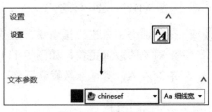

图 9-120　设置字体

9.6.5　视图编辑

步骤 01 标注注释。在绘图区域俯视图直径为 7 的尺寸上双击鼠标，弹出尺寸编辑对话框，单击"文本"按钮（如图 9-121 所示），弹出"附加文本"对话框。

步骤 02 在"文本位置"下拉列表中选择"之前"选项，在"格式设置"下输入 10-，其他参数默认不变，如图 9-122 所示。单击"确定"按钮，完成标注注释，如图 9-123 所示。

图 9-121 编辑文本

图 9-122 输入注释

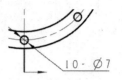

图 9-123 创建注释

步骤 03 最终完成的工程图如图 9-124 所示,保存工程图。

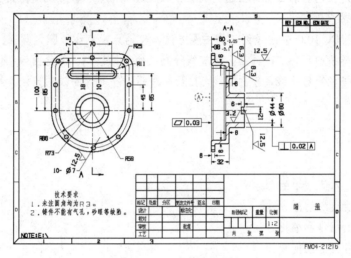

图 9-124 完整工程图

9.7 本章小结

本章主要介绍了工程图的基础知识、视图的操作和编辑功能,包括工程图参数设置、工程图和图幅管理、工程图设计过程中的各种标注方法等。

最后通过实例介绍了一般工程图的创建步骤。一个好的模型要在工程上加工实现,必须要有合理的标注,因此读者需要重点掌握本章介绍的知识点。

第 10 章 曲线建模

二维曲线是构建三维模型的基础。三维模型的建立一般都遵从点到线，线到面，面到体的一个过程。在 NX 中，三维实体模型的实现通常有三种方法：一是通过二维曲线进行创建；二是直接创建实体模型；三是在已有的目标体上进行特征建模。其中，第一种方式最为常见，因此，曲线建模的学习就显得非常重要。

本章主要介绍 NX 10.0 中曲线创建的主要方法，包括点、直线、圆、圆弧、矩形、多边形等基本曲线的绘制；样条曲线、二次曲线、螺旋线等高级曲线的绘制；偏置曲线、投影曲线、镜像曲线等操作曲线的方法；修剪曲线、分割曲线、拉长曲线等一些编辑曲线的方法。最后列举了两个曲线建模的实例。

学习目标

- 熟练运用基本曲线中的命令
- 掌握特殊曲线的创建方法
- 掌握曲线的操作和编辑方法
- 综合运用各种方法创建曲线

10.1 基本曲线的创建

基本曲线主要包括点、直线、圆、圆弧、矩形、正多边形等，在曲线建模中，这些曲线是最常见、最有用的曲线，下面对这些曲线进行详细地讲解。

10.1.1 点的创建

点是建模中最基本的元素，无论多么复杂的模型，都是由点组成的。在 NX 中，在指定点或创建点时（单击"菜单"按钮，选择"插入"→"基准/点"→"点"命令），都会弹出如图 10-1 所示的"点"对话框，"点"对话框通常称为点构造器。

点构造器通常有两种方法创建点，分别是通过捕捉特征和通过坐标设置。捕捉特征是指在模型中捕捉圆心、端点、中点、交点等一些现有的特征点；坐标设置是通过指定将要创建点的坐标来创建点。

在"点"对话框的"类型"选项组中选择捕捉类型,然后在图形区中选择相应的对象,在"点"对话框的"输出坐标"选项组中输入 X、Y、Z 方向的坐标值。

10.1.2 直线的创建

直线是指在两点或两对象之间创建直线。在 NX 10.0 中,单击"菜单"按钮,选择"插入"→"曲线"→"直线"命令,弹出如图 10-2 所示的"直线"对话框。

 直线在空间中的位置由它经过的位置及它的一个方向向量来确定。

创建直线的方法有很多种,下面讲解一下创建直线的 4 种典型方法:直线(点-点)、直线(点-XYZ)、直线(点-平行)和直线(点-相切)。

图 10-1 "点"对话框

图 10-2 "直线"对话框

1. "直线(点-点)"的创建

"直线(点-点)"是指通过两点创建直线。

单击"菜单"按钮,选择"插入"→"曲线"→"直线和圆弧"→"直线(点-点)"命令,弹出"直线(点-点)"对话框,然后在工作区选择直线的起点与终点或者输入起点与终点的坐标。这样就完成了"直线(点-点)"的创建,创建过程如图 10-3 所示。

(a)"直线(点-点)"对话框

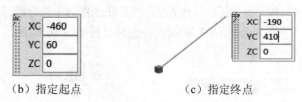

(b) 指定起点　　　　　　(c) 指定终点

图 10-3 "直线(点-点)"创建过程

2. "直线(点-XYZ)"的创建

"直线(点-XYZ)"是指通过指定一点为直线的起点,然后选择 XC、YC、ZC 坐标轴中的任意方向作为直线的延伸方向,最后给定直线的长度。

单击"菜单"按钮,选择"插入"→"曲线"→"直线和圆弧"→"直线(点-XYZ)"命令,弹出"直线(点-XYZ)"对话框,然后在工作区中指定起点位置,选择直线的延伸方向,给定直线的长度。这样就完成了"直线(点-XYZ)"的创建,创建过程如图10-4所示。

 注意创建直线过程当中直线方向的选取。

(a)"直线(点-XYZ)"对话框　　　　(b)指定起点　　　　(c)指定直线方向和长度

图10-4　"直线(点-XYZ)"创建过程

3. "直线(点-平行)"的创建

"直线(点-平行)"是指通过指定一点为直线的起点,然后选择与已存在的参考线平行,最后给定直线的长度。

单击"菜单"按钮,选择"插入"→"曲线"→"直线和圆弧"→"直线(点-平行)"命令,弹出"直线(点-平行)"对话框,然后在工作区中指定起点位置,选择已存在的直线作为平行参照,给定直线的长度。这样就完成了"直线(点-平行)"的创建,创建过程如图10-5所示。

 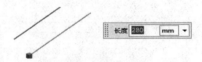

(a)"直线(点-平行)"对话框　　　　(b)指定起点　　　　(c)指定平行直线和直线长度

图10-5　"直线(点-平行)"创建过程

4. "直线(点-相切)"的创建

"直线(点-相切)"是指通过指定一点为直线的起点,然后选择一圆或圆弧,在起点与切点间创建直线。

单击"菜单"按钮,选择"插入"→"曲线"→"直线和圆弧"→"直线(点-相切)"命令,弹出"直线(点-相切)"对话框,然后在工作区中指定起点位置,选择已存在圆或圆弧。这样就完成了"直线(点-相切)"的创建,创建过程如图10-6所示。

(a)"直线(点-相切)"对话框　　　　(b)指定起点　　　　(c)指定相切圆或圆弧

图10-6　"直线(点-相切)"创建过程

10.1.3 圆的创建

圆是建模中比较经典和常用的基本曲线,由它可以生成球、圆柱、圆台等三维模型。在 NX 10.0 中,单击"菜单"按钮,选择"插入"→"曲线"→"圆弧/圆"命令,弹出如图 10-7 所示的"圆弧/圆"对话框。

图 10-7 "圆弧/圆"对话框

下面讲解一下创建圆的 5 种典型方法:圆(点-点-点)、圆(点-点-相切)、圆(相切-相切-半径)、圆(圆心-半径)和圆(圆心-相切)。

1. "圆(点-点-点)"的创建

"圆(点-点-点)"是指通过指定三个点来确定圆。

单击"菜单"按钮,选择"插入"→"曲线"→"直线和圆弧"→"圆(点-点-点)"命令,弹出"圆(点-点-点)"对话框,然后在工作区中依次指定起点、终点和中点的位置。这样就完成了"圆(点-点-点)"的创建,创建过程如图 10-8 所示。

 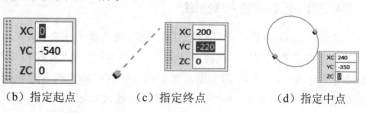

(a)"圆(点-点-点)"对话框　　(b)指定起点　　(c)指定终点　　(d)指定中点

图 10-8 "圆(点-点-点)"创建过程

> **技巧提示** 注意起点、终点及中点位置选取的顺序。

2. "圆（点-点-相切）"的创建

"圆（点-点-相切）"是指通过指定两个点并且指定一条与创建圆相切的直线或曲线来确定圆。

单击"菜单"按钮，选择"插入"→"曲线"→"直线和圆弧"→"圆（点-点-相切）"命令，弹出"圆（点-点-相切）"对话框，然后在工作区中指定起点、终点，最后指定与所创建圆相切的直线或曲线。这样就完成了"圆（点-点-相切）"的创建，创建过程如图 10-9 所示。

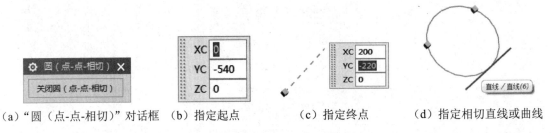

(a)"圆（点-点-相切）"对话框　(b) 指定起点　(c) 指定终点　(d) 指定相切直线或曲线

图 10-9　"圆（点-点-相切）"创建过程

3. "圆（相切-相切-半径）"的创建

"圆（相切-相切-半径）"是指通过指定两条与创建圆相切的直线或曲线及给定圆的半径来确定圆。

单击"菜单"按钮，选择"插入"→"曲线"→"直线和圆弧"→"圆（相切-相切-半径）"命令，弹出"圆（相切-相切-半径）"对话框，然后在工作区中选取两条与所要创建的圆相切的直线或曲线，最后输入创建圆的半径。这样就完成了"圆（相切-相切-半径）"的创建，创建过程如图 10-10 所示。

(a)"圆（相切-相切-半径）"对话框　(b) 指定相切直线或曲线　(c) 指定半径

图 10-10　"圆（相切-相切-半径）"创建过程

4. "圆（圆心-半径）"的创建

"圆（圆心-半径）"是指通过指定圆的圆心及半径来确定圆。

单击"菜单"按钮，选择"插入"→"曲线"→"直线和圆弧"→"圆（圆心-半径）"命令，弹出"圆（圆心-半径）"对话框，然后在工作区中给定或者选取圆心，最后给定创建圆的半径。这样就完成了"圆（圆心-半径）"的创建，创建过程如图 10-11 所示。

 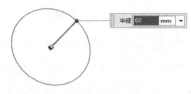

（a）"圆（圆心-半径）"对话框　　（b）指定圆心　　　　　　（c）指定半径

图 10-11　"圆（圆心-半径）"创建过程

5．"圆（圆心-相切）"的创建

"圆（圆心-相切）"是指通过指定圆的圆心及与创建圆相切的直线或曲线来确定圆。

单击"菜单"按钮，选择"插入"→"曲线"→"直线和圆弧"→"圆（圆心-相切）"命令，弹出"圆（圆心-相切）"对话框，然后在工作区中给定或者选取圆心，最后指定与创建圆相切的直线或曲线。这样就完成了"圆（圆心-相切）"的创建，创建过程如图 10-12 所示。

 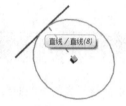

（a）"圆（圆心-相切）"对话框　　（b）指定圆心　　　　（c）指定相切的直线或曲线

图 10-12　"圆（圆心-相切）"创建过程

10.1.4　圆弧的创建

圆弧的创建方法与圆非常相似，它们的区别就是对于同一种创建方法，圆的创建是一个完整的圆，而圆弧只是指定的起点与终点或切点之间的一段圆弧。下面简单地介绍两种创建圆弧的方法。

1．"圆弧（点-点-点）"的创建

"圆弧（点-点-点）"是指通过指定 3 个点来确定圆弧。单击"菜单"按钮，选择"插入"→"曲线"→"直线和圆弧"→"圆弧（点-点-点）"命令，弹出"圆弧（点-点-点）"对话框，然后在工作区中依次指定起点、终点和中点的位置。这样就完成了"圆弧（点-点-点）"的创建，创建过程如图 10-13 所示。

 起点、终点以及中点的位置要依次选取，顺序不能混乱。

 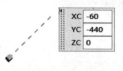 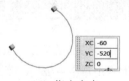

（a）"圆弧（点-点-点）"对话框　（b）指定起点　　（c）指定终点　　　（d）指定中点

图 10-13　"圆弧（点-点-点）"创建过程

2. "圆弧（相切-相切-相切）"的创建

"圆弧（相切-相切-相切）"指通过指定三条与所要创建圆弧相切的直线或曲线来确定圆弧。

单击"菜单"按钮，选择"插入"→"曲线"→"直线和圆弧"→"圆弧（相切-相切-相切）"命令，弹出"圆弧（相切-相切-相切）"对话框，然后在工作区中依次选中 3 条直线或曲线。这样就完成了"圆弧（相切-相切-相切）"的创建，创建过程如图 10-14 所示。

(a)"圆弧（相切-相切-相切）"对话框　　(b) 指定相切的直线　　(c) 指定相切的直线或曲线

图 10-14　"圆弧（相切-相切-相切）"创建过程

10.1.5　矩形的创建

矩形是一类常见的曲线，通过指定两对角点来创建。在 NX 10.0 中，单击"菜单"按钮，选择"插入"→"曲线"→"矩形"命令，弹出"点"对话框。利用点构造器，在工作区指定或输入两点即可生成矩形，创建过程如图 10-15 所示。

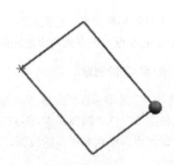

图 10-15　矩形创建过程

10.1.6　多边形的创建

多边形是指由三条或三条以上的线段首位顺次连接所组成的封闭图形。多边形分为规则多边形和不规则多边形。这里主要介绍规则正多边形的创建过程。

在 NX 10.0 中，单击"菜单"按钮，选择"插入"→"曲线"→"多边形"命令，弹出如图 10-16 所示的"多边形"对话框，在该对话框中可以设置所要创建多边形的边数。

单击"确定"按钮，弹出如图 10-17 所示的"多边形"对话框，该对话框中包含了 3 种创建正多边形的方式。

图 10-16 "多边形"对话框

图 10-17 "多边形"对话框

1．内切圆半径

"内切圆半径"是指通过内接圆来创建正多边形。

单击如图 10-17 所示对话框中的"内切圆半径"按钮，系统会弹出如图 10-18 所示的"多边形"对话框。

在该对话框中设置"内切圆半径"和"方位角"两个参数，单击"确定"按钮，弹出"点"对话框。然后在工作区中指定正多边形的中心点，单击"确定"按钮，即可创建正多边形。

图 10-18 "多边形"对话框

 需要利用"点"对话框在工作区中创建正多边形的中心点。

2．多边形边

"多边形边"是指通过设置多边形的边长来创建正多边形。

单击如图 10-17 所示对话框中的"多边形边"按钮，系统会弹出如图 10-19 所示的"多边形"对话框。

在该对话框中设置"侧"和"方位角"两个参数，单击"确定"按钮，弹出"点"对话框。然后在工作区中指定正多边形的中心点，单击"确定"按钮，即可创建正多边形。

3．外接圆半径

"外接圆半径"是指通过外接圆来创建正多边形。

单击如图 10-17 所示对话框中的"外接圆半径"按钮，系统会弹出如图 10-20 所示的"多边形"对话框。

图 10-19 "多边形"对话框

图 10-20 "多边形"对话框

在该对话框中设置"圆半径"和"方位角"两个参数，单击"确定"按钮，弹出"点"对话框。然后在工作区中指定正多边形的中心点，单击"确定"按钮，即可创建正多边形。

10.2 高级曲线的创建

对于简单的模型，通过一般曲线就可以建立其模型。但是在建立高级曲面或不规则形状的平面时，就得使用 NX 10.0 中提供的高级曲线来建立其模型。

本节主要介绍几种高级曲线的创建：椭圆、抛物线、双曲线、螺旋线和样条曲线。

10.2.1 椭圆的创建

椭圆是平面上到两定点的距离之和为常值的点的轨迹线。椭圆的创建是通过指定长短半轴及扫略体角度来确定的。

单击"菜单"按钮，选择"插入"→"曲线"→"椭圆"命令，弹出如图 10-21 所示的"点"对话框，在工作区中指定椭圆的中心后，弹出如图 10-22 所示的"椭圆"对话框。

图 10-21 "点"对话框

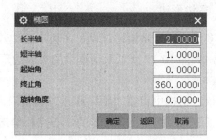

图 10-22 "椭圆"对话框

在"椭圆"对话框中，依次完成长半轴、短半轴、起始角、终止角和旋转角度的设置，这样就完成了椭圆的创建。

10.2.2 抛物线的创建

抛物线是指平面内到一个定点和一条定直线距离相等的点的轨迹。抛物线的创建是通过设置焦距长度和旋转角度来确定的。

单击"菜单"按钮，选择"插入"→"曲线"→"抛物线"命令，弹出如图 10-23 所示的"点"对话框，在工作区中指定抛物线的顶点，弹出如图 10-24 所示的"抛物线"对话框。

在"抛物线"对话框中，依次完成焦距、最小 DY、最大 DY 和旋转角度的设置，这样就完成了抛物线的创建。

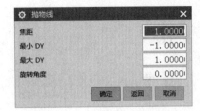

图 10-23 "点"对话框　　　　　图 10-24 "抛物线"对话框

10.2.3 双曲线的创建

双曲线是指与平面上两个定点的距离之差的绝对值为定值的点的轨迹线。双曲线的创建是通过设置虚半轴、实半轴和旋转角度来确定的。

单击"菜单"按钮，选择"插入"→"曲线"→"双曲线"命令，弹出如图 10-25 所示的"点"对话框，在工作区中指定双曲线的中心，弹出如图 10-26 所示的"双曲线"对话框。

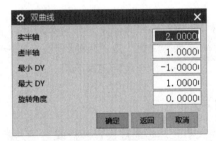

图 10-25 "点"对话框　　　　　图 10-26 "双曲线"对话框

在"双曲线"对话框中，依次完成实半轴、虚半轴、最小 DY、最大 DY 和旋转角度的设置，这样就完成了双曲线的创建。

10.2.4 螺旋线的创建

螺旋线是指一点沿圆柱或圆锥表面作螺旋运动的轨迹。螺旋线的创建是通过设置圈数、螺距、半径和旋转方向来确定的。

单击"菜单"按钮,选择"插入"→"曲线"→"螺旋线"命令,弹出如图10-27所示的"螺旋线"对话框。

1. 使用规律曲线

使用规律曲线是指通过规律曲线来控制半径,使得螺旋线的大小和螺距按照一定的规律变化。如图10-28所示为不同的规律类型,可通过单击"规律类型"右侧的下拉按钮▼来得到。

图10-27 "螺旋线"对话框

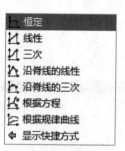

图10-28 规律类型

该对话框提供了7种变化规律方式来控制螺旋半径沿轴向方向的变化规律,即恒定、线性、三次、沿脊线的线性、沿脊线的三次、根据方程和根据规律曲线,用户可以根据需要选择合适的规律函数。

2. 大小

"大小"是指通过设置半径或直径为常数来创建螺旋线。设置后,螺旋线每圈之间的半径或直径值大小相同。

3. 旋转方向

螺旋线的旋转方向分为左旋和右旋。当把螺旋线立起来时,面对我们的螺旋线是一些斜线,如果这些斜线右边高就是右旋,左边高就是左旋。

4. 方向

"方向"用来指定螺旋线的延伸方向。

5．点构造器

"点构造器"用来构造螺旋形的起始点。

10.2.5 样条曲线的创建

样条曲线是指通过多项式方程和所设置的点来拟合曲线，其形状由这些点来控制。在 NX 10.0 中，样条曲线有两种类型：一般样条曲线和艺术样条曲线。

1．一般样条曲线

单击"菜单"按钮，选择"插入"→"曲线"→"样条"命令，弹出如图 10-29 所示的"样条"对话框。对话框中提供了 4 种方式创建一般样条曲线，分别是根据极点、通过点、拟合和垂直于平面，下面介绍前 3 种方式。

（1）根据极点

根据极点就是根据设置的极点来创建样条曲线，样条曲线通过两个端点，不通过中间的控制点。

单击如图 10-29 所示对话框中的"根据极点"按钮，弹出如图 10-30 所示的"根据极点生成样条"对话框。选择生成的样条"曲线类型"为"多段"，在"曲线阶次"文本框中输入曲线的阶次，单击"确定"按钮，根据"点"对话框在工作区中指定点，使其生成样条曲线，生成的样条曲线如图 10-31 所示。

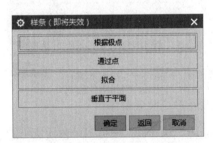

图 10-29 "样条"对话框

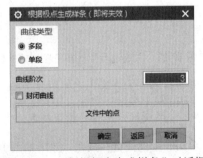

图 10-30 "根据极点生成样条"对话框

 通过调整极点位置及曲线阶次来达到理想的样条曲线。

（2）通过点

通过点是指通过设置样条曲线的各定义点，生成一条通过各点的样条曲线。

单击如图 10-29 所示对话框中的"通过点"按钮，弹出如图 10-32 所示的"通过点生成样条"对话框。通过点创建曲线和根据极点创建曲线的操作方法类似，区别是通过点创建曲线需要选择样条控制点的成链方式。通过点创建的样条曲线如图 10-33 所示。

图 10-31 "根据极点生成样条"创建的样条曲线

图 10-32 "通过点生成样条"对话框

（3）拟合

拟合是利用曲线拟合的方式确定样条曲线的各中间点，只精确地通过曲线的端点，对于其他点则在给定的误差范围内尽量接近。单击如图 10-29 所示对话框中的"拟合"按钮，弹出如图 10-34 所示的"样条"对话框。

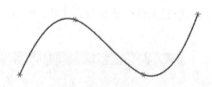

图 10-33 "通过点生成样条"创建的样条曲线

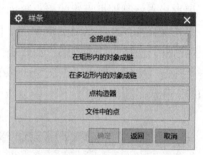

图 10-34 "样条"对话框

在"样条"对话框中，提供了 5 种选择或创建点的方法，下面逐一进行介绍。

- 全部成链：是指将指定的起点和终点间的点创建用于拟合样条曲线。

单击"全部成链"按钮，弹出如图 10-35 所示的"指定点"对话框。在模型中依次选择起点和终点，单击"确定"按钮，弹出如图 10-36 所示的"由拟合创建样条"对话框。

图 10-35 "指定点"对话框

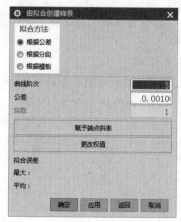

图 10-36 "由拟合创建样条"对话框

在"拟合"方法中可以选择根据公差、根据分段和根据模板进行拟合，当所有参数设置完毕后，单击"确定"按钮，即可完成样条曲线的创建。

- 在矩形内的对象成链：是指在指定的矩形内指定起点和终点，用这些点拟合样条曲线。

单击"在矩形内的对象成链"按钮，系统提示在工作区中利用光标框出一个矩形，以选择需要用来拟合的点，之后依次选择起点和终点，选择完毕后弹出如图10-36所示的"由拟合创建样条"对话框，设置方法在"全部成链"中已讲解，这里不再复述。

起点和终点的选择顺序不能颠倒。

- 在多边形内的对象成链：是指在指定的多边形内指定起点和终点，用这些点拟合样条曲线。

单击"在多边形内的对象成链"按钮，系统提示在工作区中利用光标框出一个多边形，以选择需要用来拟合的点，之后依次选择起点和终点，选择完毕后弹出如图10-36所示的"由拟合创建样条"对话框，设置方法在"全部成链"中已讲解，这里不再复述。

- 点构造器：是指通过点构造器创建一系列的点来拟合样条曲线。

单击"点构造器"按钮，弹出"点"对话框，然后在工作区中创建需要用来拟合样条的点，弹出如图10-36所示的"由拟合创建样条"对话框，设置方法在"全部成链"中已讲解，这里不再复述。

系统自动将创建的第一个点作为起点，最后创建的点作为终点

- 文件中的点：是指通过读取文件中的点来拟合样条曲线。

单击"文件中的点"按钮，选择文件路径，读入文件，系统弹出如图10-36所示的"由拟合创建样条"对话框，设置方法在"全部成链"中已讲解，这里不再复述。

2. 艺术样条曲线

"艺术样条曲线"是指创建关联或非关联的样条曲线，在创建过程中可以指定样条定义点的斜率，也可以拖动样条定义点。

单击"菜单"按钮，选择"插入"→"曲线"→"艺术样条"命令，弹出如图10-37所示的"艺术样条"对话框。该对话框包含了两种绘制艺术样条曲线的方式，分别是通过点和根据极点。

- "通过点"创建的样条通过所有点，定义点可以通过鼠标捕捉存在点，也可以利用鼠标直接定义点。
- "根据极点"是用极点来控制样条的创建，极点数至少需要比设置的阶次大1，否则会创建失败。

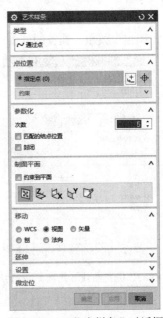

图10-37 "艺术样条"对话框

10.3 曲线的操作

前两节对基本曲线和高级曲线的创建做了详细地讲解，但是为了满足设计要求，需要对曲线进行一定的操作。

本节主要讲解曲线的操作功能，主要包括偏置曲线、投影曲线、镜像曲线、桥接曲线和连结曲线。

10.3.1 偏置曲线

偏置曲线指生成已存在曲线的偏移曲线，通过将指定曲线在指定方向上按指定的规律偏移指定的距离。

单击"菜单"按钮，选择"插入"→"派生曲线"→"偏置"命令，打开如图 10-38 所示的"偏置曲线"对话框，其中包含了 4 种偏置曲线的方式：距离、拔模、规律控制和 3D 轴向。

1. 距离

"距离"是指将父本曲线按照指定的距离和方向进行偏置。选择该选项，然后在"距离"和"副本数"文本框中分别输入偏移距离和产生偏移曲线的数量，在工作区中选择要偏移的父本曲线并设置偏移矢量方向，最后设置好其他参数，单击"确定"按钮。偏置的效果如图 10-39 所示。

图 10-38 "偏置曲线"对话框

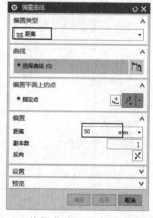

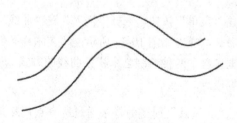

(a) "偏置曲线（距离）"对话框　　　　　　(b) "距离"偏置效果

图 10-39 利用"距离"偏置曲线

2. 拔模

"拔模"是指将父本曲线按照指定的拔模角偏置到与父本曲线距离为指定高度的平面上。

 拔模高度为原曲线所在平面和偏移后曲线所在平面的距离。拔模角度为偏移方向与原曲线所在平面法向之间的夹角。

选择该选项,在"高度"和"角度"文本框中输入拔模高度和拔模角度,在工作区中选择要偏移的父本曲线并设置偏移矢量方向,最后设置好其他参数,单击"确定"按钮。偏置的效果如图10-40所示。

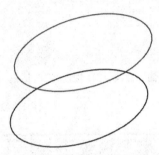

(a)"偏置曲线(拔模)"对话框　　　　　(b)"拔模"偏置效果

图10-40　利用"拔模"偏置曲线

3. 规律控制

"规律控制"是指按照规律控制偏置距离来偏置曲线。

选择该选项,在"规律类型"下拉列表中选择相应的规律控制方向类型,在工作区中选择要偏移的父本曲线并设置偏移矢量方向,最后设置好其他参数,单击"确定"按钮。偏置的效果如图10-41所示。

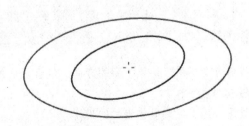

(a)"偏置曲线(规律控制)"对话框　　　　(b)"规律控制"偏置效果

图10-41　利用"规律控制"偏置曲线

4. 3D 轴向

"3D 轴向"是指按照空间中的一个三维偏置距离和偏置方向来偏置父本曲线。

选择该选项，在工作区中选择要偏移的父本曲线并设置偏移矢量方向，在"距离"文本框中输入偏置的距离，单击"确定"按钮。偏置的效果如图 10-42 所示。

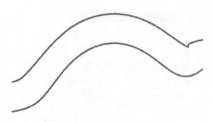

（a）"偏置曲线（3D 轴向）"对话框　　　　　（b）"3D 轴向"偏置效果

图 10-42　利用"3D 轴向"偏置曲线

10.3.2　投影曲线

"投影曲线"是指将曲线或点沿着某一方向投影到现有的平面或曲面上。在投影曲线时，可以指定投影方向、点或面的法线方向等。

单击"菜单"按钮，选择"插入"→"派生曲线"→"投影"命令，打开如图 10-43 所示的"投影曲线"对话框。

- 要投影的曲线或点：用于选择需要进行投影操作的对象，单击"选择曲线或点"，在工作区中选择需要投影的对象。
- 要投影的对象：用于选择对象或指定平面作为曲线投影的面，单击"选择对象"或"指定平面"，即可在工作区进行投影面或曲面的选择。

图 10-43　"投影曲线"对话框

　"选择对象"是选择实体零件的表面；"指定平面"多数指定的是坐标平面或坐标平面的偏置。

- 投影方向：用于设置投影的方向，包含沿面的法向、朝向点、朝向直线、沿矢量和与矢量所成的角 5 种。
- 设置：用于投影操作相关的设置。

在工作区中选择要投影的曲线，选择或建立曲线要投影的面并指定投影方向，单击"确定"按钮，即可完成投影曲线的创建，效果如图 10-44 所示。

（a）指定投影曲线和投影方向　　　　　　　　（b）投影曲线效果

图 10-44　"投影曲线"的创建

10.3.3　镜像曲线

"镜像曲线"是将父本曲线以某一平面做镜像，可以通过基准平面或平面复制关联或非关联曲线。

 可镜像的曲线包括任何封闭或非封闭的曲线。

单击"菜单"按钮，选择"插入"→"派生曲线"→"镜像"命令，弹出如图 10-45 所示的"镜像曲线"对话框。在工作区中选择要镜像的曲线，然后选择镜像平面，即可完成镜像平面的创建，效果如图 10-46 所示。

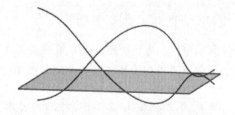

图 10-45　"镜像曲线"对话框　　　　　　图 10-46　"镜像曲线"的创建

10.3.4　桥接曲线

"桥接曲线"是指创建两条曲线之间的相切圆角曲线。

单击"菜单"按钮，选择"插入"→"派生曲线"→"桥接"命令，弹出如图 10-47 所示的"桥接曲线"对话框。下面介绍一下该对话框中的主要功能选项。

- 起始对象：是指对起点对象进行选取，即选取需要进行桥接变换的第一条曲线。
- 终止对象：是指对终点对象进行选取，即选取需要进行桥接变换的第二条曲线。

图 10-47　"桥接曲线"对话框

- 连接性:用于对桥接曲线属性进行设置。"连接性"选项组如图10-48所示,主要有5个选项,分别是开始、结束、连续性、位置和方向。
  - 开始/结束:是用来指定编辑对象的,包含起点和终点两项,可以根据需要选择其中一点进行编辑。
  - 连续性:是指对起点/终点指定的点处的连续性进行编辑,在其下拉列表中包含4个选项:G0(位置)、G1(相切)、G2(曲率)和G3(流),分别表示在指定点零阶、一阶、二阶和三阶连续。
  - 位置:用来设置桥接点的位置。
  - 方向:用来设置桥接点的方向。
- 形状控制:用来控制桥接曲线的形状。"形状控制"选项组如图10-49所示。桥接曲线形状控制方式有以下4种,选择不同的方式对应的参数设置也有所不同。

图10-48 "连接性"选项组

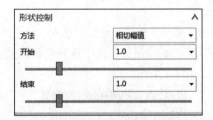

图10-49 "形状控制"选项组

- 相切幅值:是通过桥接曲线与第一条曲线或第二条曲线连接点的切矢量值来控制曲线的形状,该方式得到的桥接曲线效果如图10-50所示。

 可以通过拖动"开始"与"结束"选项的滑块,或者直接在文本框中输入切矢量的值来改变切矢量的大小。

  - 深度和歪斜度:通过改变曲线峰值的深度和倾斜度来控制曲线的形状。使用方法与"相切幅值"方法一样,该方式得到的桥接曲线效果如图10-51所示。

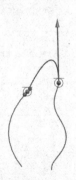

图10-50 利用"相切幅值"所得桥接曲线

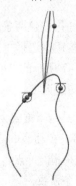

图10-51 利用"深度和歪斜度"所得桥接曲线

➤ 二次曲线：通过改变桥接曲线的 Rho 值来控制桥接曲线的形状，该方式得到的桥接曲线效果如图 10-52 所示。
➤ 参考成型曲线：通过选择已有的参考曲线来控制桥接曲线的形状。选择该选项，在工作区中依次选择第一条、第二条曲线，然后选取参考成型曲线，系统会自动生成桥接曲线，该方式得到的桥接曲线效果如图 10-53 所示。

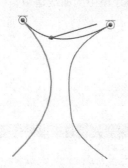
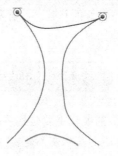

图 10-52　利用"二次曲线"所得桥接曲线　　　图 10-53　利用"参考成型曲线"所得桥接曲线

10.3.5　连结曲线

"连结曲线"是指将一组或一系列曲线连结到一起，重新组合成一条曲线。

组合后的曲线次数往往比原来的各条曲线都要高。

单击"菜单"按钮，选择"插入"→"派生曲线"→"连结"命令，弹出如图 10-54 所示的"连结曲线"对话框。下面介绍一下该对话框中的主要功能选项。

- 关联：用于设置生成曲线与父本曲线之间的关联性。
- 输入曲线：用于指定对原始输入曲线的处理，如隐藏、删除、替换等。
- 输出曲线类型：用于对输出曲线的阶次进行设置，可根据需要选择不同的输出阶次。

单击"选择曲线"按钮，在工作区中选取需要连结的曲线，"输出曲线类型"设置为"高阶"，得到的连结曲线效果如图 10-55 所示。

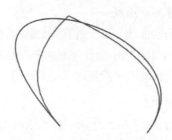

图 10-54　"连结曲线"对话框　　　图 10-55　"连结曲线"的创建

10.4 曲线的编辑

本节主要向读者介绍曲线的编辑功能，使读者能够完全掌握建模中的曲线建模与编辑，为后续的学习打下良好的基础。主要内容包括曲线参数的编辑、修剪曲线、修剪角、分割曲线、拉长曲线和长度延伸。

10.4.1 曲线参数的编辑

曲线参数的编辑主要是指重新定义曲线的参数来改变曲线的形状和大小。单击"菜单"按钮，选择"编辑"→"曲线"→"参数"命令，弹出如图 10-56 所示的"编辑曲线参数"对话框。

单击"选择曲线"按钮，在工作区中选择想要编辑的曲线，便会进入创建该曲线时的对话框，在所打开的对话框中即可完成曲线的修改。

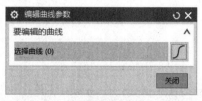

图 10-56 "编辑曲线参数"对话框

 也可以直接在工作区中双击想要编辑参数的曲线，同样打开创建该曲线时的对话框。要编辑参数的曲线有多种类型，可以是直线、圆、样条曲线等。

10.4.2 修剪曲线

修剪曲线是指可以通过曲线、边缘、平面、表面或屏幕位置等工具调整曲线的端点，可延长或修剪直线、圆弧、抛物线、双曲线或样条曲线等。

单击"菜单"按钮，选择"编辑"→"曲线"→"修剪"命令，弹出如图 10-57 所示的"修剪曲线"对话框。"修剪曲线"对话框中主要有以下 5 个选项：要修剪的曲线、边界对象 1、边界对象 2、交点和设置。下面逐一对这些选项进行讲解。

（1）要修剪的曲线

"要修剪的曲线"用于选择需要修剪的曲线，单击"选择曲线"按钮，在工作区中选择需要修剪的曲线。"要修剪的端点"选项用于选择编辑的端点是起点还是终点。

（2）边界对象

"边界对象 1"和"边界对象 2"用于指定边界对象，单击"选择对象"按钮，在工作区中选择相应的对象作为边界。

图 10-57 "修剪曲线"对话框

(3）交点

"交点"选项组中有两个选项：方向和方法。

- "方向"用于确定边界对象与待修剪曲线交点的判断方式，包括最短的 3D 距离、相对应 WCS、沿一矢量方向和沿屏幕垂直方向 4 种。
- "方法"用于选择交点的判断是自动判断还是用户自定义判断。

（4）设置

"设置"选项组中有 6 个选项：关联、输入曲线、曲线延伸段、修剪边界对象、保持选定边界对象和自动选择递进。

- "关联"用于设置修剪后的曲线与原曲线具有关联性，设置关联后，如果原曲线的参数发生变化，修剪曲线也会跟着自动更新。
- "输入曲线"用于控制修剪后原曲线的保留方式。
- "曲线延伸段"用于样条曲线需要延伸到边界时设置其延伸方式。
- "修剪边界对象"用于在对修剪对象进行修剪时，设置边界对象是否被修剪。
- "保持选定边界对象"用于保持边界对象处于被选取状态，方便下一次使用同样边界的曲线修剪。
- "自动选择递进"用于确定系统是否按选择步骤自动进行下一步操作。

 在选择"要修剪的曲线"过程中，光标的选择位置非常重要，光标所选择的部分就是被裁去的部分，如图 10-58 所示。

（a）选择要修剪的曲线　　　　　　　　　　（b）指定边界对象

图 10-58　修剪示意图

10.4.3　修剪拐角

"修剪拐角"适用于相交曲线交角两边多余曲线的修剪。

单击"菜单"按钮，选择"编辑"→"曲线"→"修剪拐角"命令，弹出如图 10-59 所示的"修剪拐角"对话框。根据提示在工作区中选择需要修剪的角，光标选择球内的角将被修剪。修剪拐角示意图如图 10-60 所示。

图 10-59　"修剪拐角"对话框　　　　　　图 10-60　修剪拐角示意图

10.4.4 分割曲线

"分割曲线"是指将曲线分割成多个节段,各节段都是一个独立的实体,并赋予与原来曲线相同的线型。

单击"菜单"按钮,选择"编辑"→"曲线"→"分割"命令,弹出如图 10-61 所示的"分割曲线"对话框。

 在"类型"下拉列表中包含了等分段、按边界对象、弧长段数、在节点处和在拐角上 5 种分割方式。

图 10-61 "分割曲线"对话框

1. 等分段

"等分段"是指将曲线以等长或者等参数的方法分割成相同的节段。在"段数"选项组中设置"分段长度"和"段数"两个参数,然后在工作区中选取需要进行分割的曲线,单击"确定"按钮即可完成曲线的分割。

2. 按边界对象

"按边界对象"是指将指定曲线按照指定的边界对象进行分割。在如图 10-62 所示的对话框中单击"选择曲线"按钮,在工作区中选择需要分割的曲线,然后单击"选择对象"按钮,在工作区中选择边界对象,单击"确定"按钮即可完成曲线的分割。

3. 弧长段数

"弧长段数"是指通过定义每节段弧长来分割曲线。在如图 10-63 所示的对话框中单击"选择曲线"按钮,在工作区中选择需要分割的曲线,然后在"弧长"文本框中输入每节段的弧长,系统会自动算出"段数",单击"确定"按钮即可完成曲线的分割。

图 10-62 "分割曲线"对话框

图 10-63 "分割曲线"对话框

4. 在结点处

"在结点处"是指将指定的曲线在指定的结点处进行分割。在如图 10-64 所示的对话框中单击"选择曲线"按钮,在工作区中选择需要分割的曲线,在"方法"下拉列表中选择分割曲线的方法,单击"确定"按钮即可完成曲线的分割。

该方式只能分割样条曲线。

5. 在拐角上

"在拐角上"是指将指定的曲线在拐角处进行分割。在如图 10-65 所示的对话框中单击"选择曲线"按钮,在工作区中选择需要分割的曲线,在"方法"下拉列表中选择分割曲线的方法,单击"确定"按钮即可完成曲线的分割。

图 10-64 "分割曲线"对话框

图 10-65 "分割曲线"对话框

10.4.5 拉长曲线

"拉长曲线"是指将指定的曲线拉长到指定的位置,主要用来移动几何对象并拉伸对象。

单击"菜单"按钮,选择"编辑"→"曲线"→"拉长"命令,弹出如图 10-66 所示的"拉长曲线"对话框。

在其中的"XC 增量""YC 增量"和"ZC 增量"文本框中分别设置增量值,或者单击"点到点"按钮来确定拉长的增量,单击"确定"按钮即可完成曲线的拉长。

图 10-66 "拉长曲线"对话框

10.4.6 曲线长度

"曲线长度"是指将指定的曲线按照指定的方向延伸一定的距离,它具有延伸弧长和修剪弧长的双重功能。

 编辑曲线长度可以在曲线的每个端点延伸或缩短一定的长度。

单击"菜单"按钮,选择"编辑"→"曲线"→"长度",弹出如图 10-67 所示的"曲线长度"对话框。

单击"选择曲线"按钮,在工作区中选择需要进行延伸的曲线,然后在"延伸"选项组中设置"长度"、"侧"和"方法"在"限制"选项组中设置"开始"和 End。

图 10-67 "曲线长度"对话框

10.5 曲线建模实例

本节利用两个典型的曲线建模实例，向读者介绍曲线在实际建模中的使用方法，为后续三维实体建模的学习打下良好的基础。

10.5.1 活塞连杆轮廓的建模

活塞连杆轮廓的创建结果如图 10-68 所示。具体操作步骤如下：

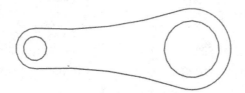

图 10-68　活塞连杆轮廓的模型

1．新建零件文件

步骤01　启动 NX 10.0 软件。

步骤02　单击"新建"按钮，打开"新建"对话框，选择"模板"为"模型"，在"名称"文本框中输入合适的名称，选择文件存储路径（如图 10-69 所示），单击"确定"按钮。

图 10-69　"新建"对话框

2. 背景颜色设置

单击"菜单"按钮，选择"首选项"→"背景"命令，打开如图 10-70 所示的"编辑背景"对话框，在"着色视图"和"线框视图"中均选择"纯色"单选按钮，然后在"普通颜色"右边的颜色框中单击 ，打开如图 10-71 所示的"颜色"对话框，在其中选择白色，单击"确定"按钮，完成背景颜色的设置。

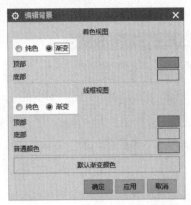

图 10-70 "编辑背景"对话框

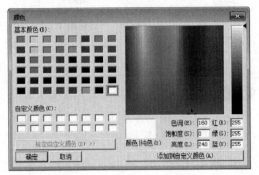

图 10-71 "颜色"对话框

> 用户可以根据自己个人的使用习惯来选择相应的颜色设置。

3. 创建圆

步骤01 单击"菜单"按钮，选择"插入"→"曲线"→"直线和圆弧"→"圆（圆心-半径）"命令，弹出如图 10-72 所示的"圆（圆心-半径）"对话框。在"坐标跟踪条"对话框中设置 XC、YC 和 ZC 均为 0（如图 10-73 所示），按回车键确定圆心，在"半径跟踪条"中输入 10，完成第 1 个圆的创建。

图 10-72 "圆（圆心-半径）"对话框

图 10-73 "坐标跟踪条"对话框

步骤02 在"坐标跟踪条"对话框中设置 XC、YC 和 ZC 均为 0，按回车键确定圆心，在"半径跟踪条"中输入 7，完成第 2 个圆的创建。

步骤03 在"坐标跟踪条"对话框中设置 XC 为 0，YC 为 40，ZC 为 0，按回车键确定圆心，在"半径跟踪条"中输入 5，完成第 3 个圆的创建。

步骤04 在"坐标跟踪条"对话框中设置 XC 为 0，YC 为 40，ZC 为 0，按回车键确定圆心，在"半径跟踪条"中输入 3，完成第 4 个圆的创建。

> 按鼠标中键，可以迅速完成特征的创建。

4. 创建圆弧

步骤 01 单击"视图"面板中的"左视图"按钮，将视图切换到左视图，如图 10-74 所示。

步骤 02 单击"直线和圆弧"命令面板中的"圆弧（相切-相切-半径）"按钮或者单击"菜单"按钮，选择"插入"→"曲线"→"直线和圆弧"→"圆弧（相切-相切-半径）"命令，弹出如图 10-75 所示的"圆弧（相切-相切-半径）"对话框。

图 10-74 "左视图"按钮位置

图 10-75 "圆弧（相切-相切-半径）"对话框

步骤 03 在工作区中选择左边半径为 5 的圆的上半部作为起始相切约束的曲线，选择右边半径为 10 的圆的上半部作为终止相切约束的曲线，在"半径跟踪条"中输入 100（如图 10-76 所示），完成第一个圆弧的创建。

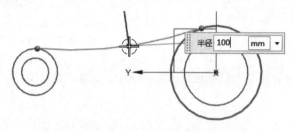
图 10-76 "第一个圆弧"创建过程

步骤 04 在工作区中选择左边半径为 5 的圆的下半部作为起始相切约束的曲线，选择右边半径为 10 的圆的下半部作为终止相切约束的曲线，在"半径跟踪条"中输入 100（如图 10-77 所示），完成第二个圆弧的创建。

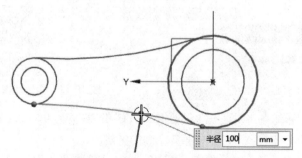
图 10-77 "第二个圆弧"创建过程

5. 修剪曲线

步骤 01 单击"菜单"按钮，选择"编辑"→"曲线"→"修剪"命令，打开如图 10-78 所示的"修剪曲线"对话框。

步骤 02 在工作区中选择左边半径为 5 的圆作为将要修剪的曲线，选择"第一个圆弧"作为边界对象 1，选择"第二个圆弧"作为边界对象 2。

步骤 03 单击"确定"按钮,完成左边半径为 5 的圆的修剪。

步骤 04 在工作区中选中半径为 5 的圆,单击鼠标右键,弹出如图 10-79 所示的快捷菜单,选择"隐藏"命令,将半径为 5 的圆进行隐藏。修剪后的效果如图 10-80 所示。

步骤 05 单击"菜单"按钮,选择"编辑"→"曲线"→"修剪"命令,打开"修剪曲线"对话框。

图 10-78 "修剪曲线"对话框

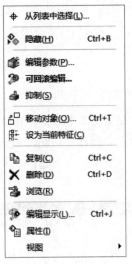

图 10-79 快捷菜单

步骤 06 在工作区中选择右边半径为 10 的圆作为将要修剪的曲线,选择"第一个圆弧"作为边界对象 1,选择"第二个圆弧"作为边界对象 2。

步骤 07 单击"确定"按钮,完成左边半径为 10 的圆的修剪。

步骤 08 在工作区中选中半径为 5 的圆,单击鼠标右键,弹出如图 10-79 所示的快捷菜单,选择"隐藏"命令,将半径为 10 的圆进行隐藏。修剪后的效果如图 10-81 所示。

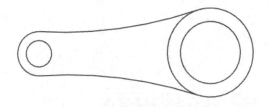

图 10-80 "第一次修剪"效果

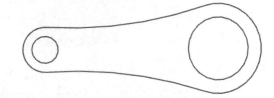

图 10-81 "第二次修剪"效果

通过将曲线隐藏,可以更加清楚地显示出操作的效果。

10.5.2 机床机座轮廓的建模

机床机座轮廓的创建结果如图 10-82 所示。具体操作步骤如下:

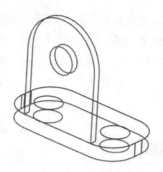

图 10-82　机床机座轮廓

1．新建零件文件

步骤 01 在桌面上单击 NX 10.0 快捷方式图标，启动 NX 10.0 软件。

步骤 02 单击"新建"按钮，打开"新建"对话框，选择"模板"为"模型"，在"名称"文本框中输入合适的名称，选择文件的存储路径（如图 10-83 所示），单击"确定"按钮。

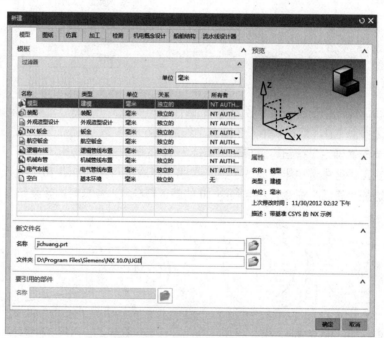

图 10-83　"新建"对话框

步骤 03 单击"菜单"按钮，选择"首选项"→"背景"命令，打开"编辑背景"对话框，在"着色视图"和"线框视图"中均选择"纯色"单选按钮，然后在"普通颜色"右边的颜色框中单击▆▆▆▆，打开"颜色"对话框。在其中选择白色，单击"确定"按钮，完成背景颜色的设置。

2．底座平面轮廓的创建

步骤 01 在"视图"面板中单击"俯视图"按钮，将工作的视图界面切换为"XC-YC"平面。

步骤 02　单击"菜单"按钮,选择"插入"→"曲线"→"矩形"命令,打开如图 10-84 所示的"点"对话框。

设置合理的视图,能够对制图带来很大的方便。

步骤 03　在 X、Y、Z 文本框中输入-50、0、0 和 50、50、0,完成矩形的创建。

步骤 04　单击"菜单"按钮,选择"插入"→"曲线"→"基本曲线",弹出如图 10-85 所示的"基本曲线"对话框。

图 10-84　"点"对话框　　　　　图 10-85　"基本曲线"对话框

步骤 05　单击"圆角"按钮,弹出如图 10-86 所示的"曲线倒圆"对话框,在"半径"文本框中输入 20。

步骤 06　在工作区中单击要倒圆角的直角内侧,完成矩形 4 个直角的"圆角"功能,效果如图 10-87 所示。

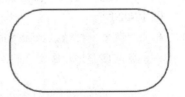

图 10-86　"曲线倒圆"对话框　　　　图 10-87　"圆角"效果

步骤 07　单击"菜单"按钮,选择"插入"→"曲线"→"直线和圆弧"→"圆(圆心-半径)"命令,弹出如图 10-88 所示的"圆(圆心-半径)"对话框。然后在"坐标跟踪条"对话框中设置 XC 为-30,YC 为 25,ZC 为 0,按回车键确定圆心,在"半径跟踪条"中输入 10,按回车键完成第一个圆的创建。

步骤08 在"坐标跟踪条"对话框中设置 XC 为 30，YC 为 25，ZC 为 0，按回车键确定圆心，在"半径跟踪条"中输入 10，按回车键完成第二个圆的创建，效果如图 10-89 所示。

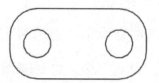

图 10-88　"圆（圆心-半径）"对话框　　　　图 10-89　"圆"创建效果

3. 底座立体轮廓的创建

步骤01 单击"菜单"按钮，选择"插入"→"派生曲线"→"偏置"命令，弹出如图 10-90 所示的"偏置曲线"对话框。

步骤02 在工作区中选择底座的外轮廓线，在"距离"文本框中输入 10，在"指定方向"中单击"矢量对话框"按钮，弹出如图 10-91 所示的"矢量"对话框。

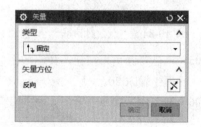

图 10-90　"偏置曲线"对话框　　　　图 10-91　"矢量"对话框

步骤03 在"类型"下拉列表中选择 ZC 轴，单击"确定"按钮，完成底座外轮廓的偏置轮廓的创建。

步骤04 运用同样的方法，完成底座两个圆的偏置轮廓的创建，整个底座的偏置轮廓效果如图 10-92 所示。

步骤05 单击"菜单"按钮，选择"插入"→"曲线"→"直线"命令，弹出"直线"对话框，完成底座外轮廓上下轮廓的连接，如图 10-93 所示。

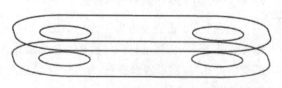

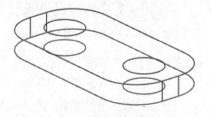

图 10-92　"底座偏置轮廓"效果　　　　图 10-93　"底座立体轮廓"效果

4．立板平面轮廓的创建

步骤01 单击"菜单"按钮，选择"插入"→"曲线"→"矩形"命令，打开"点"对话框。

步骤02 在 X、Y、Z 文本框中输入 30、0、0 和-30、0、60，完成如图 10-94 所示的"矩形"的创建。

步骤03 单击"菜单"按钮，选择"插入"→"曲线"→"圆弧/圆"命令，弹出如图 10-95 所示的"圆弧/圆"对话框。

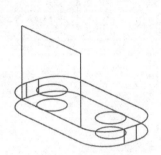

图 10-94　"矩形"的创建

图 10-95　"圆弧/圆"对话框

步骤04 在工作区中选择起点和终点，在"半径"文本框中输入 30，在"设置"中选择"补弧"，即可完成如图 10-96 所示圆弧的创建。

步骤05 单击"菜单"按钮，选择"插入"→"曲线"→"直线和圆弧"→"圆（圆心-半径）"命令，弹出"圆（圆心-半径）"对话框。选择步骤（5）所绘制的圆弧圆心作为此步骤的圆心，在"半径跟踪条"中输入 10，按回车键，完成如图 10-97 所示圆的创建。

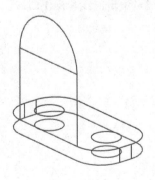

图 10-96　圆弧的创建

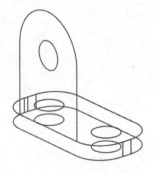

图 10-97　圆的创建

5. 立板立体轮廓的创建

步骤 01 单击"菜单"按钮，选择"编辑"→"移动对象"命令，在工作区中选择立板中半径为 10 的圆，移动方向选择为 YC 方向，距离设置为 5，结果选择"复制原先的"，完成圆的移动。

步骤 02 运用同样的方法，完成立板外部轮廓的移动，移动效果如图 10-98 所示。

步骤 03 单击"菜单"按钮，选择"插入"→"曲线"→"直线"命令，弹出"直线"对话框，完成底座外轮廓上下轮廓的连接，如图 10-99 所示。

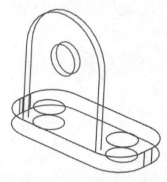
图 10-98 "移动立板"效果图

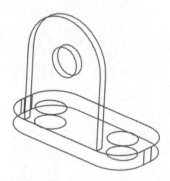
图 10-99 "连接立板"效果图

步骤 04 至此，便完成了机床机座轮廓的建模。

10.6 本章小结

本章主要介绍了曲线建模的基础知识，包括点、直线、圆弧、矩形、多边形等基本曲线的绘制，以及样条曲线、二次曲线、螺旋线等高级曲线的绘制，同时还介绍了操作曲线及编辑曲线的方法。

通过对本章知识的学习，希望读者可以熟练地创建曲线、编辑曲线和操作曲线，为后续学习曲面建模打下坚实的基础。

第 11 章 曲面建模

本章主要介绍了 NX 10.0 的曲面建模功能。曲面建模是 NX 软件的重要组成部分，曲面建模可以使产品外观更加完美。本章分为 8 个小节，曲面建模包括通过点构建曲面、通过线构建曲面、曲面编辑、扫掠曲面、从片体到实体等，并以综合实例展现了曲面的高级功能。

学习目标

- 了解曲面设计的基础概念
- 熟练掌握点构建曲面和网格曲面的创建
- 熟练运用扫描曲面和直纹、曲线组创建模型

11.1 曲面基础概述

曲面是一种统称，片体和实体的自由表面都可以称为曲面。片体是由一个或多个表面组成、厚度为 0、重量为 0 的几何体，一个曲面可以包含一个或多个片体，所以片体和曲面在特定的情况下不具有实体的功能。

1. 曲面的基本概念

曲面是指一个或多个没有厚度概念的面的集合，在很多实体建模的工具中都有"体类型"的选项，可直接设计曲面的功能。而在曲面设计中很多命令（如直纹面、通过曲线组、通过曲线网格、扫掠等）在某些条件下也可生成实体，都是在"体类型"中进行设置。

2. 曲面的分类

按照曲面的构造原理可以将曲面分为以下 3 类。

- 依据点创建曲面：通过现有的点或点集创建曲面的方法，如通过点、从点云、从极点命令。依据点设计的曲面光顺性比较差但是精密度高。
- 通过曲线创建曲面：通过现有的曲线或曲线串创建曲面的方法，如直纹面、通过曲线组、通过曲线网格、扫掠等命令。

该方法创建的曲面与通过点集创建曲面的最大不同在于，通过曲线创建的曲面是参数化的，即生成的曲面与曲线是相关联的。当曲线或曲面被编辑，生成的曲面将自动更新。

- 通过曲面创建新曲面：通过现有的曲面创建新的曲面，如桥接、偏置曲面、修剪的片体等命令。

11.2 依据点创建曲面

通过点构建曲面主要是通过输入点的数据来生成曲面，这里主要用到通过点、从极点、从云点等命令，通常会用这类命令来做精度比较高而光顺性比较差的产品，所以在逆向造型过程中要酌情使用。

11.2.1 通过点

通过矩形阵列点来创建曲面，创建的曲面通过所指定的点。矩形点阵的指定可以通过点构造器在模型中选取或创建，也可以用点阵文件。

单击"菜单"按钮，选择"插入"→"曲面"→"通过点"命令，此命名在命令面板中默认是隐藏的，要调出此命令必须在定制中进行设置（"工具"→"定制"→"命令"→"曲面"→"曲面下拉菜单"→单击右键→将"通过点"命令选中）。单击"曲面"面板中的 按钮，弹出如图11-1所示的"通过点"对话框。

- 补片类型：可以创建包括单个补片或多个补片的片体。
  - 多个：表示曲面将由多个补片组成。
  - 单个：表示曲面将由一个补片组成。
- 沿以下方向封闭：当"补片类型"选择为"多个"时，激活此选项。
  - 两者皆否：曲面沿行与列方向都不封闭。
  - 行：曲面沿行方向封闭。
  - 列：曲面沿列方向封闭。
  - 两者皆是：曲面沿行和列方向都封闭。
- 行阶次/列阶次：阶次表示将来修改曲面时控制其局部曲率的自由度，阶次越低补片越多，自由度越大，反之则越小。
- 文件中的点：通过选择包含点的文件来创建曲面。

通过以上对"通过点"命令的讲解，下面我们来实际创建一个曲面。

步骤01 单击"曲面"面板中的"通过点"命令，弹出"通过点"对话框。

步骤02 设置参数（这里使用默认参数）后单击"确定"按钮，弹出如图11-2所示的"过点"对话框。

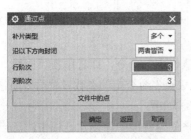
图 11-1 "通过点"对话框

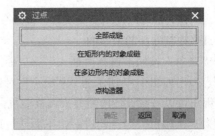
图 11-2 "过点"对话框

 单击"在矩形内的对象成链"按钮,然后指定如图 11-3 所示的矩形选择框。

单击矩形的两个对角点,注意一定要把第一排的有效点都选取在矩形框内。

步骤 04 利用矩形框选完第一排的点后要指定起点和终点,弹出如图 11-4 所示的对话框,指定如图 11-3 中的起点(选择第一个点即可),并指定终点(选择方法如起点的选择方法)。

步骤 05 完成第一排的点的选择后,按照步骤(3)和(4)的方法继续选择第二排的点。

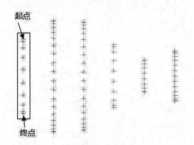
图 11-3 选择要成链的点

图 11-4 "指定点"对话框

步骤 06 依次选择要创建曲面的点集,当选择完第四排的点后弹出如图 11-5 所示的对话框,在这里单击"指定另一行"按钮,继续选择第 5、6 排的点集。

步骤 07 当选择完第 6 排的点后,弹出如图 11-5 所示的对话框,单击"所有指定的点"按钮,完成曲面的创建,结果如图 11-6 所示。

图 11-5 "过点"对话框

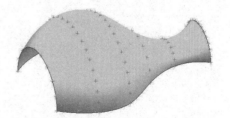
图 11-6 "通过点"创建曲面效果图

11.2.2 从极点

通过若干组点来创建曲面,这些点作为曲面的极点。矩形点阵的指定可以通过点构造器在模型中选取或创建,也可以使用点集文件。该命令的用法与"通过点"相同。它们的区别是"从极点"是通过极点来控制曲面的形状的。

单击"菜单"按钮,选择"插入"→"曲面"→"从极点"命令,或者单击"曲面"面板中的 按钮,弹出如图11-7所示的"从极点"对话框。"从极点"命令中的参数设置与"通过点"基本一样,用户可以按照设计的需要来调整参数,这里就不再介绍。

通过对"从极点"命令的讲解,下面通过现有的点来创建曲面。在创建过程中注意点的选择方向和顺序。

步骤01 单击"菜单"按钮,选择"插入"→"曲面"→"从极点"命令,弹出"从极点"对话框。

步骤02 设置好参数(参数默认),单击"确定"按钮弹出如图11-8所示的"点"对话框,在"类型"中选择"现有点"选项。

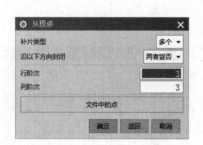

图11-7 "从极点"对话框

图11-8 "点"对话框

步骤03 如图11-9所示依次单击图中的点集,在选择点的过程中一定要按照顺序进行选择,单击"点位置"中的"选择对象"按钮,即可选择点,直到一排点选择完成后再单击"确定"按钮,在弹出的"指定点"对话框中单击"是"按钮,如图11-10所示。

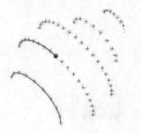

图11-9 依次选择点

图11-10 "指定点"对话框

步骤04 当第四排的点选择完成后单击"确定"按钮,弹出如图11-11所示的对话框,如果已经选择完成,单击"所有指定的点"按钮,完成曲面创建。"指定另一行"按钮则是继续选择更多的点。在这里单击"指定另一行"按钮,继续选择完所有的点。

步骤 05 当选择完最后一排的点后单击"所有指定的点"按钮，完成曲面的创建，完成效果图 11-12 所示。

图 11-11　"从极点"对话框　　　　图 11-12　"从极点"创建曲面效果图

在创建"从极点"曲面后，可以把效果图与"通过点"创建的曲面效果进行对比，"通过点"命令是完全依靠点来生成的曲面，其精密度很高，而"从极点"命令创建的曲面是通过点为一个参考完成的。

11.2.3　快速造面

使用"快速造面"命令可以小平面体创建曲面模型。在逆向造型设计中，我们会从其他软件中获取信息来创建自己的模型。因为软件设计的差异，在很多软件转换到 NX 中的就是小平面体，而这些小平面体在 NX 中无法进行操作，"快速造面"的功能就是在小平面体中创建 NX 能够操作的曲面。

单击"菜单"按钮，选择"插入"→"曲面"→"快速造面"命令，或者单击"曲面"面板中的 按钮，弹出如图 11-13 所示的"快速造面"对话框。

- 小平面体：可以选择小平面体以创建曲面。
- 添加网格曲线：创建在小平面体上的网格曲线。
  - 工序：工序中有 4 个选项，分别是从各种渠道获取创建网格曲面的曲线。
  - 附着：选择创建的曲线是否附着到小平面体上。
  - 选择点：选择创建曲线的点，一般情况下都是选择面上的点。
  - 接受点：当创建完网格曲面曲线的某一条曲线后，单击"接受点"按钮完成"曲线"的创建。
  - 光顺性：调节数值来调节曲线的光顺性。

图 11-13　"快速造面"对话框

- 编辑曲线网：此选项组中的选项主要是编辑在"添加网格曲线"中创建的"网格曲线"。
  - 删除曲线：选择要从曲线网中移除的曲线然后删除。
  - 删除节点：选择节点以移除所有相连的网格曲线。
  - 拖动曲线点：选择并拖动网格曲线上的点。
  - 拖动网格节点：选择并拖动网络节点，以此来调节曲线。
  - 连接曲线：选择要组合的相邻曲线来连接。

"快速造面"是通过平面体创建曲面的,在创建曲面过程中要先在平面体上创建"网格曲线",再使用"网格曲线"创建曲面。具体操作步骤如下:

步骤 01 单击"菜单"按钮,选择"插入"→"曲面"→"快速造面"命令,弹出"快速造面"对话框。

步骤 02 单击"快速造面"对话框中的"选择小平面体"按钮,如图 11-14 所示,选择如图 11-15 所示的平面体。

图 11-14 "快速造面"对话框

图 11-15 平面体

步骤 03 在对话框中单击"选择点"按钮(如图 11-16 所示),依次选择如图 11-17 所示两个面上的点,选择完成后单击"接受点"按钮,完成第一条网格曲线的创建,如图 11-18 所示。

图 11-16 选择点

图 11-17 小平面体中选点

步骤 04 创建第二条网格曲线。单击"选择点",选择第一条网格曲线的端点为网格曲线的起点,在面上选择任意一点为终点完成第二条网格曲线的创建,如图 11-19 所示。

图 11-18 第一条网格曲线

图 11-19 第二条网格曲线

步骤 05 创建需要的所有网格曲线,如图 11-20 所示添加的六条网格曲线。(注意:所有添加的网格曲线必须都是相交的,每两条相交曲线之间都必须有交点)

步骤 06 添加完所有的网格曲线后单击"确定"按钮,完成曲面的创建,最终效果如图 11-21 所示。

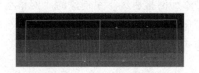

图 11-20 六条网格曲线

图 11-21 最终效果图

11.2.4 四点曲面

"四点曲面"是指通过四个拐角点来创建曲面。在图形界面任意取四个点即可创建曲面,注意这四点都要在"XC-YC"平面上,如果要创建的曲面不在"XC-YC"平面上,可以使用动态坐标命令将坐标移动至要创建曲面的位置。

单击"菜单"按钮,选择"插入"→"曲面"→"四点曲面"命令,或者单击"曲面"面板中的"四点曲面"按钮,打开如图 11-22 所示的"四点曲面"对话框。

图 11-22 "四点曲面"对话框

在图形窗口中选择四个曲面拐角点。可以使用以下任意方法指定四个点:

- 在图形窗口中选择一个现有点。
- 在图形窗口中选择任意点。
- 使用点构造器定义点的坐标位置。
- 选择一个基点并创建到基点的点偏置。

在图形界面中任取四点即可创建曲面,下面就讲解如何创建和调整曲面,具体步骤如下:

步骤01 在图形界面中任意单击四点,创建如图 11-23 所示的曲面。

步骤02 单击"菜单"按钮,选择"插入"→"曲面"→"四点曲面"命令,或者单击"曲面"面板中的"曲面"按钮,打开"四点曲面"对话框。

步骤03 在绘图区域随意按顺序指定四点后,将在屏幕上显示一个多边形的预览。

步骤04 在最后确定曲面的形状前,可以对任意点进行拖动修改,根据需要移动点的位置,重新定位指定点,更改后如图 11-24 所示。

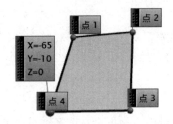

图 11-23 创建四点曲面

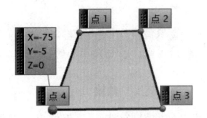

图 11-24 调整四点曲面

在使用"四点曲面"命令创建曲面时,在同一条直线上不能存在3个选定点,不能存在两个相同的或在空间中处于完全相同位置的选定点。必须指定四点才能创建曲面,如果指定3个点或不到3个点,则会显示出错消息。

11.3 通过曲线创建曲面

11.3.1 艺术曲面

使用"艺术曲面"命令可以通过两条或两条以上的曲线创建曲面。

选择"插入"→"网格曲面"→"艺术曲面"命令,或者单击"曲面"面板中的 按钮,打开如图11-25所示的"艺术曲面"对话框。

1. 截面(主要)曲线

艺术曲面的主要线串,最少两组,当选完第一条后单击"添加新集" 按钮,在列表中会出现"新建"选项,此时即可选择第二组线串,如图11-26所示。

图11-25 "艺术曲面"对话框

图11-26 添加新集

当截面曲线中有两组线串的时,艺术曲面就可以生成了。在选择线串过程中要注意线串的方向,在创建曲面时一定使两个"截面曲线"的方向相同,否则无法创建曲面。

2. 引导(交叉)曲线

艺术曲面的引导线串,这组线串主要是引导艺术曲面的走向,如果没有选择这组线串,艺曲面中间部分将会是直的，如图 11-27 所示就是没有选择"引导线"的效果。"引导线"的选择方法与截面曲线选择相同，同样要注意箭头的方向。

3．连续性

将新曲面约束为与相邻面呈 G0、G1 或 G2 连续。让艺术曲面在与别的曲面相交的地方与一个或多个被选择的体表面相切或等曲率过渡。

"艺术曲面"命令可以通过两条以上的曲面来创建曲面。下面将讲解如何通过两条和多条曲线创建曲面，如何创建曲面之间的约束，具体操作步骤如下：

步骤 01　单击"菜单"按钮，选择"插入"→"网格曲面"→"艺术曲面"命令。

步骤 02　选择截面（主要）曲线，如图 11-27 所示的"截面曲线 1"。

步骤 03　单击"艺术曲面"对话框中"截面曲线"下的"添加新集"按钮，然后选择如图 11-27 所示的"截面曲线 2"。

步骤 04　以上三个步骤完成后，在没有"引导（交叉）曲线"条件下也是可以创建曲面的。

步骤 05　选择引导（交叉）曲线。单击"艺术曲面"对话框中"引导（交叉）曲线"下的"选择曲线"按钮，然后选择如图 11-28 所示的"交叉曲线 1"。

步骤 06　单击"引导（交叉）曲线"下的"添加新集"按钮，然后选择图 11-28 中的"交叉曲线 2"。

步骤 07　创建曲面后在"艺术曲面"对话框中展开"连续性"选项组（如图 11-29 所示），单击"第一截面"下拉按钮，在下拉列表中选择"相切"约束。这里的"第一截面"是指"截面线 1"的曲面边界。

图 11-27　没有选择"引导线"效果

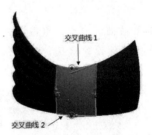
图 11-28　选择"引导线"效果

步骤 08　选择"相切"约束后，菜单中弹出"选择面"，选择如图 11-30 所示的"面 1"。单击"最后截面"下拉按钮，在下拉列表中选择"相切"约束，然后选择如图 11-30 所示的"面 2"。单击"确定"完成艺术曲面的创建。

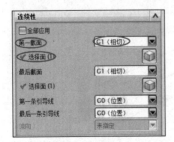
图 11-29　"艺术曲面"（连续性）对话框

图 11-30　艺术曲面的创建

11.3.2 通过曲线组

使用"通过曲线组"命令可创建穿过多个截面的体，其中形状会发生更改以穿过每个截面。一个截面可以由单个或多个对象组成，并且每个对象都可以是曲线、实体边或实体面的任意组合。

单击"菜单"按钮，选择"插入"→"网格曲面"→"通过曲线组"命令，打开"通过曲线组"对话框，如图 11-31 所示。

- 截面：选取创建面的线串。在用"选择曲线或点"选取截面线串时，一定要注意选取的次序，当选取完一个曲线串的时候要单击"添加新集"按钮来添加新的曲线串，直到所选曲线串出现在"截面线串列表"中为止，也可以对该对话框列表中所选取的曲线串进行删除、移动操作。
- 连续性：将新曲面约束为与相邻面呈 G0、G1 或 G2 连续。（G0 是相交，G1 是相切，G2 是曲率）可根据自己的需要进行调整。

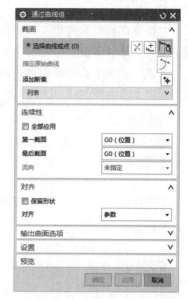

图 11-31 "通过曲线组"对话框

> 第一截面：用于设置截面曲线第一组的边界约束条件，使所做曲面在第一条截面线串处与一个或多个被选择的体表面相切或等曲率过渡。
> 最后截面：用于设置截面曲线最后一组的边界约束条件，用法与第一截面线串相同。

- 对齐：软件设置有 7 种对齐方式，如图 11-32 所示。如图 11-33 和图 11-34 所示为"根据点"和"参数"对齐的效果图，下面我们介绍常用的 6 种对齐方式。

图 11-32 "对齐"类型

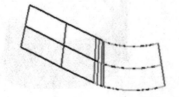

图 11-33 "根据点"对齐效果图

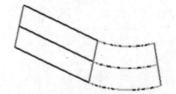

图 11-34 "参数"对齐效果图

- 参数：在创建曲面时，等参数和截面线所形成的间隔点，是根据相等的参数间隔建立的。整个截面线上如果有直线，就会用等圆弧的方式间隔点，如果有曲线，就用等角度的方式间隔点。
- 弧长：在创建曲面时，两组截面线串和等参数建立连接点，这些连接点在截面线上的分布和间隔方式是根据等圆弧长来建立的。
- 根据点：用于不同形状的截面线串对齐，可以通过调节线串上的点来对齐曲面，一般用于线串形状差距很大的时候，特别适用于带有尖角的截面。
- 距离：在创建曲面时，沿每个截面线，在规定方向等间距间隔点，结果是所有等参数曲线都将在投影到矢量平面里。
- 角度：用于创建曲面时，在每个截面曲线串上，围绕没有规定的基准轴等角度间隔生成曲面，使曲面具有一定的走向及外形。
- 脊线：用于创建曲面时，选择一条曲线为矢量方向，使所有的平面都垂直于脊柱线。
- 输出曲面选项
  - 补片类型：补片类型可以是单个或多个。补片类似于样条的段数，多补片并不是多个片体。
  - V 向封闭：控制生成的曲面在第一组截面线串和最后一组截面线串之间是否也是创建曲面。
- 设置：创建曲面常用的数据设置。
  - 体类型：当创建的曲线组曲面是封闭曲线组时，可以选择创建曲面或实体（如图 11-35 所示），就是利用三条封闭曲线创建的实体。
  - 放样：重新构建中用户可以选择是否自己给定曲面的阶次，如果需要，用户可以调整阶次的数值来改变曲面的形状。
  - 公差：用户可以在此设置中创建曲面时的公差值。

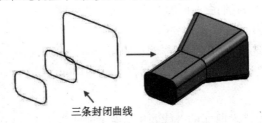

图 11-35 "体类型"效果图

使用"通过曲线组"命令可以将两组或两组以上的线串生成曲面，在设计过程中常常将生成新曲面与原始曲面约束相切。下面将讲解如何创建"通过曲线组"曲面。

步骤 01 单击"菜单"按钮，选择"插入"→"网格曲面"→"通过曲线组"命令，打开"通过曲线组"对话框。

步骤 02 选择如图 11-36 所示的线串 1。

步骤 03 单击"添加新集"按钮，选择线串 2，得到如图 11-37 所示的效果。

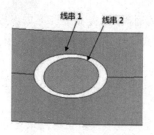
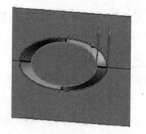

图 11-36　选择成品　　　　　图 11-37　"通过曲线组"效果

步骤 04　当创建完曲面后进行曲面的约束，在对话框中展开"连续性"选项组，约束"第一截面"和"最后截面"相切，如图 11-38 所示。

步骤 05　最终效果如图 11-39 所示。

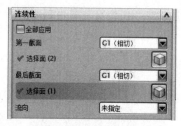

图 11-38　设置参数　　　　　图 11-39　"通过曲线组"最终效果

11.3.3　通过曲线网格

根据所指定的两组截面线串来创建曲面。第一组截面线串称为主曲线，即构建曲面的 U 向，第二组截面线串称为交叉线串，即构建曲面的 V 向。因为我们用曲面的 U 和 V 方向来控制曲面，因而能更好地控制曲面的形状。

单击"菜单"按钮，选择"插入"→"网格曲面"→"通过曲线网格"命令，打开"通过曲线网格"对话框，如图 11-40 所示。

（1）主曲线：相当于艺术曲面的"截面（主要）曲线"，选择方法也是相同的，最少两组线串，当选择完主曲线 1 后，单击"添加新集"按钮 继续选择主曲线 2，以此类推，选择主曲线 3，直至主曲线选择完毕。主曲线也可以为点。

（2）交叉曲线：操作方式如主曲线。

图 11-40　"通过曲线网格"对话框

（3）连续性：通过 G0、G1 或 G2 连续与曲面过渡。主线串和交叉线串需要在公差范围内相交，如果实际相交点公差太大，也可以在设置中改变公差值，每条主线串和交叉线串都可由多段连续曲线体的边界组成。主线串也可以是点。

（4）输出曲面选项。

- 着重：指定曲面穿过主曲线或交叉曲线，或者两条曲线的平均线。
  - 两者皆是：主曲线和交叉曲线有同等效果。
  - 主曲线：主曲线发挥更多的作用。
  - 交叉曲线：交叉曲线发挥更多的作用。
- 构造：用于指定创建曲面的构造方法。
  - 法向：使用标准步骤构建曲线网格曲面，与其他方法相比需要使用更多补片来创建曲面。
  - 样条点：使用输入曲线的点及这些点的相切值来创建曲面。
  - 简单：无论是否指定约束，都会创建曲面。
- 设置：用于设置为"通过曲线网格"特征指定片体或实体。
  - 重新构造：仅当输出曲面选项组中的构造设置为法向时才可用。通过重新设置第一主截面与横截面的阶次、公差或段数，构造高质量的曲面。
  - 公差：指定相交与连续选项的公差值，以控制有关输入曲线、构建曲面的精度。

"通过曲面网格"命令中的主曲线既可以为线串也可以为点，下面将通过点与线串创建网格曲面。

步骤01 单击"菜单"按钮，选择"插入"→"网格曲面"→"通过曲线网格"命令，打开"通过曲线网格"对话框。

步骤02 将"捕捉点"类型设置为"端点"，如图 11-41 所示。指定主曲线为点，如图 11-42 所示。

图 11-41 选择点类型

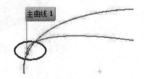

图 11-42 主曲线 1

步骤03 单击"添加新集"按钮，如图 11-43 所示。选择主曲线为线，如图 11-44 所示。

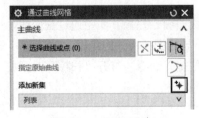

图 11-43 添加新集

图 11-44 主曲线 2

步骤 04 单击"添加新集"按钮,选择如图 11-45 所示的点为主曲线 3。

步骤 05 当选择完主曲线后,单击"交叉曲线"选项组中的"选择曲线"按钮,选择图中的交叉曲线 1,如图 11-46 和图 11-47 所示。然后继续单击"添加新集"按钮,依次添加交叉曲线 2 和交叉曲线 3,添加完后的线架图如图 11-48 所示。单击"确定"按钮完成创建曲面,如图 11-49 所示。

图 11-45 主曲线 3

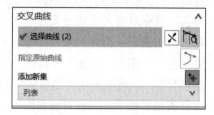

图 11-46 添加交叉曲线

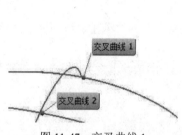

图 11-47 交叉曲线 1

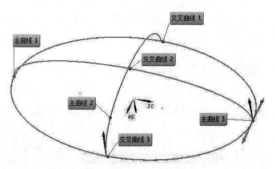

图 11-48 完整线架图

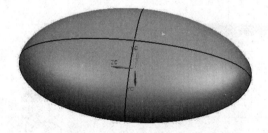

图 11-49 创建的网格曲面

11.3.4 扫掠

扫掠就是将轮廓曲线沿空间路径曲线扫描,然后形成曲面。扫掠其实是通过截面线与引导线组成的曲面或实体,截面线串是轮廓曲线,引导线串是引导曲面或实体的路径。

单击"菜单"按钮,选择"插入"→"扫掠"→"扫掠"命令,打开"扫掠"对话框,如图 11-50 所示。

(1) 截面：最少 1 条线串，最多 150 条；截面由连续性的曲线组成，曲线之间不一定是连续相切的，但是必须是连续的。

(2) 引导线：最少 1 条线串，最多 3 条；引导线由连续性的曲线组成，曲线之间一定是连续相切的。

(3) 定位方法：软件共提供了 7 种定位方法，如图 11-51 所示。

图 11-50　"扫掠"对话框

图 11-51　"扫掠"对话框

- 固定：截面线在沿引导线扫掠过程中，保持固定方位。
- 面的法向：截面线在沿引导线扫掠过程中，局部坐标系的第二轴在引导线的每一点上对齐已有表面的法向。
- 矢量方向：截面线在沿引导线扫掠过程中，局部坐标系的第二轴始终与指定的矢量对齐。使用基准轴作为矢量，则可以通过编辑基准轴方向来改变扫掠特征的方位，并且矢量不能在与引导线相切的方向。
- 另一曲线：选择一条现有曲线作为扫掠面的控制方向。
- 一个点：选择一个现有点来引导定位。
- 强制方向：指定一个矢量固定截面线的平面方向，截面线在沿引导线扫掠过程中，截面线的平面方向不变，实现平移运动，依此来控制扫掠面的方向。
- 角度规律：通过设置一定角度来设置扫掠面的控制方向。

(4) 缩放方法：系统提供以下 6 种缩放方法。

- 恒定：输入一个缩放比例值，这里的缩放是截面线，使其截面线"放大或缩小"后进行扫掠，引导线不变。
- 倒圆功能：设置一个起始比例值和末端比例值，再指定从起始比例值到末端比例值按线性变化或三次函数变化。截面线在沿引导线扫掠过程中，按其比例改变大小。
- 另一曲线：选择一条现有曲线控制扫掠面的大小。
- 一个点：选择一个现有点来虚拟一个直纹面，用虚拟直纹面的长度控制扫掠面的大小。

- 面积规律：用规律子功能指定一个函数。截面线在引导线扫掠过程中，截面线的面积值等于函数值。
- 周长规律：用规律子功能指定一个函数。截面线在引导线扫掠过程中，截面线的周长值等于函数值。

（5）由一组截面线串和一组引导线串扫掠效果，如图11-52（曲线）和图11-53（效果）所示。

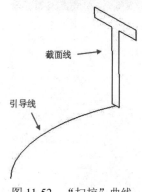

图11-52 "扫掠"曲线

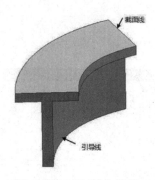

图11-53 "扫掠"效果

创建方法如下：

步骤01 在"扫掠"对话框中单击"选择曲线"按钮（如图11-54所示），选择截面线为图11-52中的文字T。

步骤02 在"引导线"中单击按钮（如图11-55所示），然后选择图11-52中下面的引导线。

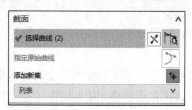

图11-54 选择"截面线"

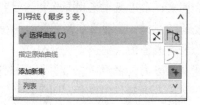

图11-55 选择"引导线"

步骤03 单击"确定"按钮，完成扫掠曲面的创建。

（6）当截面线串为一个封闭的线串时，扫掠的效果可能是一个封闭的实体。

创建方法如下：

步骤01 打开"扫掠"对话框，选择截面线为图11-56中的不规则多边形，即图11-57中的"截面1"。

步骤02 在"引导线"中单击按钮，选择图11-57中的"引导线1"。

步骤03 在"引导线"中单击"添加新集"按钮，选择如图11-57中的"引导线2"。

步骤04 继续添加"引导线3"。

步骤05 单击"确定"按钮，完成曲面的创建。

（7）截面线可以重复使用，如图11-58中的第一组截面线串，我们用这组线串为扫掠的第一组截面线和第三组截面线串，以圆为引导线（引导线串是封闭的），扫掠的效果如图11-59所示。

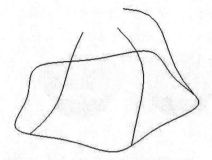
图 11-56 "扫掠"线架

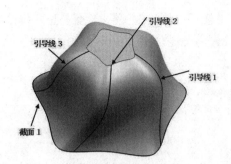
图 11-57 "扫掠"效果

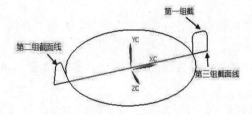
图 11-58 "扫掠"曲线

图 11-59 "扫掠"效果

创建方法如下：

- 步骤01　打开"扫掠"对话框，选择截面线为图 11-58 所示的"第一组截面线"。
- 步骤02　在"截面"中单击"添加新集"按钮，选择图 11-58 中的"第二组截面线"。
- 步骤03　继续选择"第三组截面线"。
- 步骤04　在"引导线"中单击按钮，选择图 11-58 中的圆弧。
- 步骤05　单击"确定"按钮，完成曲面的创建。

11.3.5　直纹

使用"直纹"命令可在两个截面之间创建体，其中直纹形状是截面之间的线性过渡。截面可以由单个或多个对象组成，且每个对象可以是曲线、实体边或实体面。

直纹面可用于创建曲面，该曲面无须拉伸或撕裂便可展平在平面上。

单击"菜单"按钮，选择"插入"→"网格曲面"→"直纹"命令，打开"直纹"对话框。该对话框用于通过两条曲线构造直纹面特征，即截面线上对应点以直线连接，可看作由一系列直线连接两组线串上的对应点组成的一张曲面。

- 截面线串 1：用于选择第一条截面线串。
- 截面线串 2：用于选择第二条截面线串。
- 对齐：包含以下两种对齐方式。
  - 参数：在创建曲面时，等参数和截面线所形成的间隔点，是根据相等的参数间隔建立。参数对齐时，对应点就是两条线串上的同一参数值所确定点。
  - 根据点：可以根据提供的点手动调整曲面，主要用于不同形状的截面对齐，适用在比较尖的截面。

- 设置：根据用户的需求设置类型。如图 11-60 所示，"体类型"主要包括"实体"和"片体"，效果如图 11-61 所示。

图 11-60 "设置"选项组

图 11-61 "实体"与"片体"对比

"直纹"命令主要是通过两组线串创建的曲面，在创建过程中要注意方向，下面将讲解如何创建和调整直纹面。

步骤01 单击"菜单"按钮，选择"插入"→"网格曲面"→"直纹"命令，打开"直纹"对话框，如图 11-62 所示。

步骤02 单击对话框中"截面线串 1"选项组中的"选择曲线或点"按钮，选择如图 11-63 所示的"截面线串 1"。

图 11-62 "直纹"对话框

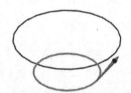

图 11-63 "截面线串 1"

步骤03 展开"截面线串 2"选项组，单击 按钮，如图 11-64 所示，然后选择如图 11-65 所示的"截面线串 2"。此时一定要注意"截面线串 1"与"截面线串 2"的箭头方向是否一致，如不一致将会出现如图 11-66 所示的情况，发生扭曲。可以单击"反向" 按钮来调整箭头的方向。

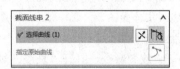

图 11-64 "截面线串 2"选项组

图 11-65 "截面线串 2"

步骤04 在"设置"选项组中单击"体类型"下拉按钮，选择"片体"选项。

步骤05 调整箭头的方向后，单击"确定"按钮，完成直纹面的创建，效果如图 11-67 所示。

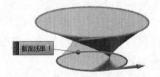

图 11-66 方向反向效果图

图 11-67 方向一致效果图

11.3.6　N边曲面

N边曲面是通过已知的曲线串或边来创建曲面，创建曲面的曲线串或边不一定是封闭的，但一定是连续的、相连的曲线或边。通过"N边曲面"命令可以创建由一组端点相连的曲线封闭的曲面。

单击"菜单"按钮，单击"插入"→"网格曲面"→"N边曲面"命令，打开如图11-68所示的"N边曲面"对话框。

（1）类型

可以创建两种类型的N边曲面。

- 已修剪：根据选择的曲线或边创建曲面，创建单个曲面，可覆盖所选曲线或边的闭环内的整个区域。
- 三角形：根据选择的曲线串或边创建曲面，但是曲面由多个三角形的面组成，每个补片都包含每条边和公共中心点之间的三角形区域。

图11-68　"N边曲面"对话框

（2）外环

选择创建N边曲面的曲线串或边。

（3）约束面

将选择的面与创建的N边曲面连续性相切或曲率约束。选择约束面可以自动将曲面的位置、切线及曲率同该面相匹配，效果如图11-69和图11-70所示。

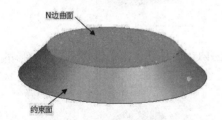

图11-69　N边曲面与面未约束

图11-70　N边曲面与面曲率约束

（4）UV方位

通过一些参数来控制N边曲面的形状。

- 脊线：使用脊线定义新曲面的V方向。新曲面的U方向等参数线朝向垂直于选定脊线的方向。
- 矢量：使用矢量定义新曲面的V方向。新N边曲面的UV方向沿选定的矢量方向。
- 面积：用于创建连接边界曲线的新曲面。
- 内部曲线：用于选定边界曲线，通过创建所连接边界曲线之间的片体，创建新的曲面。
- 定义矩形：用于指定第一个和第二个对角点以定义新的WCS平面的矩形。

（5）形状控制

选取"约束面"后，该选项才可以使用。在其中可以选择 G0、G1 或 G2。

- 中心控制：用于控制绕中心点的曲面的平面度。中心平缓滑块可用于上下移动曲面。
- 约束：用于设置 N 边曲面的连续性，以同选定的约束面匹配。

（6）设置

主要控制 N 边曲面的边界。

"修剪到边界"选项，只有当类型设置为"已修剪"的时候才会显示。选中该复选框，创建的曲面将会修剪外环外多余的曲面。

实例 1："已修剪"类型在设计过程中是最常用的一个类型，下面将通过曲面边缘创建"已修建"曲面和曲面之间的约束。

步骤 01　单击"菜单"按钮，选择"插入"→"网格曲面"→"N 边曲面"命令，打开"N 边曲面"对话框。

步骤 02　在"类型"选项组中选择"已修剪"选项，如图 11-71 所示。

步骤 03　选择如图 11-72 所示曲面的上边缘线生成曲面。

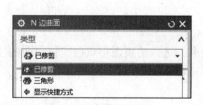

图 11-71　"类型"选项

图 11-72　选择边缘线

步骤 04　展开"约束面"选项组，单击 按钮，如图 11-73 所示。然后选择图中五边形的面。

步骤 05　单击"确定"按钮，完成 N 边面的创建，如图 11-74 所示。

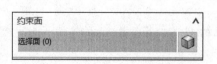

图 11-73　"约束面"选项组

图 11-74　"N 边曲面"效果图

实例 2：通过对"N 边曲面"的了解，我们可以通过现有的曲面创建"三角形"曲面。

步骤 01　单击"菜单"按钮，选择"插入"→"网格曲面"→"N 边曲面"命令，打开"N 边曲面"对话框。

步骤02 在"类型"选项组中选择"三角形"选项,如图11-75所示。
步骤03 然后选择图11-72中曲面上的边缘线,生成曲面。
步骤04 展开"约束面"选项组,单击 按钮。然后选择图中五边形的面。
步骤05 选择"形状控制"选项组中的"中心控制"选项,设置Z的参数为55,如图11-76所示。
步骤06 最后单击"确定"按钮,完成曲面的创建,如图11-77所示。

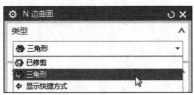

图11-75 "类型"选项组　　图11-76 "中心控制"参数设置　　图11-77 "N边曲面"效果图

11.4 三叉实战演练

本节将通过三叉造型来分析和讲解曲面建模的一些基本命令和方法。

11.4.1 导入文件

步骤01 在桌面上双击 NX 10.0 快捷方式按钮 ,启动 NX 10.0 软件。
步骤02 单击"新建"按钮,或者选择"文件"→"新建"命令,弹出"新建"对话框,在对话框中打开"sancha.prt"文件,单击"确定"按钮,进入建模环境,如图11-78所示。

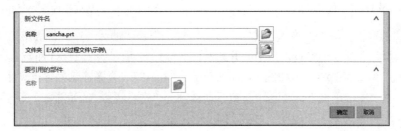

图11-78 新建文件

步骤03 单击"菜单"按钮,选择"文件"→"导入"→IGES命令,然后选择下载文件中的"三叉.igs"文件,单击"确定"按钮弹出如图11-79所示的对话框,转换IGES文件,转换后的数据文件如图11-80所示。

图 11-79 选择要导入的文件

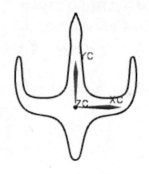

图 11-80 数据文件

11.4.2 创建扫掠

步骤 01 创建直线。单击"菜单"按钮,选择"插入"→"曲线"→"直线"命令,分别选择如图 11-81 所示的起点和终点,完成直线的创建。

步骤 02 创建基准平面。单击"菜单"按钮,选择"插入"→"基准/点"→"基准平面"命令,在基准平面"类型"选项组中选择"点和方向"选项,选择上一步创建的直线中任意一点为"基准平面"中的"指定点",在"法向"中选择 YC 方向,完成基准平面的创建,如图 11-82 所示。

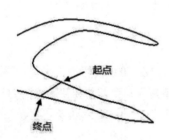

图 11-81 创建直线

图 11-82 "基准平面"对话框

步骤 03 创建圆。单击"菜单"按钮,选择"插入"→"曲线"→"圆弧/圆"命令,在"类型"选项组中选择"从中心开始的圆弧/圆"选项(如图 11-83 所示),然后选择中心点为直线的中点,如图 11-84 所示的"中心 1",选择圆弧的终点为图中的"点 2",在"支持平面"选项组中设置平面选项为"选择平面",并选择上一步骤中创建的基准平面。单击"确定"按钮完成圆的创建,如图 11-84 所示。

步骤 04 创建扫掠面。选择"插入"→"扫掠"→"扫掠"命令,打开"扫掠"对话框。

步骤 05 选择"截面"为图 11-85 中的曲线,选择"引导线"分别为图中的"引导线 1"和"引导线 2",然后展开"设置"选项组,选择"体类型"为"图纸页"(如图 11-86 所示),单击"确定"按钮完成扫掠面的创建,如图 11-87 所示。

图 11-83 参数设置

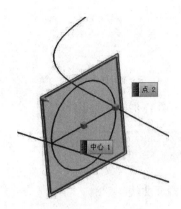

图 11-84 创建"整圆"

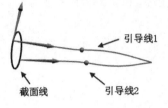

图 11-85 创建扫掠面

图 11-86 设置"体类型"选项

图 11-87 扫掠结果

步骤 06 创建直线,方法同步骤(1)。

步骤 07 创建基准平面。选择"插入"→"基准/点"→"基准平面"命令,在基准平面"类型"选项组中选择"点和方向"选项,选择上一步中创建的直线中任意一点为"基准平面"中的"指定点",在"法向"选项组中选择 XC 方向,完成基准平面的创建。

步骤 08 创建圆。方法同步骤(2),创建如图 11-88 所示的圆。

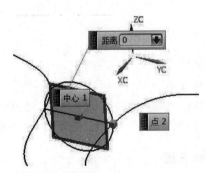

图 11-88 创建"直线"和"整圆"

步骤 09 创建扫掠面。单击"菜单"按钮,选择"插入"→"扫掠"→"扫掠"命令,打开"扫掠"对话框。选择"截面"为图 11-89 中的曲线,选择"引导线"分别为图中的"引导线 1"和"引导线 2",然后展开"设置"选项组,选择"体类型"为"图纸页",单击"确定"按钮完成扫掠面的创建,如图 11-90 所示。

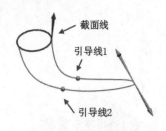

图 11-89　创建扫掠面

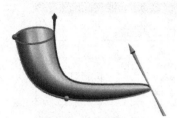

图 11-90　扫掠结果

11.4.3　创建辅助曲线 1

1. 创建截面曲线

步骤 01　选择"插入"→"派生曲线"→"截面"命令，打开"截面曲线"对话框。

步骤 02　单击"要剖切的对象"选项组中的"选择对象"，然后选择图 11-91 中箭头所指向的面。

步骤 03　单击"剖切平面"选项组中的"指定平面"，选择 XC 平面为剖切平面，单击"确定"按钮完成截面曲线的创建。

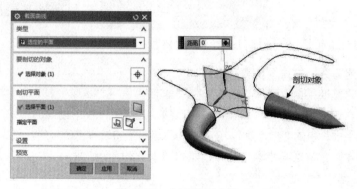

图 11-91　创建截面曲线

2. 创建直线

步骤 01　选择"插入"→"曲线"→"直线"命令，单击"起点"选项组中的"选择点"，选择如图 11-92 中所示的点为直线起点。

步骤 02　单击"终点选项"下拉按钮，选择终点方向为"ZC 沿 ZC"。展开"限制"选项组，设置"距离"为-30（如图 11-93 所示），单击"确定"完成直线的创建。

3. 创建桥接曲线

步骤 01　单击"菜单"按钮，选择"插入"→"派生曲线"→"桥接"命令，单击"起始对象"选项组中的"选择曲线"按钮，然后选择图 11-94 中的起始对象曲线。

步骤 02　单击"终止对象"选项组中的"选择曲线"按钮，选择图 11-94 中的终止对象曲线。

步骤 03　展开"形状控制"选项组，设置"开始"的参数为 0.3（如图 11-95 所示），单击"确定"按钮，完成桥接曲线的创建。

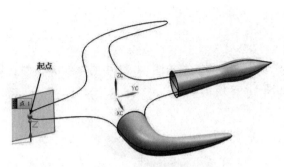

图 11-92　创建直线

图 11-93　参数设置

图 11-94　创建桥接曲线

图 11-95　参数设置

11.4.4　创建辅助曲面

单击"菜单"按钮，选择"插入"→"设计特征"→"拉伸"命令，单击"截面"选项组中的"选择曲线"按钮，然后单击上一小节中创建的曲线，拉伸如图 11-96 所示的片体，完成拉伸后分别创建图中的片体 2 和片体 3。

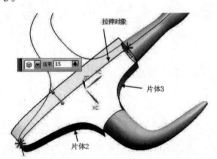

图 11-96　创建拉伸曲面

11.4.5 创建辅助曲线 2

1. 移动 WCS

单击"菜单"按钮,选择"格式"→WCS→"原点"命令,单击图 11-97 中的"点 1",然后单击"确定"按钮,将坐标移动到"点 1"处,如图 11-98 所示。

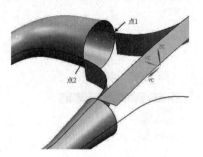

图 11-97 移动坐标位置

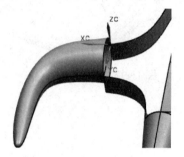

图 11-98 移动后的坐标

2. 创建截面曲线 1

步骤 01 单击"菜单"按钮,选择"插入"→"派生曲线"→"截面曲线"命令,打开"截面曲线"对话框。

步骤 02 单击"要剖切的对象"选项组中的"选择对象",然后选择图 11-99 中的剖切对象。单击"剖切平面"选项组中的"指定平面",选择 YC 平面为剖切平面(如图 11-100 所示),单击"确定"按钮完成截面曲线的创建。

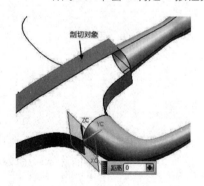

图 11-99 创建截面线

图 11-100 "截面曲线"对话框

3. 创建截面曲线 2

将坐标移动到点 2 处,然后创建截面曲线。

4. 创建桥接曲线 1

步骤 01 单击"菜单"按钮,选择"插入"→"来自曲线集的曲线"→"桥接曲线"命令,单击"起始对象"选项组中的"选择曲线"按钮,然后选择图 11-101 中的起始对象曲线。

步骤 02 单击"终止对象"选项组中的"选择曲线"按钮,选择图 11-101 中的终止对象曲线。

步骤 03 展开"形状控制"选项组,设置"开始"的参数为 1,"结束"的参数为 1(如图 11-102 所示),单击"确定"按钮,完成桥接曲线的创建。

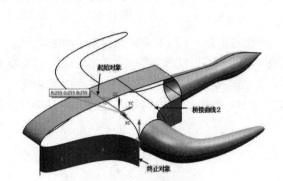

图 11-101　创建桥接曲线

图 11-102　参数设置

4. 创建桥接曲线 2

使用相同的方法创建桥接曲线 2。

11.4.6　创建轮廓曲面

1. 创建网格曲面 1

步骤 01 单击"菜单"按钮,选择"插入"→"网格曲面"→"通过曲线网格"命令,单击"选择曲线或点"后面的按钮,在弹出的"点"对话框中选择"类型"为"端点"(如图 11-103 所示),单击"选择对象",选择如图 11-104 所示的主曲线 1。

图 11-103　选择类型

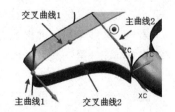

图 11-104　添加主曲线

步骤 02　单击"添加新集"按钮，选择图 11-104 中的主曲线 2 为网格的"主曲线 2"。单击"交叉曲线"选项组中的"选择曲线"按钮，选择图中的"交叉曲线 1"，单击"交叉曲线"选项组中的"添加新集"按钮，选择图中的"交叉曲线 2"，完成交叉曲线的创建，如图 11-105 所示。

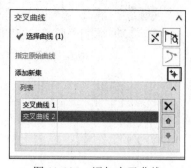

图 11-105　添加交叉曲线

步骤 03　展开"连续性"选项组，单击"第一交叉线串"下拉按钮，选择下拉列表中的"G1（相切）"选项，这时在"第一交叉线串"下面出现"选择面"选项，然后选择图中与"交叉曲线 1"相交的曲面，完成第一交叉线串连续性约束。

步骤 04　单击"最后交叉线串"下拉按钮，选择"G1（相切）"选项，这时在"最后交叉线串"下面出现"选择面"选项，然后选择图中与"交叉曲线 2"相交的曲面，完成最后交叉线串连续性约束，如图 11-106 所示。单击"确定"按钮，完成网格曲面的创建，如图 11-107 所示。

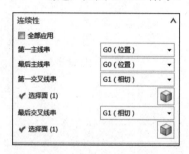

图 11-106　约束相切

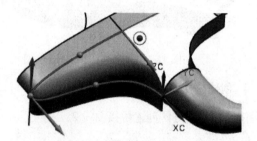

图 11-107　创建的网格曲面

2. 创建网格曲面 2

步骤 01　单击"菜单"按钮，选择"插入"→"网格曲面"→"通过曲线网格"命令，选择图 11-108 所示的主曲线 1 为网格的"主曲线 1"。然后单击"添加新集"按钮，选择图中的主曲线 2 为网格的"主曲线 2"。

步骤 02　单击"交叉曲线"下的"选择曲线"，选择图中的交叉曲线 1。单击"交叉曲线"下的"添加新集"按钮，选择图中的交叉曲线 2。展开"连续性"选项组，单击"最后主线串"下拉按钮，在下拉列表中选择"G1（相切）"选项，这时在最后主线串下面出现"选择面"选项，然后选择图中与"主曲线 2"相交的曲面，完成"最后主线串"连续性约束。

步骤 03　单击"第一交叉线串"下拉按钮，在下拉列表中选择"G1（相切）"选项，这时在"第一交叉线串"下面出现"选择面"选项，然后选择图中与"交叉曲线 1"相交的曲面，完成第一交叉线串连续性约束。

步骤 04　单击"最后交叉线串"下拉按钮，在下拉列表中选择"G1（相切）"选项，这时在"最后交叉线串"下面出现"选择面"命令，然后选择图中与"交叉曲线 2"相交的曲面，完成最后交叉线串连续性约束，如图 11-109 所示。单击"确定"按钮，完成网格曲面的创建，如图 11-110 所示。

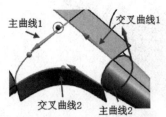  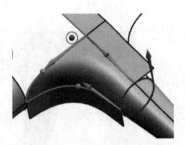

图 11-108　添加交叉曲线　　　图 11-109　约束相切　　　图 11-110　创建的网格曲面

步骤 05　单击"菜单"按钮,选择"插入"→"网格曲面"→"通过曲线组"命令,选择图 11-111 中的曲线 1 为"截面 1",然后单击"添加新集"按钮,选择曲线 2 为"截面 2"。

步骤 06　展开"连续性"选项组,单击"第一截面"下拉按钮,在下拉列表中选择"G1(相切)"选项,出现"选择面"选项,选择与曲线 1 相交的曲面,完成第一截面的连续性约束。单击"最后截面"下拉按钮,在下拉列表中选择"G1(相切)"选项,出现"选择面"选项,选择与曲线 2 相交的曲面,完成最后截面的连续性约束。

 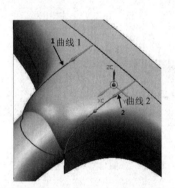

图 11-111　创建曲线组曲面

11.4.7　编辑曲面

1. 创建圆弧

步骤 01　单击"菜单"按钮,选择"插入"→"曲线"→"圆弧/圆"命令,在"类型"下拉列表中选择"三点画圆弧"选项,在图中任意取三点画圆弧。

步骤 02　选择"起点"为图 11-112 中的"点 1",选择"端点"为图 11-112 中的"点 2",选择"中点"为图 11-112 中的"点 3",单击"确定"按钮完成圆弧的创建。

步骤 03　单击"菜单"按钮,选择"插入"→"设计特征"→"拉伸"命令,将创建的圆弧拉伸成片体,如图 11-113 所示。

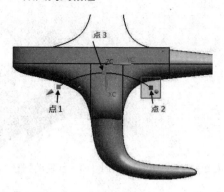
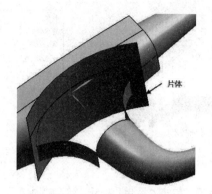

图 11-112　创建圆弧　　　　　　　　　图 11-113　拉伸成片体

2．修剪曲面

步骤01　单击"菜单"按钮，选择"插入"→"修剪"→"修剪体"命令，单击选择"目标"为前面创建的两个"通过曲线网格"和一个"通过曲线组"的面。

步骤02　展开"工具"选项组，在"工具选项"下拉列表中选择"面或平面"选项，选择拉伸的片体（如图11-114所示），最后单击"确定"按钮，修剪效果如图11-115所示。

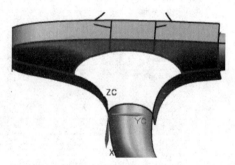

图 11-114　"修剪体"对话框　　　　　　图 11-115　修剪后效果图

11.4.8　完成曲面创建

1．创建网格曲面

步骤01　单击"菜单"按钮，选择"插入"→"网格曲面"→"通过曲线网格"命令，选择"主曲线1"为图11-116所示的主曲线1。然后单击"添加新集"按钮，选择图中的主曲线2为网格的"主曲线2"。单击"交叉曲线"选项组中的"选择曲线"，选择图中的交叉曲线1。

步骤02　单击"交叉曲线"选项组中的"添加新集"按钮，选择图中的交叉曲线2，如图11-117所示。

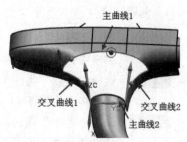

图 11-116　添加网格曲线

图 11-117　添加曲线

步骤 03　展开"连续性"选项组，单击"第一主线串"下拉按钮，选择"G1（相切）"选项，这时在"第一主线串"下面出现"选择面"选项，然后选择图中与"主曲线 1"相交的曲面，完成第一主线串连续性约束。

步骤 04　单击"最后主线串"下拉按钮，选择"G1（相切）"选项，这时在"最后主线串"下面出现"选择面"选项，然后选择图中与"主曲线 2"相交的曲面，完成最后主线串连续性约束。

步骤 05　单击"第一交叉线串"下拉按钮，选择"G1（相切）"选项，这时在"第一交叉线串"下面出现"选择面"选项，然后单击选择图中与"交叉曲线 1"相交的曲面，完成第一交叉线串连续性约束。

步骤 06　单击"最后交叉线串"下拉按钮，选择"G1（相切）"选项，这时在"最后交叉线串"下面出现"选择面"选项，然后选择图中与"交叉曲线 2"相交的曲面，完成最后交叉线串连续性约束，如图 11-118 所示。单击"确定"按钮，完成网格曲面的创建，效果如图 11-119 所示。

图 11-118　"连续性"设置

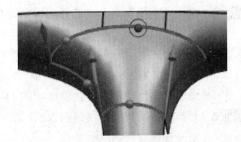

图 11-119　创建的网格曲面

2. 镜像曲面

步骤 01　单击"菜单"按钮，选择"格式"→WCS→"设置为绝对 WCS"命令，坐标将会自动设置到绝对坐标系。

步骤 02　单击"菜单"按钮，选择"编辑"→"变换"命令，选择前面创建的 3 个"通过曲线网格"曲面和一个"通过曲线组"曲面，单击"确定"按钮。

步骤 03　在弹出的对话框中单击"通过一平面镜像"按钮（如图 11-120 所示），在弹出的"刨"对话框中选择"类型"为"YC_ZC 平面"，单击"确定"按钮，如图 11-121 所示。在弹出的对话框中单击"复制"按钮，如图 11-122 所示。最后单击"取消"按钮完成复制操作，曲面镜像后的效果如图 11-123 所示。

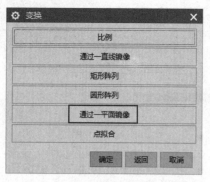

图 11-120　单击"通过一平面镜像"按钮

图 11-121　选择"类型"

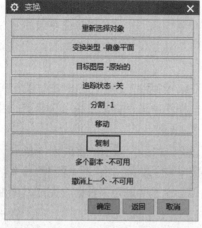

图 11-122　单击"复制"按钮

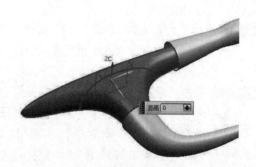

图 11-123　镜像效果

步骤 04　执行"变换"命令,选择前面创建中的 3 个"通过曲线网格"曲面、一个"通过曲线组"曲面和上一步中变换出的曲面。

步骤 05　在弹出的对话框中单击"通过一平面镜像"按钮,在弹出的"刨"对话框中选择"类型"为"XC_YC 平面",单击"确定"按钮。在弹出的对话框中单击"复制"按钮,最后单击"取消"按钮完成如图 11-124 所示的曲面镜像操作。

步骤 06　利用上述同样的方法通过"YC_ZC 平面"将扫掠 2 镜像到另一侧曲面,如图 11-125 所示最终完成后的效果图。

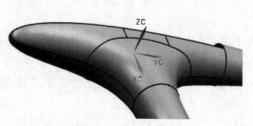

图 11-124　镜像效果

图 11-125　最终完成的效果

11.5 本章小结

本章主要介绍了曲面的成型原理,曲面设计的主要命令,曲面的术语及其概念,最后结合实例说明了曲面建模的思路。

曲面设计一般分三种方式,即由点构建曲面、由曲线构建曲面和由曲面构成曲面。在逆向造型中常用的是曲线造型,NX 软件提供包括直纹面、通过曲线组、通过曲线网格、扫掠等曲线构造曲面工具,所获得的曲面都是参数化,并且曲面与曲线之间存在关联性,当曲线进行更新后曲面自动更新。

读者在学习过程中可以以曲线构造为重点,以曲面构造为次重点来学习,因为在设计过程中通过点来构造曲面是比较复杂、麻烦的。

第 12 章 曲面编辑

本章主要介绍 NX 10.0 的曲面编辑功能。在曲面设计过程中，往往不能直接将曲面设计好，而是需要进一步地修改和调整，曲面编辑包括修剪与延伸、偏置曲面、有界平面、修剪片体、分割面、规律延伸、扩大面、桥接曲面、等参数修剪分割、片体加厚等。

学习目标

- 熟练掌握参数化和非参数化编辑方法
- 熟练运用曲面编辑的相关命令

12.1 修剪和延伸曲面

修剪和延伸曲面主要是对已有的曲面通过指定边界线进行片体与面的修剪，或者进行边的延伸。主要包括修剪和延伸、修剪片体与分割面 3 种。

12.1.1 修剪和延伸

"修剪和延伸"是指使用面的边缘进行延伸或者通过一个曲面修剪一个或多个曲面。

单击"菜单"按钮，选择"插入"→"修剪"→"修剪和延伸"命令，或者单击"特征"命令面板中的"修剪和延伸"按钮，弹出如图 12-1 所示的对话框。

1. 直至选定

使用选中的面或边作为工具修剪或延伸目标。如果使用边作为目标或工具，那么在修剪之前进行延伸。

- 目标：用于选择要修剪或延伸面或边。一般选择曲面的边。

图 12-1 "修剪和延伸"对话框

- 工具：若选择了边，则将使用它的面来限制对目标对象的修剪或延伸；若选择面，则只能修剪目标对象。

下面将通过"直至选定"修剪曲面。

步骤01 单击"菜单"按钮，选择"插入"→"修剪"→"修剪和延伸"命令，打开"修剪和延伸"对话框。

步骤02 在"修剪和延伸类型"下拉列表中选择"直至选定"，如图12-2所示。然后选择"目标"为图12-3中的实体。

步骤03 选择"工具"为图12-3中的边1、2、3。

步骤04 如果修剪预览不是预想的效果，可以单击命令面板中的"反向"按钮来调整修剪和保留侧。

步骤05 单击"确定"按钮完成曲面的修剪，如图12-3所示。

 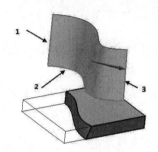

图12-2 "修剪和延伸"对话框　　　　图12-3 "直至选定"效果图

2. 制作拐角

"制作拐角"可以在目标和工具之间形成拐角。

- 目标：用于选择要修剪曲面的边。一般都是选择曲面的边。
- 工具：不仅能进行修剪和延伸，而且在目标和工具之间可形成封闭拐角。
- 选择面或边：若选择了边，则将使用它的面来限制对目标对象的修剪或延伸；若选择面，则只能修剪目标对象。

下面将通过"制作拐角"修剪曲面。

步骤01 单击"菜单"按钮，选择"插入"→"修剪"→"修剪和延伸"命令，打开"修剪和延伸"对话框。

步骤02 在"修剪和延伸类型"下拉列表中选择"制作拐角"，如图12-4所示。然后选择"目标"为图12-5中的"目标"，确定修剪的方向为向内。

步骤03 选择"工具"为图12-5中的"刀具"，然后在图中确认修剪方向。

步骤04 单击"确定"按钮完成曲面的修剪，如图12-5所示。

图 12-4 "修剪和延伸"对话框

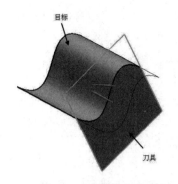

图 12-5 "制作拐角"效果

12.1.2 修剪片体

"修剪片体"命令是指利用曲面、曲线或边缘等来修剪片体。

单击"菜单"按钮,选择"插入"→"修剪"→"修剪片体"命令,或者单击"曲面"面板中的"修剪片体" 按钮,弹出如图 12-6 所示的"修剪片体"对话框。

- 目标:就是选择要被修剪的片体,单击直接选择片体即可,要注意的是单击的位置与"区域"设置有关系。
- 边界:用来修剪片体的对象,曲线、片体、基准平面、曲面或面的边缘。
- 投影方向:当用来修剪片体的边界对象偏离目标,当边界对象没有与目标重合、相交的情况下要设置"投影方向",主要目的是把边界对象曲线或面的边缘投影到目标片体上。
  - ➢ 垂直于面:这是默认的"投影方向",将"边界对象"沿着"目标"的法线方向投影到"目标"上。
  - ➢ 沿矢量:"边界对象"按指定的方向投影,将"边界对象"按照选定的"矢量方向"投影到"目标"上。比较常用的一种方式。
- 区域:选择要保留或舍弃的片体。
  - ➢ 保留:在选择目标的时候单击的那部分是保留的,保留光标选择片体的部分。
  - ➢ 放弃:在选择目标的时候单击的那部分是放弃的,放弃光标选择片体的部分。
- 设置:修剪片体常用的数据设置。
  - ➢ 保持目标:修剪片体后任然保留原"目标"体。
  - ➢ 输出精确的几何体:尽可能输出相交曲线。如果不可能,则会产生容错曲线。
  - ➢ 公差:修剪片体中的"公差"。

在曲面设计中常常会用到曲面或基准来修剪曲面,本案例中将讲解如何使用基准平面修剪曲面。

步骤 01 单击"菜单"按钮,选择"插入"→"修剪"→"修剪片体"命令,选择要修剪的曲面,如图 12-7 所示的片体,在这里选择的是基准平面右侧的片体。

步骤 02 单击"选择对象"为基准平面。

- 步骤03 在"区域"选项组中设置"选择区域"为"放弃"。
- 步骤04 单击"确定"按钮完成曲面的修剪,如图12-7(b)所示。

图12-6 "修剪片体"对话框

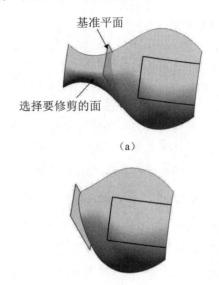

图12-7 利用"基准平面"修剪的效果

通过对"修建片体"命令的了解,还可以利用曲线对曲面进行修剪。

- 步骤01 单击"菜单"按钮,选择"插入"→"修剪"→"修剪片体"命令,选择要修剪的曲面,如图12-8所示的片体,在这里选择的是曲面外侧的片体。
- 步骤02 单击"选择对象"为图12-8所示的"边界对象"。
- 步骤03 在"区域"选项组中设置"选择区域"为"保留"。
- 步骤04 单击"确定"按钮完成曲面的修剪,如图12-9所示。

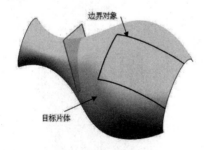

图12-8 选择"目标"和"边界对象"

图12-9 利用"曲线"修剪效果

12.1.3 分割面

通过"分割面"命令可以使用曲线、边、面、基准平面或实体之类的多个分割对象来分割某个现有体的一个或多个面。这些面是关联的,可以使用"分割面"在部件、图样、模具的模型上创建分型面。

单击"菜单"按钮，选择"插入"→"修剪"→"分割面"命令，或者单击"主页"面板中的"分割面" 按钮，弹出如图 12-10 所示的"分割面"对话框。

- 要分割的面：选择要被分割的面。
- 分割对象：选择分割的对象，曲线、面、基准平面、实体、边。
- 投影方向：与修剪片体中的"投影方向"同解。
- 设置
  - 隐藏分割对象：在执行分割面操作后隐藏分割对象。
  - 不要对面上的曲线进行投影：控制位于面内并且被选为分割对象的任何曲线的投影，选中此复选框时，分割对象位于面内的部分不会投影到任何其他要进行分割的选定面上。未选中此复选框时，分割曲线会投影到所有要分割的面上。

在设计中可以使用"分割面"将曲面或平面分割，下面将讲解如何使用曲线分割实体面。

步骤 01 单击"菜单"按钮，选择"插入"→"修剪"→"分割面"命令。

步骤 02 选择要分割的面，如图 12-11（a）所示。

步骤 03 单击"分割面"对话框中的"分割对象"下的 按钮，将"分割对象"选项激活。选择图中的"分割对象"。

步骤 04 选中"隐藏分割对象"复选框，在操作完成后"分割对象"将会隐藏。

步骤 05 单击"确定"按钮，完成曲面的分割，效果如图 12-11（b）所示。

图 12-10 "分割面"对话框

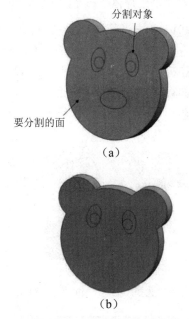

图 12-11 "分割面"示意图

12.2 曲面

12.2.1 有界平面

将一个连续封闭的边界或曲线来创建曲面。使用"有界平面"命令可以创建由一组首尾相连的平面曲线封闭的平面片体,但是曲线必须共面且形成封闭形状。

单击"菜单"按钮,选择"插入"→"曲面"→"有界平面"命令,或者单击"曲面"面板中的"偏置曲面" 按钮,弹出如图 12-12 所示的"有界平面"对话框。

"平截面"用于选择端到端曲线或实体边的封闭线串来形成

图 12-12 "有界平面"对话框

有界平面的边界。边界线串可以由单个或多个对象组成,对象可以是曲线、实体或实体面。

 "有界平面"命令与"N 边曲面"命令类似,但是与"N 边曲面"最大的区别就是"有界平面"只支持平面,只能创建同一平面上的曲线或边界,第二个区别就是"有界平面"的线串必须是封闭的。

实例1:"有界平面"是通过封闭的边界或曲线创建平面,下面将创建选择意图为"相切曲线"的"有界平面"。

步骤01 选择"插入"→"曲面"→"有界平面"命令,打开"有界平面"对话框。在"平截面"中单击"选择曲线"。

步骤02 在过滤器中使用"相切曲线"规则(如图 12-13 所示),然后选择图 12-14 中面的边缘。

步骤03 单击"确定"按钮,得到如图 12-14 所示的有界平面效果。

图 12-13 选择"相切曲线"规则

图 12-14 "相切曲线"效果

实例2:下面创建选择意图为"面的边"的"有界平面"。

步骤01 选择"插入"→"曲面"→"有界平面"命令,打开"有界平面"对话框,在"平截面"中单击"选择曲线"。

步骤 02　在过滤器中使用"区域边界曲线"或"面的边"规则（如图 12-15 所示），然后单击选择图 12-16 中的面。

步骤 03　单击"确定"按钮，得到如图 12-16 所示的有界平面效果。

图 12-15　选择"面的边"规则

图 12-16　选择"面的边"效果

12.2.2 扩大

使用"扩大"命令可通过创建与原始面关联的新曲面，更改修剪或未修剪片体/面的大小。

单击"菜单"按钮，选择"编辑"→"曲面"→"扩大"命令，弹出如图 12-17 所示的"扩大"对话框。

（1）选择面：用于选择要修改的曲面。

（2）调整大小参数。

- 全部：将相同修改应用片体的所有面。
- U 向起点百分比：指定片体各边的修改百分比。要标识边，拖动手柄选择。
- 重置调整大小参数：在创建模式下，将参数重新设置到 0。

（3）模式。

图 12-17　"扩大"对话框

- 线性：在一个方向上线性延伸片体的边。但是线性模式下只能扩大面不能缩小面。
- 自然：顺着曲面的自然曲率延伸片体的边。自然模式可以自由扩大或缩小片体的大小。
- 编辑副本：对片体副本进行扩大，如果不选中就扩大原始片体。

"扩大"是将现有曲面通过一定的规律进行扩大。通过对"扩大"命令的了解，我们通过现有的面来扩大曲面。

步骤 01　单击"菜单"按钮，选择"编辑"→"曲面"→"扩大"命令，打开"扩大"对话框。

步骤 02　选择图 12-18 中要扩大的面。

步骤 03　在"调整大小参数"下，选中"全部"复选框，在"U 向起点百分比"中输入"25"，如图 12-19 所示。

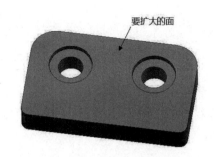

图 12-18　要扩大面的面

图 12-19　调整大小参数

步骤 04　单击"确定"按钮完成曲面的扩大，如图 12-20 所示。

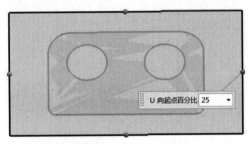

图 12-20　"扩大"效果

12.2.3　桥接曲面

"桥接曲面"主要是在两个片体之间创建一个过渡曲面。"桥接曲面"与片体之间可以连续相切、约束或位置。

单击"菜单"按钮，选择"插入"→"细节特征"→"桥接"命令，弹出如图 12-21 所示的"桥接曲面"对话框。

（1）边：选择需要桥接曲面的两个曲面或边，有两个选择，分别是选择边 1 和选择边 2。

（2）约束：控制新曲面与原始的两个曲面之间的连续性。

- 连续性：可以分别控制边 1 和边 2 的"连续性"及桥接的方向，在"连续性"下拉列表中有 3 个选项，分别是 G0（位置）、G1（相切）和 G2（曲率）。
- 相切幅度：表示起始和终止值中的相切百分比。这些值初始设置为 1。要获得反向相切桥接曲线，可单击"反向"按钮。
- 流向：选择"桥接曲面"的对齐方式。
- 边限制：调整边上的位置和面上的位置。

图 12-21　"桥接曲面"对话框

（3）使用"桥接曲面"命令可以执行以下操作。

- 在桥接和定义曲面之间指定相切或曲率连续性。
- 指定每条边的相切幅值。
- 选择曲面的流向。
- 将曲面边限制为所选边的某个百分比。
- 将定义边偏置所选曲面边上。

实例1：创建约束为"位置"的桥接曲面。

步骤01 单击"菜单"按钮，选择"插入"→"细节特征"→"桥接"命令，打开"桥接曲面"对话框。

步骤02 选择"选择边 1"为图 12-22 中的"边 1"，然后单击"选择边 2" 按钮，选取图 12-22 中的"边 2"。

步骤03 展开"约束"选项组，在"边 1"下拉列表中选择"（G0）位置"，在"边 2"下拉列表中选择"（G0）位置"，单击"确定"按钮，得到如图 12-23 所示的效果。

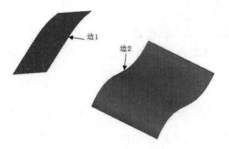
图 12-22 要桥接的曲面

图 12-23 "桥接曲面"位置约束效果

实例2：创建约束为"相切"的桥接曲面。

步骤01 同"实例1"中的步骤（1）和（2）。

步骤02 展开"约束"选项组，在"边 1"下拉列表中选择"（G1）相切"，在"边 2"下拉列表中选择"（G1）相切"，单击"确定"按钮，得到如图 12-24 所示的效果。

实例3：创建约束为"曲率"的桥接曲面。

步骤01 同"实例1"中的步骤（1）和（2）。

步骤02 展开"约束"选项组，在"边 1"下拉列表中选择"（G2）曲率"，在"边 2"下拉列表中选择"（G1）曲率"，单击"确定"按钮，得到如图 12-25 所示的效果。

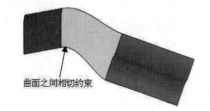
图 12-24 "桥接曲面"相切约束效果

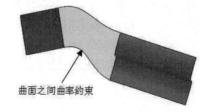
图 12-25 "桥接曲面"曲率约束效果

12.3 偏置缩放

偏置缩放主要是对已有的曲面进行复制或移动，或者通过对片体的加厚使其产生实体。本节主要介绍曲面的偏置和加厚。

12.3.1 偏置曲面

"偏置曲面"命令是将一组曲面按照面的法向进行一定距离的偏置，生成一个新的曲面。通过沿所选择的曲面法向偏置点，可以创建真实的偏置曲面。指定的距离称为偏置距离。可以选择任何类型的面来创建偏置。

单击"菜单"按钮，选择"插入"→"偏置/缩放"→"偏置曲面"命令，弹出如图12-26所示的"偏置曲面"对话框。

在"偏置曲面"过程中，可以控制偏置的方向，在选择要偏置的曲面后，有一个代表方向的箭头，拖动它可以改变偏置的距离，双击箭头可以改变偏置的方向。

1．要偏置的面

用于选择要偏置的面，选择的面可以分组到具有相同偏置距离的多个集合中，所选择的面将在列表选项中显示。

- 偏置1：在这里可以制定不同面集的偏置距离。
- 添加新集：创建选定面的面集，单击"添加新集"按钮来创建一个新集。

2．特征

- 输出：确定输出曲面的数量。
  - 所有面对应一个特征：所有选定并相连的面创建单个偏置曲面。
  - 每个面对应一个特征：每一个选定的面创建偏置曲面。
- 面的法向
  - 在"输出"选项为"每个面对应一个特征"时可以设置"面的法向"。
  - 使用现有的：使用要偏置曲面的法向作为偏置方向。
  - 从内部点：指定一个点，这个点为选定面的内部点，偏置的方向远离选定面的方向。
- 指定点：在"面的法向"选项设置为"从内部点"时可用，用于选择内部点。

图12-26 "偏置曲面"对话框

3．部分结果

- 启用部分偏置：无法从指定几何体获取完整结果时，提供部分偏置结果。
- 动态更新排除列表：在选择"启用部分偏置"时可用，在偏置中若检测到问题对象会自动添加到排除列表中。

- 要排除的最大对象数：在选择"启用部分偏置"和"动态更新排除列表"后可用。在获取结果时控制要排除的问题对象的最大数量。
- 局部移除问题顶点：在选择"启用部分偏置"和"动态更新排除列表"后可用。使用具有球形刀具半径中指定半径的刀具球头从部件中减去问题顶点。
- 球形刀具半径：控制"局部移除问题顶点"中球形刀具的半径。

通过"偏置曲面"命令可以将曲面进行有规律的偏置，下面将讲解和分析如何将一个现有曲面偏置出新曲面。

步骤01 单击"菜单"按钮，选择"插入"→"偏置/缩放"→"偏置曲面"命令，打开"偏置曲面"对话框，如图12-27所示。

步骤02 选择"要偏置的面"为图12-28中的"原始曲面"。

步骤03 在"偏置1"中输入距离为25。如果方向不符合，单击"反向"按钮或双击箭头来切换偏置的方向。

步骤04 单击"确定"按钮完成曲面的偏置，效果如图12-28所示。

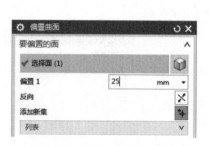

图12-27 "偏置曲面"对话框

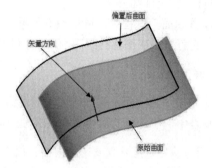

图12-28 "偏置曲面"效果

12.3.2 加厚

"加厚"命令可将一个或多个相连面或片体偏置为实体。加厚效果是通过将选定面沿着其法向进行偏置，然后创建侧壁而生成的。

单击"菜单"按钮，选择"插入"→"偏置/缩放"→"加厚"命令，或者单击"特征"命令面板中的"加厚" 按钮，弹出如图12-29所示的"加厚"对话框。

- 面：选择要"加厚"的面或片体，但是所选定的对象必须是相互连接的。
- 厚度：分别有两个选项，偏置1和偏置2，为加厚特征设置一个或两个偏置。正偏置值应用于加厚方向，由显示的箭头表示，负值应用在负方向上。
- 布尔：为加厚的体和目标体执行布尔特征。
  - 无：只创建加厚特征，不进行布尔特征。

图12-29 "加厚"对话框

- 求和：将加厚特征体与目标特征合并在一起。
- 求差：将加厚特征体从目标特征中移除。
- 求交：将加厚特征体与目标体相交部分保留。
● 设置：公差选项为加厚操作设置距离公差。默认值取自距离公差建模首选项。

通过对"加厚"命令的了解，我们可以将曲面加厚成一个实体。

步骤01 单击"菜单"按钮，选择"插入"→"偏置/缩放"→"加厚"命令，打开"加厚"对话框。

步骤02 选择如图12-30所示的曲面，然后在"厚度"中设置"偏置1"为7，如图12-31所示。

步骤03 在偏置过程中，可以单击"反向" 按钮来调整偏置的方向。

步骤04 单击"确定"按钮，得到如图12-32所示的实体。

图 12-30　要加厚的曲面

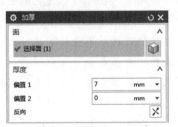
图 12-31　"加厚"对话框

图 12-32　加厚的效果

12.4 弯边曲面

弯边曲面是指在已有片体的边，生成给予长度和角度可按规律变化而创建的延伸曲面。"规律延伸"命令，是根据距离规律及延伸的角度来延伸现有的曲面或片体。

单击"菜单"按钮，选择"插入"→"弯边曲面"→"规律延伸"命令，弹出如图12-33所示的"规律延伸"对话框。

图 12-33　"规律延伸"对话框

- 类型：有两种类型。
  - 面：选取表面参考方法，将以线串的中间点为原点，坐标平面垂直于曲线终点的切线，0度轴与基础表面相切方式，确定位于线串中间点上的角度坐标参考坐标系。
  - 矢量：选取矢量参考方法，用户指定一个矢量方向。将会以0度轴平行于矢量方向的方式定位线串中间点的角度参考坐标系。
- 基本轮廓：用于指定曲线或边线串来定义要创建的曲面的基本边，可以选择曲线、草图、面的边缘。
- 参考面：此命令只有在类型为"面"时才会出现，主要是用于选择选取线串所在的面。
- 长度规律：用于定义延伸面的长度函数。
  - 恒定：为延伸曲面的长度指定恒定的值。
  - 线性：用于使用起点与终点选项来指定线性变化的曲线。
  - 三次：可供使用起点与终点选项来指定以指数方式变化的曲线。
  - 根据方程：使用表达式及参数表达式变量来定义规律。
  - 根据规律曲线：选择一条曲线或线串来定义规律函数。
  - 多重过渡：用于通过所选基本轮廓上的多个节点或点来定义曲线规律。
- 角度规律：用于定义延伸面的角度函数，下拉列表中的所有选项与"长度规律"相同。
- 脊线：主要决定角度测量平面的方位。角度测量平面垂直于脊线。

"规律延伸"是根据距离规律及延伸的角度来延伸现有的曲面或片体，下面将讲解如何创建规律曲面。

步骤01 单击"菜单"按钮，选择"插入"→"曲线"→"圆弧/圆"命令，打开"圆弧/圆"对话框。

步骤02 在"类型"下拉列表中选择"从中心开始的圆弧/圆"，选择"中心点"为坐标原点（单击按钮，在弹出的"点"对话框中输入原点坐标，如图12-34所示）。

步骤03 在"终点选项"下拉列表中选择"半径"，输入"半径"为50；展开"限制"选项组，选中"整圆"复选框（如图12-35所示）。单击"确定"按钮完成圆的创建，如图12-36所示。

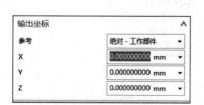

图12-34 输入原点坐标

图12-35 "圆弧/圆"对话框

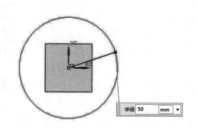

图12-36 创建圆

步骤 04 单击"菜单"按钮,选择"插入"→"弯边曲面"→"规律延伸"命令,在"类型"下拉列表中选择"矢量"。

步骤 05 选择"基本轮廓"为步骤(3)中创建的圆。选择矢量方向为 ZC。

步骤 06 在"长度规律"中设置"规律类型"为"恒定",输入"值"为5。

步骤 07 在"角度规律"中设置"规律类型"为"线性",设置"起点"角度为 0,"终点"角度为 7200,如图 12-37 所示。

步骤 08 单击"确定"按钮完成规律曲线的创建,如图 12-38 所示。

步骤 09 单击"菜单"按钮,选择"插入"→"派生曲线"→"抽取"命令,打开"抽取曲线"对话框,如图 12-39 所示。单击"边曲线"按钮,弹出如图 12-40 所示的对话框,选择规律延伸的曲面螺旋线边,单击"确定"按钮完成抽取曲线的操作,效果如图 12-41 所示。

图 12-37 "规律延伸"对话框

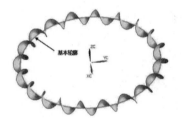
图 12-38 "规律延伸"效果

图 12-39 "抽取曲线"对话框

图 12-40 "单边曲线"对话框

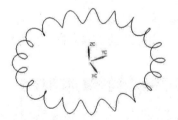
图 12-41 抽取曲线效果

12.5 五通管实战演练

通过对前面内容的学习,读者应该对曲面和曲面编辑有了一定的了解,在本节中,我们将通过五通管道的设计来分析和讲解曲面建模和曲面编辑的一些基本命令和方法。

12.5.1 创建草图

步骤01 打开 NX 软件，单击"新建"按钮，新建文件 guan.prt。

步骤02 在草图中选择"插入"→"草图"命令，或者在命令面板中单击 按钮，打开如图 12-42 所示的"创建草图"对话框。

步骤03 在"草图类型"中选择"在平面上"，在"草图平面"的"平面方法"下拉列表中选择"现有平面"，并在工作区选择基准坐标平面的"ZC-YC"面作为草图工作平面，单击"确定"按钮进行草图创建界面。

步骤04 按照图 12-43 所示的尺寸构造 4 条直线，完成后单击 按钮。

图 12-42 "创建草图"对话框

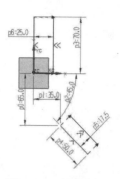

图 12-43 创建草图

12.5.2 创建曲面

步骤01 单击"菜单"按钮，选择"插入"→"设计特征"→"旋转"命令，打开"旋转"对话框，如图 12-44 所示。

步骤02 单击"选择曲线"为图 12-45 中的"截面 1"，然后单击"轴"下面的"指定矢量"，并选择图 12-45 中的"轴 1"。

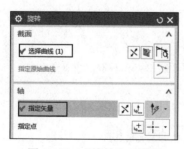

图 12-44 "旋转"对话框

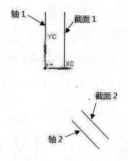

图 12-45 旋转曲线

步骤03 展开"设置"选项组，设置"体类型"为"片体"，如图 12-46 所示。单击"确定"按钮完成创建，如图 12-47 所示。

步骤04 重复步骤（1）（2）（3），将图 12-45 中的"截面 2"绕"轴 2"进行旋转。

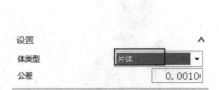
图 12-46 "体类型"设置

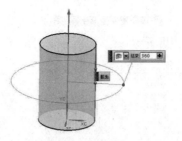
图 12-47 旋转示意图

步骤 05 单击"菜单"按钮,选择"编辑"→"移动对象"命令,打开如图 12-48 所示的对话框,然后单击"选择对象"为图 12-49 中的"移动对象"。

图 12-48 "移动对象"对话框

图 12-49 曲面阵列

步骤 06 在"运动"下拉列表中选择"角度"。在"指定矢量"中选择 YC 方向。在"指定轴点"中单击点构造器按钮确定坐标为原点,在"角度"中输入 90。

步骤 07 展开"结果"选项组,设置类型为"复制原先的",在"非关联副本数"中输入 3,单击"确定"按钮完成曲面的阵列。

12.5.3 搭建辅助曲线

1. 创建截面曲线

步骤 01 单击"菜单"按钮,选择"插入"→"派生曲线"→"截面"命令,打开"截面曲线"对话框,如图 12-50 所示。

步骤 02 选定"要剖切的对象"为全部片体,然后在"剖切平面"下指定平面,并选择 XC(如图 12-50 所示),然后单击"确定"按钮。

步骤 03 如步骤(2)选择"要剖切的对象"为全部片体,选择"剖切平面"为 ZC,最后得到如图 12-51 所示的截面曲线。

2. 创建等参数曲线

步骤 01 单击"菜单"按钮,选择"插入"→"派生曲线"→"等参数曲线"命令,弹出如图 12-52 所示的"等参数曲线"对话框,单击"选择面"为图 12-53 中的"面 1"。

图 12-50 "截面曲线"对话框　　　　　图 12-51 创建截面曲线

步骤 02 设置"方向"为 U，设置"数量"为 4。选中"间距"复选框，设置"间距"为 25，然后单击"确定"按钮，得到如图 12-53 所示的曲线。

步骤 03 如同步骤（1）和（2）的方法，在图 12-53 所示的"面 2"上抽取等参数曲线。

图 12-52 "等参数曲线"对话框　　　　图 12-53 创建等参数曲线

3．创建桥接曲线

步骤 01 单击"菜单"按钮，选择"插入"→"派生曲线"→"桥接"命令，打开如图 12-54 所示的对话框。

步骤 02 单击"起始对象"下的"选择曲线"，然后选择图 12-55 中的"起始对象"直线。单击"终止对象"下的"选择曲线"，选择图 12-55 中的"终止对象"曲线，单击"确定"按钮完成"桥接曲线"的创建。

步骤 03 同步骤（1）和（2），创建图 12-55 中的曲线 2 和 3。

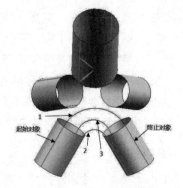

图 12-54 "桥接曲线"对话框　　　　图 12-55 创建桥接曲线

12.5.4 创建网格曲面

步骤 01 单击"菜单"按钮,选择"插入"→"网格曲面"→"通过曲线网格"命令,单击"主曲线 1"为图 12-56 的"主曲线 1"。

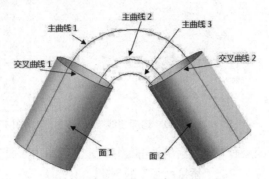

图 12-56 网格曲面曲线

步骤 02 单击"添加新集"按钮,选择图中的主曲线 2 为网格的"主曲线 2"。然后单击"添加新集"按钮,选择图中的主曲线 3 为网格的"主曲线 3"。

步骤 03 单击"交叉曲线"下的"选择曲线",选择图中的"交叉曲线 1"。单击"交叉曲线"下的"添加新集"按钮,选择图中的交叉曲线 2。

步骤 04 展开"连续性"选项组,在"第一交叉线串"下拉列表中选择"G1(相切)",这时在"第一交叉线串"下面出现"选择面",如图 12-57 所示。然后选择图中"面 1",最后将"最后交叉线串"与"面 2"约束相切。

步骤 05 单击"确定"按钮,完成网格曲面的创建,如图 12-58 所示。

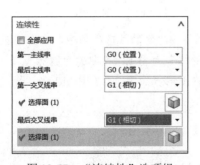

图 12-57 "连续性"选项组

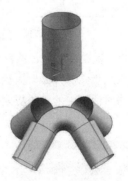

图 12-58 创建网格曲面

12.5.5 创建辅助曲面

步骤 01 创建图 12-59 所示的桥接曲线 1 和 2。

步骤 02 单击"菜单"按钮,选择"插入"→"派生曲线"→"桥接"命令,单击"起始对象"下的"选择曲线",然后选择图 12-60 中的"起始对象"直线。单击"终止对象"下的"选择曲线",选择图 12-60 中的"终止对象"曲线。

步骤 03 展开"连接性"选项组,如图 12-61 所示。选择"开始"选项卡,单击"反向"按钮,然后设置"结束"选项卡。

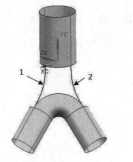
图 12-59 桥接曲线 1 和 2

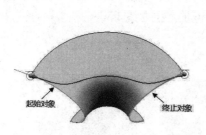
图 12-60 选择曲线

图 12-61 "连接性"选项组

步骤 04 在展开的"约束面"选项组中单击 按钮,然后单击前面步骤创建的网格曲面。单击"确定"按钮完成"桥接曲线"的创建。

步骤 05 单击"菜单"按钮,选择"插入"→"设计特征"→"拉伸"命令,选择"桥接曲线1"为"截面",选择方向为 ZC(如图 12-62 所示),拉伸如图 12-63 所示的"拉伸1"。

步骤 06 同步骤(5)拉伸出如图 12-63 所示的"拉伸2"。

图 12-62 "拉伸"对话框

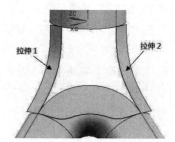
图 12-63 拉伸片体

步骤 07 单击"菜单"按钮,选择"插入"→"修剪"→"修剪片体"命令,弹出如图 12-64 所示的"修剪片体"对话框,单击"选择片体"为图 12-65 中的"目标"。

步骤 08 单击对话框中的"边界对象"按钮,然后在图形界面中选择如图 12-65 所示的"边界对象"。

图 12-64 "修剪片体"对话框

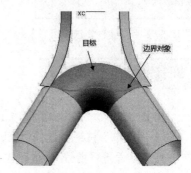
图 12-65 修剪曲面

步骤 09 设置"选择区域"为"放弃",单击"确定"按钮完成曲面的修剪。

12.5.6 创建过渡曲面

1. 创建网格曲面

步骤 01 单击"菜单"按钮,选择"插入"→"网格曲面"→"通过曲线网格"命令,单击"主曲线 1"为图 12-66 中的主曲线 1。

步骤 02 单击"添加新集"按钮,选择图中的主曲线 2 为网格的"主曲线 2"。

步骤 03 单击"交叉曲线"下的"选择曲线"按钮,选择图中的交叉曲线 1。单击"交叉曲线"下的"添加新集"按钮,选择图中的交叉曲线 2。

步骤 04 展开"连续性"选项组,在"第一主线串"下拉列表中选择"G1(相切)",这时在"最后主线串"下面出现"选择面",然后选择图 12-67 中的"面 1",单击最后主线串并与"面 2"相切。

步骤 05 单击"第一交叉线串"下拉按钮,选择下拉列表中的"G1(相切)",这时在"第一交叉线串"下面出现"选择面"选项。然后选择图中的"面 3",将"最后交叉线串"与"面 4"约束相切。

步骤 06 单击"确定"按钮,完成网格曲面的创建,如图 12-67 所示。

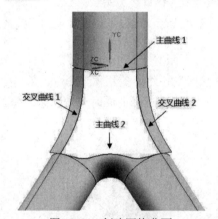
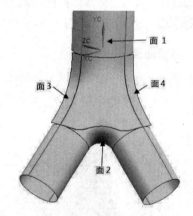

图 12-66 创建网格曲面　　　　　　　　图 12-67 网格曲面

2. 阵列曲面

步骤 01 单击"菜单"按钮,选择"编辑"→"移动对象"命令,打开如图 12-68 所示的对话框,单击"选择对象"为图 12-69 中的"移动对象"(两个曲面)。

步骤 02 在"运动"下拉列表中选择"角度"。在"指定矢量"下拉列表中选择 YC 方向。在"指定轴点"中单击点构造器 按钮确定坐标为原点,然后在"角度"中输入 90。

步骤 03 展开"结果"选项组,设置类型为"复制原先的",在"非关联副本数"中输入 3,单击"确定"按钮完成曲面的阵列,如图 12-70 所示。

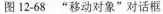
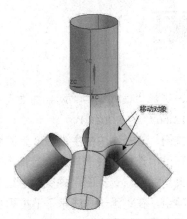
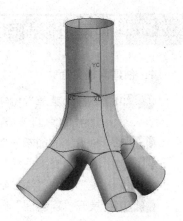

图 12-68　"移动对象"对话框　　　图 12-69　选择移动对象　　　图 12-70　移动对象效果

12.5.7　镜像特征曲面

1. 创建直线

步骤 01　单击"菜单"按钮,选择"插入"→"曲线"→"直线"命令。

步骤 02　选择如图 12-71 所示的两个端点来创建一条直线,然后连续创建其他的三条直线。

2. 修剪曲面

步骤 01　单击"菜单"按钮,选择"插入"→"修剪"→"修剪片体"命令,单击"选择片体"为图 12-72 中的"要修剪的片体"。注意在选择曲面时单击光标选择图中箭头指向的部分。

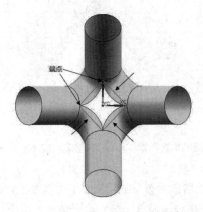
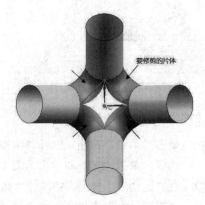

图 12-71　创建直线　　　　　　　　　图 12-72　选择修剪片体

步骤 02　单击对话框中的"边界对象"按钮,然后在图形界面中选择 4 条直线。设置"投影方向"为"沿矢量",选择"YC"作为矢量方向,如图 12-73 所示。

步骤 03　设置"选择区域"为"保留",单击"确定"按钮完成曲面的修剪。修剪后的效果如图 12-74 所示。

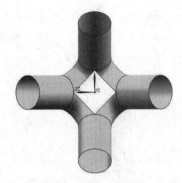

图 12-73 "修剪片体"对话框　　　　图 12-74 修剪后效果

3．创建截面曲线

步骤 01 单击"菜单"按钮，选择"格式"→WCS→"动态"命令，单击如图 12-75 所示的点，弹出"角度"输入对话框，输入"角度"为 45 后按回车键确认。

步骤 02 单击"菜单"按钮，选择"插入"→"来自体的曲线"→"截面曲线"命令，选择"要剖切的对象"为图 12-76 中的"剖切对象"。

步骤 03 在"剖切平面"下的"指定平面"下拉列表中选择 ZC，然后单击"确定"按钮，得到如图 12-76 所示的截面曲线。

 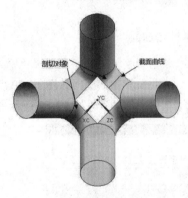

图 12-75 移动坐标　　　　图 12-76 截面曲线

4．创建桥接曲线

步骤 01 单击"菜单"按钮，选择"插入"→"派生曲线"→"桥接"命令，打开"桥接曲线"对话框。

步骤 02 单击"起始对象"下的"选择曲线"，选择图 12-77 中的"起始对象"。单击"终止对象"下的"选择曲线"，选择图 12-77 中的"终止对象"，单击"确定"按钮完成桥接曲线的创建。

5．创建网格曲面

步骤 01 单击"菜单"按钮，选择"插入"→"网格曲面"→"通过曲线网格"命令，选择"主曲线"为图 12-78 的主曲线 1。单击"添加新集"按钮，选择图中的主曲线 2 为网格的"主曲线 2"。

步骤 02　单击"交叉曲线"下的"选择曲线",选择图中的"交叉曲线 1"。单击"交叉曲线"下的"添加新集"按钮,选择图中的"交叉曲线 2"。

步骤 03　展开"连续性"选项组,分别做 4 个边的约束面。单击"确定"按钮,完成网格曲面的创建,如图 12-78 所示。

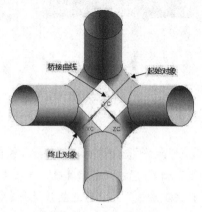

图 12-77　创建桥接曲线

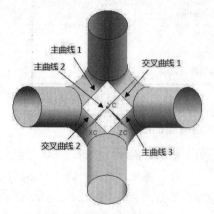

图 12-78　创建网格曲面

12.5.8　完成管道创建

1. 创建 N 边曲面

步骤 01　单击"菜单"按钮,选择"插入"→"网格曲面"→"N 边曲面"命令,打开"N 边曲面"对话框,如图 12-79 所示。

步骤 02　选择"外环"为图 12-80 所示的"边 1"。

图 12-79　"N 边曲面"对话框

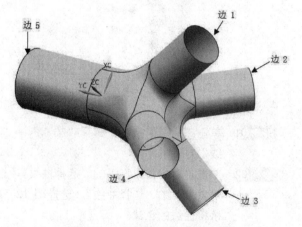

图 12-80　要创建 N 边曲面的边

步骤 03　展开"设置"选项组,选中"修剪到边界"复选框,单击"确定"按钮。

步骤 04　按照步骤(1)、(2)和(3)的方法创建"边 2""边 3""边 4""边 5"的"N 边曲面",完成效果如图 12-81 所示。

图 12-81　创建 N 边曲面的效果

4．缝合曲面

步骤 01　单击"菜单"按钮，选择"插入"→"组合"→"缝合"命令，打开如图 12-82 所示的"缝合"对话框。

步骤 02　选择"目标"为如图 12-83 所示的"目标"片体。选择"工具"为其他的片体（如图 12-82 中工具片体共有 18 个），单击"确定"按钮将曲面缝合成实体。

图 12-82　"缝合"对话框

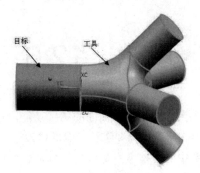

图 12-83　缝合曲面

5．抽壳

步骤 01　单击"菜单"按钮，选择"插入"→"偏置/缩放"→"抽壳"命令，打开"抽壳"对话框，如图 12-84 所示。

步骤 02　选择"要穿透的面"为如图 12-85 所示的"面 1""面 2""面 3""面 4""面 5"，在"厚度"选项中输入 5，单击"确定"按钮完成抽壳。

图 12-84　"抽壳"对话框

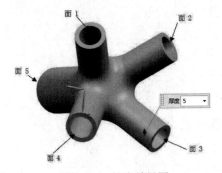

图 12-85　抽壳效果图

步骤03 五通管道完成后的效果如图 12-86 所示。如图 12-87 所示是对生成后的曲面做了一个曲面分析的效果图。

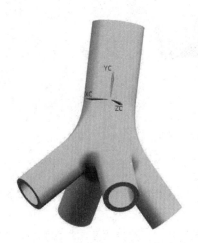

图 12-86　产品效果

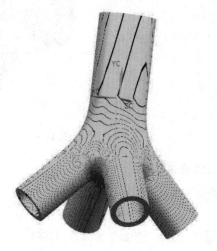

图 12-87　曲面分析效果

12.6　本章小结

　　本章主要介绍了编辑曲面的相关功能，这类命令主要辅助曲面建模的设计。大多数的设计工作不可能一次成型，需要进行一定的修改。

　　在本章中的一些命令如修剪和延伸、曲面的修剪、规律延伸、扩大曲面等可以修改原始的曲面。与实体功能相比，曲面功能较少但是运用灵活，每项功能中选项也很多，值得读者耐心去学习。

第 13 章　运动仿真简介与基础

通过 NX 建模环境建立一个三维实体模型,利用 NX 运动仿真的功能给三维实体模型的各个部件赋予一定的运动学特性,再在各个部件之间设立一定的连接关系即可建立一个运动仿真模型。

NX 运动仿真环境的功能可以对运动机构进行大量的装配分析工作、运动合理性分析工作,诸如干涉检查、轨迹包络等,得到大量运动机构的运动参数。通过对这个运动仿真模型进行运动学或动力学运动分析就可以验证该运动机构设计的合理性,并且可以利用图形输出各个部件的位移、坐标、加速度、速度和力的变化情况,对运动机构进行优化。

学习目标

- 熟悉运动仿真工作界面
- 掌握运动导航器的使用
- 熟练运用连杆特性和运动副
- 熟悉连接器和载荷
- 掌握运动分析与仿真结果输出

13.1　运动仿真主界面与实现步骤

13.1.1　进入运动仿真界面

步骤 01　启动 NX,直接打开装配文件(如图 13-1 所示)或新建一个建模文件,进入"基本环境"或"建模"环境,打开一个已经完成的装配模型或部件模型,单击"应用模块"面板中的"运动"按钮,如图 13-2 所示。

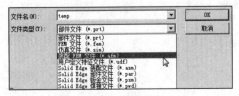

图 13-1　选择装配文件

图 13-2　单击"运动"按钮

步骤02 在"资源"命令面板上选择"运动导航器" ，在默认的文件名上右击"新建仿真"文件名（如图 13-3 所示），单击"新建仿真"按钮，弹出"环境"对话框，选择"运动学"，其余选项默认不变，如图 13-4 所示。单击"确定"按钮，新建文件成功，进入运动仿真环境并被激活，如图 13-5 所示。

图 13-3 运动导航器

图 13-4 设置运动环境

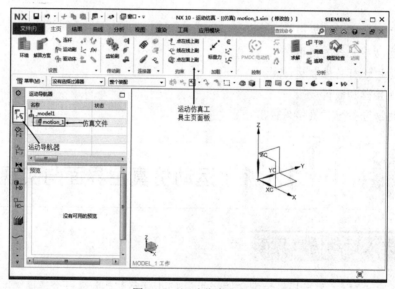
图 13-5 运动仿真主界面

NX 运动仿真模块的工具"主页"面板主要包括：运动、模型准备、连杆及运动副、运动分析、连接器和载荷、运动控制、函数、动画控制、XY 图表。

13.1.2 运动仿真实现步骤

步骤01 新建一个运动仿真环境。

步骤02 进行运动模型的构建，包括设置每个零件的连杆特性，设置两个连杆间的运动副并添加连接器和载荷。

步骤03 进行运动参数的设置，提交运动仿真模型数据，同时进行运动仿真动画的输出和运动过程的控制。

步骤04 运动分析结果的数据输出和表格、变化曲线输出，进行机构运动特性的分析。

13.2 运动导航器使用

启动 NX 后，进入运动仿真模块，新建仿真成功后，在左侧的资源管理条中会出现运动仿真导航器，如图 13-6 所示。

运动环境建立后，便可以对三维实体模型设置各种运动参数了，在该环境中设置的所有运动参数都将存储在该运动环境中，由这些运动参数构建的运动模型也将以该运动环境为载体进行运动仿真。

运动环境建立后可以对其进行编辑，包括运动环境的重命名、删除、克隆等。

1．运动环境的重命名

选中某一运动环境，单击鼠标右键将弹出一个快捷菜单，如图 13-7 所示，选择快捷菜单中的"重命名"选项后，运动环境导航窗口中的环境名称将自动变为可编辑的状态，如图 13-8 所示，输入新的运动环境名称并应用后即可实现运动环境的重命名。

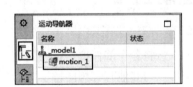

图 13-6　运动导航器

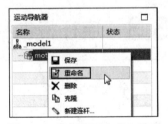

图 13-7　选择"重命名"选项

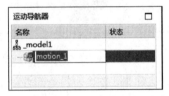

图 13-8　重命名

2．运动环境的删除

选择快捷菜单中的"删除"选项，即可实现运动环境的删除，如图 13-9 所示。

3．运动环境的克隆

选择快捷菜单中的"克隆"选项，即可实现运动环境的克隆，克隆后的运动环境与原来的运动环境的各个参数都相同，如图 13-10 所示。

图 13-9　选择"删除"选项

图 13-10　选择"克隆"选项

4. 运动环境参数的设置

选中某一运动环境，单击鼠标右键将弹出一个快捷菜单，选择"环境"选项，弹出运动仿真"环境"类型设置对话框，如图 13-11 所示。

通过不同的选择，可以将运动仿真环境设置为运动学仿真或是静态动力学仿真。

5. 运动环境信息的输出

选中某一运动环境，单击鼠标右键将弹出一快捷菜单，选择"信息"→"运动连接"选项，弹出显示运动模型各项参数设置的窗口，它记载了运动模型所有的参数，如图 13-12 所示。

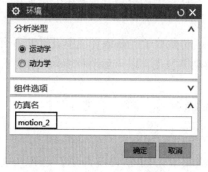
图 13-11　环境参数设置

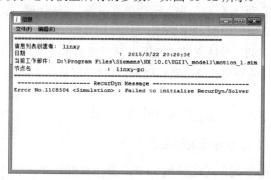
图 13-12　"信息"窗口

13.3　连杆特性和运动副

利用 NX 实体建模的功能建立了一个三维实体模型后，并不能直接将各个部件按一定的关系连接起来，必须为各个部件赋予一定的运动学特性，即让其成为一个可以与其他有着相同特性的部件之间相连接的连杆构件。

同时，为了组成一个能运动的机构，必须把两个相邻构件（包括机架、原动件、从动件）以一定方式连接起来，这种连接必须是可动连接，而不能是无相对运动的固接（如焊接或铆接），凡是使两个构件接触而又保持某些相对运动的可动连接即称为运动副。

在 NX 运动仿真环境中，两个部件被赋予了连杆特性后，就可以用运动副相连接组成运动机构。

13.3.1　创建连杆

连杆是指机构中的刚体，机构中每个运动零件均应定义为连杆。

创建连杆的步骤如下：

单击"菜单"按钮，选择"插入"→"链接"命令，或者单击"主页"面板中的"连杆"按钮 ，弹出"连杆"对话框（如图 13-13 所示），默认名称是"L001"。

- 连杆对象/选择对象：用鼠标在图中选择需要创建为连杆的对象，光标在经过装配体各零件时，未被选择的零件会高亮显示为可选状态。

- 质量属性选项：自动，连杆将采用系统默认设置的质量属性；用户定义，选择该选项，则"质量和惯性"选项组被激活；无，表示不考虑连杆的质量，在单纯的运动仿真情况下一般选择此项，如图 13-14 所示。

图 13-13 "连杆"对话框

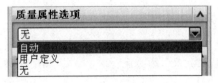

图 13-14 质量属性选项

- 质量和惯性：设置连杆的质量和质心，如图 13-15 所示。
- 初始平均速率和初始转动速度：可选性，一般不设置。
- 固定连杆：选中该复选框，表示创建的连杆固定不动，也就是作为机架，如图 13-16 所示。

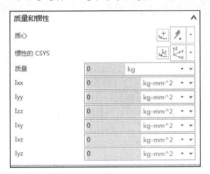

图 13-15 质量和惯性

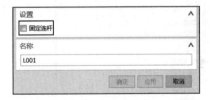

图 13-16 固定连杆

 一个连杆不能被定义多次。例如，这个部件被选中并成为一个连杆或连杆的一部分，它就不能再次被选中定义为连杆或连杆的一部分。

13.3.2 创建运动副

运动副是机构仿真中一个重要的概念，也是操作中的难点。

两个构件之间的动力传递和相对运动必须通过运动副连接。创建连杆后，每个独立的连杆在空间都有 6 个自由度，需要用运动副将各个连杆连接起来，在各连杆之间形成一定的约束，从而构建一个机构。

单击"菜单"按钮，选择"插入"→"运动副" 运动副(J)...，或者在"主页"面板中单击 （运动副）按钮，弹出"运动副"对话框，在该对话框中有 3 个选项卡，分别如图 13-17、图 13-18、图 13-19 所示。

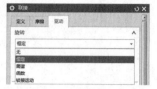

图 13-17　"定义"选项卡　　　图 13-18　"摩擦"选项卡　　　图 13-19　"驱动"选项卡

1. "定义"选项卡

对运动副的类型及每个连杆在该运动副中的矢量属性及两个连杆之间的相互关系进行定义。

- 类型：NX 运动副类型共有 15 种（如图 13-20 所示），在这里重点介绍常用的 7 种。
    - 旋转副（ 旋转副）：设定一个活动构件绕某根轴或固定架做旋转运动，也可以是两个构件，如图 13-21 所示。

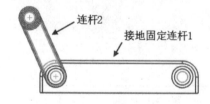

图 13-20　运动副种类　　　　　　　图 13-21　旋转福

- 滑动副（ 滑动副）：设定两个相互连接的构件之间的相对滑动。可以是一个构件固定，一个构件自由滑动，也可以是两个构件在某个平面上沿某个方向滑动且二者之间又相对运动，如图 13-22 所示。
- 柱面副（ 柱面副）：设定一个构件的圆柱面包围另一个构件的圆柱面，并绕着轴线做相对运动（转动或移动），如图 13-23 所示。

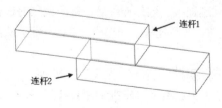

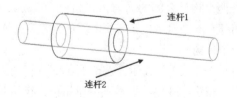

图 13-22　滑动副　　　　　　　　　图 13-23　柱面副

- 螺旋副（ 螺旋副）：设定一个构件绕着另一个构件做螺旋相对运动，如图 13-24 所示。
- 万向节（ 万向节）：设定两个构件之间绕相互正交的轴做相对运动，万向节有两个旋转自由度，如图 13-25 所示。

图 13-24　螺旋副　　　　　　　　　　图 13-25　万向节

- 球面副（ 球面副）：设定实现两个构件之间做各个自由度的相对转动，如图 13-26 所示。
- 固定（ 固定）：设定两个构件之间固定连接，如箱体、支架、底座等都设定固定副，如图 13-27 所示。

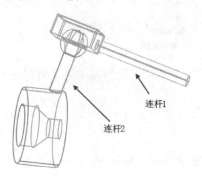

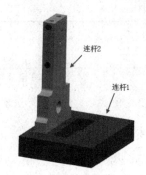

图 13-26　球面副　　　　　　　　　　图 13-27　固定副

- 操作：选择一个构件作为第一连杆，定义连杆的矢量、原点及方向，如图 13-28 所示。
- 基座：如果该运动副中有第二个连杆，应选中"啮合连杆"复选框，像第一个连杆一样定义其矢量、原点和方向，如图 13-29 所示。

图 13-28　"操作"选项　　　　　　　　图 13-29　"基座"选项

- 极限：当选中"极限"复选框后，可以输入运动的范围。该复项框只是在做关节运动驱动时使用，如图 13-30 所示。

2. "摩擦"选项卡

"摩擦"选项卡表示运动副中与摩擦相关的各个参数，如图 13-31 所示。

图 13-30 "极限"选项

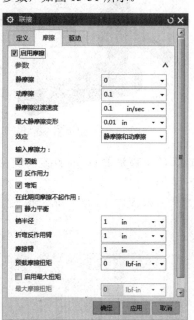

图 13-31 "摩擦"选项卡

3. "驱动"选项卡

指定驱动副的驱动类型，运动副为机构的第一个运动副时，都应指定其驱动类型。NX 提供了 5 种驱动类型，如图 13-32 所示。

- 无：指无原始驱动力，可以在其他构件的作用下运动或以一定的速度运动，如图 13-33 所示。

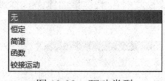

图 13-32 驱动类型

图 13-33 "无"驱动

- 恒定：是指运动副的驱动为基于时间的恒定运动，有初始位移、初速度及加速度，如图 13-34 所示。
  ➢ 初始位移：用于定义运动副的起始位置。
  ➢ 初速度：用于定义运动副的初始速度。
  ➢ 加速度：用于定义运动副的速度变化。
- 简谐：简谐运动生成一种正弦运动，如图 13-35 所示。

图 13-34 "恒定"驱动 　　　　　　　图 13-35 "简谐"驱动

- ➢ 幅值：表示该运动副振荡所达到的最大值，有正负号之分。
- ➢ 频率：表示运动副每秒循环的次数。
- ➢ 相位角：表示正弦波的波形开始位置与坐标原点之间的初始偏移量。
- ➢ 位移：表示正弦波在任意时刻的上下位移量。
- 函数：是指使用复杂的数学函数表达式来描述的运动形式，如图 13-36 所示。
- 铰接运动：主要用于旋转类机构进行运动仿真，需要设定运动副以一定的步数运动，每步的步长为所定义的距离值，如图 13-37 所示。

 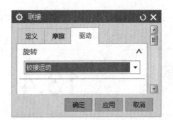

图 13-36 函数 　　　　　　　图 13-37 铰接运动驱动

13.3.3 特殊的运动副

NX 的运动仿真环境还提供了一些特殊的运动副。

- 齿轮副：用来定义两个旋转副或是旋转副在柱面副之间的相对运动，可以啮合一对齿轮之间的运动和传动关系，如图 13-38 所示。
- 齿轮齿条副：模拟齿轮齿条之间的啮合运动。选择现有的旋转副和现有的滑动副，即可创建齿轮齿条副并定义传动比，如图 13-39 所示。

图 13-38 齿轮副 　　　　　　　图 13-39 齿轮齿条副

- 点在线上副：表示两个连杆之间或一个连杆和一个固定的非连杆曲线之间的点接触，如图 13-40 所示。

如果在点在线上副中有多余的曲线，应先在建模环境中利用连接曲线命令，将曲线连接起来，并且还须是相切的。

- 线在线上副：用于两个连杆之间的常用凸轮关系。线在线上副与点在线上副的区别在于，点在线上副的接触点必须始终位于一平面上，而线在线上副，第一个连杆的曲线必须与第二个连杆的曲线相接触且相切，如图 13-41 所示。
- 点在面上副：点在曲面上副能实现两个连杆间以及一个连杆和一个固定非连杆曲面之间的点接触，如图 13-42 所示。

 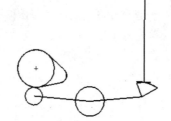 

图 13-40　点在线上副　　　图 13-41　线在线上副　　　图 13-42　点在面上副

13.4　顶置凸轮发动机仿真实例

本节主要通过模拟顶置凸轮发动机仿真实例来使读者熟练掌握 NX 运动仿真的实现步骤。主要包括运动仿真环境的创建、连杆的创建和运动副的创建。本例模型如图 13-43 所示。

根据本章前 3 节所介绍的运动仿真基础知识，对该机构进行运动分析和仿真操作。具体操作步骤如下：

13.4.1　进入运动仿真环境

首先启动 NX 10.0 软件，打开下载文件中的顶置凸轮发动机模型，单击"应用模块"面板中的"运动"按钮，选择"运动仿真"环境，系统自动进入运动仿真环境，如图 13-44 所示。

13.4.2　创建运动仿真环境

图 13-43　顶置凸轮发动机

进入运动仿真环境后，在出现的部件导航器上，单击 （运动导航器）按钮，打开运动导航器，指向导航器中的"顶置凸轮发动机"模型文件名，右键单击"新建仿真"，弹出"环境"对话框，选中"运动学"单选按钮。经过场景切换后，在运动导航器中的模型树中出现"motion_1"项目，如图 13-45 所示。

图 13-44 单击"运动"按钮

图 13-45 创建仿真

13.4.3 创建连杆

步骤 01 单击"主页"面板中的"连杆"按钮，或者单击"菜单"按钮，选择"插入"→"链接"命令，打开如图 13-46 所示的"连杆"对话框，"质量属性"选项设置为"自动"，如图 13-47 所示。

13-46 "连杆"对话框

图 13-47 设置"自动"

步骤 02 在图形工作区中选择"部件"，选中后高亮显示，如图 13-48 所示。并在"名称"下自动创建"L001"，单击"确定"按钮完成第一连杆的创建，如图 13-49 所示。

步骤 03 单击"菜单"按钮，选择"插入"→"链接"命令，打开"连杆"对话框，"质量属性"选项设置为"自动"。

13-48 选择"部件 1"

图 13-49 创建"连杆 1"

步骤 04 在图形工作区选择"部件 2"，选中后高亮显示，如图 13-50 所示。并在"名称"下自动创建"L002"，单击"确定"按钮完成第二连杆的创建，如图 13-51 所示。

图 13-50 选择"部件 2"

图 13-51 创建"连杆 2"

步骤 05 单击"菜单"按钮,选择"插入"→"链接"命令,打开"连杆"对话框,将"质量属性"选项设置为"自动"。

步骤 06 在图形工作区选择"部件 3",选中后高亮显示,如图 13-52 所示。并在"名称"下自动创建"L003",单击"确定"按钮完成第三连杆的创建,如图 13-53 所示。

图 13-52 选择"部件 3"

图 13-53 创建"连杆 3"

步骤 07 单击"菜单"按钮,选择"插入"→"链接"命令,打开"连杆"对话框,"质量属性"选项设置为"自动"。

步骤 08 在图形工作区选择"部件 4",选中后高亮显示,如图 13-54 所示。并在"名称"下自动创建"L004",单击"确定"按钮完成第四连杆的创建,如图 13-55 所示。

图 13-54 选择"部件 4"

图 13-55 创建"连杆 4"

步骤 09 单击"菜单"按钮,选择"插入"→"链接"命令,打开"连杆"对话框,"质量属性"选项设置为"自动"。

步骤 10 在图形工作区选择"部件5",选中后高亮显示,如图13-56所示。并在"名称"下自动创建"L005",单击"确定"按钮完成第五连杆的创建,如图13-57所示。

图13-56　选择"部件5"　　　　图13-57　创建"连杆5"

步骤 11 单击"菜单"按钮,选择"插入"→"链接"命令,打开"连杆"对话框,"质量属性"选项设置为"自动"。

步骤 12 在图形工作区选择"部件6",选中后高亮显示,如图13-58所示。并在"名称"下自动创建"L006",单击"确定"按钮完成第六连杆的创建,如图13-59所示。

至此,顶置凸轮发动机模型中的6个连杆均已创建完毕。如图13-60所示,所有创建的连杆已在资源条上的运动导航器模型树中显示出来。

图13-58　选择"连杆6"　　　图13-59　创建"连杆6"　　　图13-60　模型树"连杆"

13.4.4　创建运动副

步骤 01 单击"菜单"按钮,选择"插入"→"运动副"命令,打开如图13-61所示的"联接"对话框,在"定义"选项卡的"类型"中选择"旋转副",如图13-62所示。

步骤 02 在"操作"选项组中单击"指定原点"右侧的图标（下拉按钮）,选择⊙（圆心）,如图13-63所示。在图形工作区扑捉"部件1"的圆心,如图13-64所示,其余默认不变。

图 13-61 "联接"对话框

图 13-62 选择"旋转副"

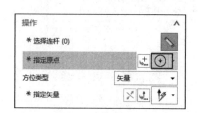

图 13-63 选择"圆心"

图 13-64 创建运动副 1

步骤 03 在"驱动"选项卡"旋转"下选择"恒定",在"初速度"输入 200,返回"定义"选项卡,单击"应用"按钮完成第一个运动副的创建,如图 13-65 所示。

步骤 04 依次类推,仿照第一个运动副的创建步骤,给其余 5 个连杆创建运动副。注意,在创建第一个运动副时,已添加驱动类型,所以后面的运动副无须添加驱动,其余选项同上不变。这样就完成了所有连杆和运动副的创建。

如图 13-66 所示,在运动导航器模型树中的连杆节点下有 6 个连杆叶结点,在运动副干节点下有 6 个运动副。

图 13-65 设置"驱动"选项卡

图 13-66 模型树"运动副"

13.4.5 创建特殊运动副

步骤 01 单击"菜单"按钮,选择"插入"→"传动副"→"齿轮副"命令,弹出"齿轮副"对话框,如图 13-67 所示。

步骤02 在"第一个运动副"选项组中选择工作区中先前创建的"部件 1"旋转副符号,如图 13-68 所示。

图 13-67 "齿轮副"对话框

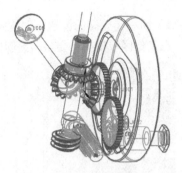

图 13-68 选择旋转副符号 1

步骤03 在"第二个运动副"选项组中选择工作区中先前创建的"部件 2"旋转副符号,如图 13-69 所示。

步骤04 在"设置"选项组中设置"比率"为 1,其余默认不变,单击"确定"按钮完成第一个特殊运动副齿轮副的创建,如图 13-70 所示。

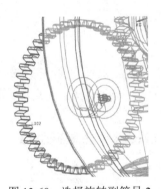

图 13-69 选择旋转副符号 2

图 13-70 设置"比率"为 1

步骤05 依次类推,创建其余 4 个齿轮副。"部件 3"和"部件 4"齿轮副的"比率"设置为 0.083,如图 13-71 所示。"部件 4"和"部件 7"齿轮副的"比率"设置为 2,如图 13-72 所示。

图 13-71 设置"比率"为 0.083

图 13-72 设置"比率"为 2

齿轮副和齿轮齿条副中设定比率参数的方法有两种：一是输入一个值；二是选择齿轮的啮合点作为运动副的原点。

这样完成了所有齿轮副的创建。创建完后的齿轮副会在运动导航器模型树上显示出来，如图13-73所示。在工作区域模型上会显示出创建齿轮副的符号，如图13-74所示。

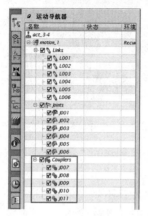

图 13-73　模型树"齿轮副"

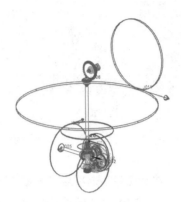

图 13-74　齿轮副符号

13.4.6　输出运动仿真结果

步骤 01　打开运动导航器，在模型树上的"motion_1"处单击鼠标右键，在弹出的快捷菜单中选择"新建解算方案"命令，如图 13-75 所示，弹出如图 13-76 所示的"解算方案"对话框。

图 13-75　选择"新建解算方案"命令

图 13-76　"解算方案"对话框

步骤 02　默认"解算方案类型"为"常规驱动"，设置"时间"为 4，"步数"为 200，其余设置默认不变，单击"确定"按钮。

步骤 03　打开运动导航器，在模型树上的"Solution_1"，单击鼠标右键，在弹出的快捷菜单中选择"求解"命令，如图 13-77 所示。

步骤 04 如果以上设置正确，求解后，动画控制命令面板命令就会被激活，单击 (播放) 按钮，如图 13-78 所示，利用该对话框中的功能就可以使机构运动起来。

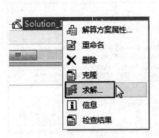

图 13-77 选择"求解"命令　　　　　　图 13-78 "动画"对话框

13.4.7 动画的导出

步骤 01 单击"菜单"按钮，选择"分析"→"运动"→"动画"命令，或者在运动导航器中"motion_1"上单击鼠标右键，选择快捷菜单中的"运动分析"→"动画"命令，弹出如图 13-79 所示的"动画"对话框，单击 按钮，工作区的模型将按用户设置的速度运动起来。

步骤 02 如果选择动画"播放模式"中的 (循环)，动画将以循环往复的方式播放下去，直到单击"停止"按钮 或"暂停"按钮 ，运动才会停下来，如图 13-80 所示。

图 13-79 "动画"对话框　　　　　　图 13-80 动画设置

步骤 03 如果想把机构中各运动副的运动轨迹以图表的方式记录下来，可以选择"分析"→"运动"→"图表"命令，弹出如图 13-81 所示的"图表"对话框。

步骤 04 在对话框的"选择对象"列表框内选择运动副，每选一个，就单击 (添加) 按钮，将其添加到"Y 轴定义"列表框，如图 13-82 所示。

步骤 05 其余选项默认不变，单击"确定"按钮，即可生成如图 13-83 所示的运动副运动轨迹曲线图。再次单击"动画控制"中的播放 按钮，将以运动轨迹曲线图的方式模拟运动过程。

图 13-81 "图表"对话框

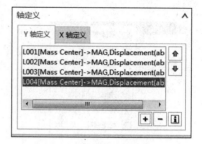

图 13-82 添加运动副

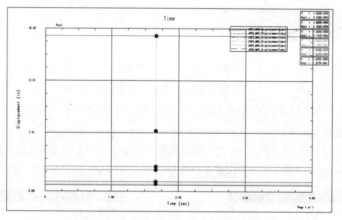

图 13-83 播放运动轨迹曲线图

步骤 06 打开运动导航器，在模型树的"motion_1"上单击鼠标右键，在弹出的快捷菜单中选择"导出"→"动画 GIF"命令，弹出如图 13-84 所示的对话框。

步骤 07 单击"指定文件名"按钮，弹出"动画输出文件"对话框，如图 13-85 所示。接受系统默认的文件名，单击"确定"按钮，将会在当前路径下导出动画文件。

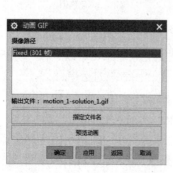

图 13-84 "动画 GIF"对话框

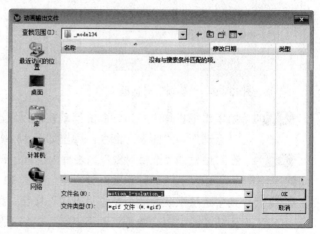

图 13-85 "动画输出文件"对话框

如图 13-86 所示为完整的顶置凸轮发动机模型的仿真模型树。

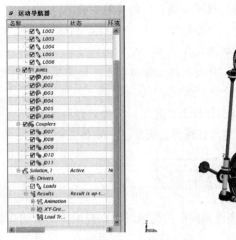

图 13-86　最终结果

 13.5　连接器和载荷

　　NX 运动仿真环境功能允许用户给运动机构添加一定的外载荷，让整个运动模型工作在真实的工程状态下，尽可能地使其运动状态与真实的情况相吻合。

　　一个被应用的力只能设置在运动机构的两个连杆之间，运动副上或是连杆与机架之间，它可以被用来模拟两个零件之间的弹性连接，模拟弹簧和阻尼的状态，以及传动力与原动力等多种零件之间的相互作用。

13.5.1　连接器和载荷的类型

　　NX 为用户提供了 9 种机构载荷，涵盖大部分实际工程状态中机构的受力形式，如图 13-87 所示。

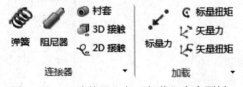

图 13-87　"连接器"与"加载"命令面板

- 弹簧：弹簧显示为两个零件之间在特定的方向上和一定距离的状态下相互之间的载荷作用，相当于在两个连杆之间或运动副上添加了一个弹簧。
- 阻尼器：阻尼器对运动起到消耗能量、抑制运动的作用。可以添加到两个连杆之间，连杆与机架之间以及运动副上。
- 衬套：衬套是表示两个零件之间在特定的方向上和一定距离的状态下相互之间的作用。
- 3D 接触：可以实现一个球与连杆或是机架上选定的一个面之间接触的效果。

- 2D 接触：结合了线运动副类型的特点和接触载荷类型的特点。根本上 2D 接触允许用户设置作用在连杆上的两条平面曲线之间的接触载荷。
- 标量力：标量力可以使一个连杆运动，也可以给一个处于静止状态连杆添加载荷，还可以作为约束和延缓连杆运动的反作用力。
- 标量扭矩：外加的扭矩，只能应用于转动副上。正的标量扭矩表示添加在转动副上绕 Z 轴顺时针旋转的扭矩。
- 矢量力：矢量力是作用在连杆上设定了一定的方向和大小的力。
- 矢量扭矩：矢量扭矩是作用在连杆上设定了一定的方向和大小的扭矩。

13.5.2 连接器与载荷的创建

本节主要通过 4 种常用的连接器和载荷的创建过程来说明运动机构载荷创建的方法。

1．弹簧的创建

在"连接器"和"加载"命令面板中单击按钮，或者单击"菜单"按钮，选择"插入"→"连接器"→"弹簧"命令，打开"弹簧"对话框，在该对话框中要求用户设置弹簧的类型，如图 13-88 所示。

2．阻尼器的创建

在"连接器"和"加载"命令面板中单击按钮，或者单击"菜单"按钮，选择"插入"→"连接器"→"阻尼器"命令，弹出"阻尼器"对话框，在该对话框中设置阻尼器参数，如图 13-89 所示。

图 13-88　"弹簧"对话框

图 13-89　"阻尼器"对话框

 当弹簧创建在滑动副上时，就好比弹簧的两端连接在相同的位置。弹簧自由长度被初始预载荷压缩到零，如不要预载荷，弹簧的自由长度为零。

3．标量力的创建

标量力只能设置在两个连杆上，单击"连接器"和"加载"命令面板中的 按钮，或者单击"菜单"按钮，选择"插入"→"载荷"→"标量力"命令，弹出如图 13-90 所示的"标量力"对话框，在该对话框中要求用户输入标量力的大小。

4．矢量力的创建

单击"加载"命令面板中的 按钮，或单击"菜单"按钮，选择"插入"→"载荷"→"矢量力"命令，弹出如图 13-91 所示的"矢量力"对话框。

图 13-90　"标量力"对话框

图 13-91　"矢量力"对话框

13.6　运动分析与仿真结果输出

NX 运动分析的全过程包括前处理、解算求解和后处理 3 个阶段。前处理就是在已构建好的三维建模模型上定义连杆、运动副、连接器和载荷；解算求解主要是对输入的数据进行解算，生成解算信息；后处理是对解算求解输出的内容进行解释，并将数据转换为动画显示信息、按钮数据和报表数据。

运动仿真的创建过程步骤如下：

步骤01　单击"环境"按钮，弹出如图 13-92 所示的"环境"对话框，选中"运动学"单选按钮，单击"确定"按钮进入运动仿真状态。

步骤02　选择"运动导航器"中的"motion_1"并单击鼠标右键，在弹出的快捷菜单中选择"新建解算方案"命令。

步骤03　在弹出如图 13-93 所示的"解算方案"对话框中，选择"解算方案类型"为"常规驱动"，分别在"时间"和"步数"中分别输入参数，接受默认的"重力常数"和"方向"，单击"确定"按钮，完成解算方案的设置。

步骤04　在命令面板中单击"求解"按钮 ，解算内部数据，此时"动画控制"将被激活，如图 13-94 所示。

图 13-92　"环境"对话框　　图 13-93　"解算方案"对话框　　图 13-94　"动画控制"按钮

步骤 05　设置完成后，单击"动画控制"中的▶按钮，如果以上的所有设置是正确的，在解算过程中，机构将会缓缓地运动，直到到达指定的步数后停止。

步骤 06　单击命令面板中的按钮，或者在运动导航器的"motion_1"上单击鼠标右键，在弹出的快捷菜单中选择"运动分析"→"动画"命令，如图 13-95 所示，弹出如图 13-96 所示的"动画"对话框。

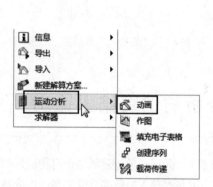

图 13-95　选择"动画"选项　　　　　　图 13-96　"动画"对话框

13.7　本章小结

本章主要向读者介绍了 NX 的运动仿真模块，包括主界面的介绍、运动仿真创建实现的操作步骤、运动导航器的管理使用、连杆的创建、运动副和特殊运动副的创建、连接器和载荷的添加、运动分析与仿真结果的输出。

运动仿真的后处理阶段，通过解算求解来输出运动分析与仿真的结果，包括运动仿真的动画导出和生成运动仿真的按钮和表格，并通过实例演练来使读者熟练掌握运动仿真模块各项功能的含义。

第 14 章 NX 数控加工

本章将介绍 NX 10.0 数控加工的相关知识,主要包括数控加工技术的基础知识及 NX 10.0 中的数控加工模块;NX 10.0CAM 界面及 NX 10.0 数控加工的通用过程;NX 10.0 中的平面铣加工模块。通过本章的阅读,可帮助读者快速掌握 NX 10.0 数控加工所须掌握的基础知识。

学习目标

- 了解数控加工的基本知识
- 了解 NX 中的数控加工模块
- 掌握 NX 数控加工的通用过程
- 运用 NX 对简单的零件进行数控加工模拟

14.1 数控加工基础知识

作为一名机械制造行业的从业人员,对数控加工有所了解是十分必要的。本节首先介绍数控加工技术的发展历程,并对数控加工基本原理进行说明,然后对数控加工中的坐标系、插补、刀具补偿等知识做一个简单的介绍。

14.1.1 数控加工技术简介

数控技术是近代发展起来的一种自动控制技术,是现代机械制造技术的基础,它综合运用了微电子、计算机、自动控制、精密检测、机械设计等技术的最新成果,通过程序来实现设备运动过程和先后顺序的自动控制,位移和相对坐标的自动控制,速度、转速及各种辅助功能的自动控制。

数控加工技术源于航空工业的需要,为适应加工复杂外形零件而发展起来的一种自动化技术。经过数十年的发展,数控加工技术已经非常成熟,典型的数控加工机床如图 14-1 所示。

图 14-1　典型的数控机床

14.1.2 数控加工基本原理

数控加工就是根据被加工零件的图样与工艺方案，用规定的代码和程序格式编写程序，驱动机床的各运动部件，并控制所需要的辅助运动，最终在机床上加工出合格的零件。数控加工原理如图 14-2 所示。

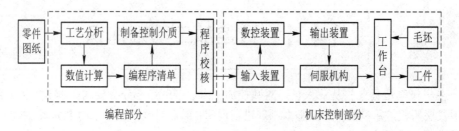

图 14-2　数控加工原理

具体是将加工过程所需的各种操作（如主轴起停和转速、进退刀，冷却液开关等）和工件尺寸形状用数字化的代码表示，通过一定介质（磁盘或网络等）将所编程序指令输入机床数控装置中，数控装置对程序（代码）进行翻译、运算之后，向机床各个坐标的伺服驱动机构和辅助控制装置发出指令，驱动机床的运动部件。

14.1.3 数控加工中的坐标系

数控机床的加工中有 3 个坐标系，分别是机床坐标系、编程坐标系和工件坐标系。

机床坐标系是生产厂家在机床上设定的坐标系，其原点是机床上的一个固定点，是生产厂家在制造机床时设定的，作为数控机床运动部件的运动参考点，也就是绝对坐标。

在数控车床上，一般设在主轴旋转中心与卡盘后端面的交点处，也称机床原点或机床零点。它是在机床装配、调试时已经确定下来的，是机床加工的基准点。在使用中，机床坐标系是由参考点相对坐标来确定的，机床系统启动后，进行"回零"操作，机床坐标系就建立了。坐标系一经建立，只要不切断电源，坐标系就不会变化。

数控机床上的标准坐标系采用右手直角笛卡尔坐标系，如图 14-3 所示。

编程坐标系是编程人员根据零件图样及加工工艺等建立的坐标系，如图 14-4 所示，O 表示编程原点，X、Y 和 Z 为编程的 X 轴、Y 轴和 Z 轴。

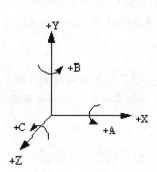

图 14-3　机床坐标系

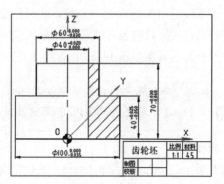

图 14-4　编程坐标系

编程坐标系的过程中不必考虑工件毛坯在机床上的实际装夹位置。编程原点应尽量选择在零件的设计基准或工艺基准上，各坐标轴的方向应尽量与所使用的数控机床的坐标轴方向保持一致。

工件坐标系是用于确定工件几何图形上各几何要素（点、直线和圆弧）的位置而建立的坐标系。

选择工件零点时，最好把工件零点放在工件图的尺寸能够方便转换成坐标值的地方。车床工件零点一般设在主轴中心线上，工件的右端面或左端面。铣床工件零点，一般设在工件外轮廓的某个角上，进刀深度方向的零点大多取在工件表面。

 编程坐标系一般供编程时使用，工件坐标系的原点即是工件零点。

14.1.4　插补

1. 基本概念

数控机床在机械加工时，刀具的运动轨迹不是光滑的曲线，刀具不能严格按照要求的曲线运动，只能沿着折线路径去无限逼近所要加工的曲线。

插补就是机床数控系统依照一定方法确定刀具运动轨迹的过程。也可以说，已知曲线上的某些数据，按照某种算法计算已知点之间的中间点的方法，也称为"数据点的密化"。

数控装置根据输入的零件程序的信息，将程序段所描述的曲线的起点、终点之间的空间进行数据密化，从而形成要求的轮廓轨迹，这种"数据密化"就称为"插补"。

2. 插补的分类

一个零件的轮廓往往是多种多样的，有直线、圆弧，也有可能是任意曲线、样条线等。数控机床的刀具往往是不能以曲线的实际轮廓去走刀的，而是近似地以若干条很小的直线或曲线去走刀。插补方式有直线插补、圆弧插补、抛物线插补、样条线插补等。

（1）直线插补

所谓直线插补就是只能用于实际轮廓是直线的插补方式（如果不是直线，也可以用逼近的方式把曲线用一段段线段去逼近，从而使每一段线段都可以使用直线插补）。

首先假设在实际轮廓起始点处沿 X 方向走一小段（一个脉冲当量），发现终点在实际轮廓的下方，则下一条线段沿 Y 方向走一小段，此时如果线段终点还在实际轮廓下方，则继续沿 Y 方向走一小段，直到在实际轮廓上方以后，再向 X 方向走一小段，依次循环类推，直到到达轮廓终点为止。直线插补的示意图如图 14-5 所示。

 实际轮廓就由一段段的折线拼接而成，虽然是折线，但是如果我们每一段走刀线段都非常小（在精度允许范围内），那么此段折线和实际轮廓还是可以近似地看成相同的曲线。

（2）圆弧插补

圆弧插补（Circula：Interpolation）是根据两端点间的插补数字信息，计算出逼近实际圆弧的点群，控制刀具沿这些点运动，加工出圆弧曲线。圆弧插补的示意图如图 14-6 所示。

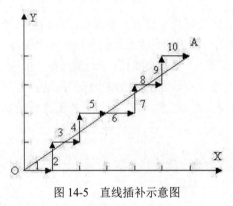 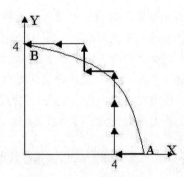

图 14-5　直线插补示意图　　　　　　图 14-6　圆弧插补示意图

（3）复杂曲线实时插补算法

传统的 CNC 只提供直线和圆弧插补，对于非直线和圆弧曲线则采用直线和圆弧分段拟合的方法进行插补。这种方法在处理复杂曲线时会导致数据量大、精度差、进给速度不均、编程复杂等一系列问题，必然对加工质量和加工成本造成较大的影响。许多人开始寻求一种能够对复杂的自由型曲线曲面进行直接插补的方法。

近年来，国内外的学者对此进行了大量的研究，由此也产生了很多新的插补方法，如 A(AKIMA) 样条曲线插补、C(CUBIC) 样条曲线插补、贝齐尔(Bezier)曲线插补、PH(Pythagorean-Hodograph)曲线插补、B 样条曲线插补等。

14.1.5　刀具补偿

1．基本概念

刀具补偿是指补偿实际加工时所用的刀具与编程时使用的理想刀具或对刀时使用的基准刀具之间的偏差值，保证加工零件符合图纸要求的一种处理方法。

2. 刀具补偿的分类

刀具补偿通常有两种类型：刀具半径补偿和刀具长度补偿。

（1）刀具半径补偿

在轮廓加工时，刀具中心运动轨迹（刀具中心或金属丝中心的运动轨迹）与被加工零件的实际轮廓要偏移一定距离，这种偏移称为刀具半径补偿，又称刀具中心偏移。

如图 14-7 所示，在加工内轮廓时，刀具中心向工件轮廓的内部偏移一定距离，而加工外轮廓时，刀具中心向工件的外侧偏移一定距离，这个偏移，就是所谓的刀具半径补偿。图中，粗实线为工件轮廓，虚线为刀具中心轨迹，本图中的偏移量为刀具半径值。而在粗加工和半精加工时，偏移量为刀具半径和加工余量之和。

（2）刀具长度补偿

当刀具的长度尺寸发生变化而影响工件轮廓的加工时，数控系统应对这种变化实施补偿，即刀具长度补偿。刀具长度补偿示意图如图 14-8 所示。

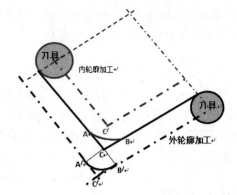

图 14-7　刀具半径补偿示意图

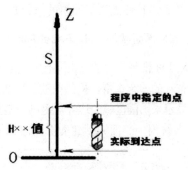

图 14-8　刀具长度补偿示意图

刀具长度补偿主要有以下两种方式。

- 用刀具的实际长度作为刀长的补偿：利用该方式进行刀具补偿，可以避免在加工不同工件时不断地修改刀长偏置，即使受刀库容量限制，需取下刀具而重新安装时，只要根据刀具标牌上的刀长数值作为刀具长度补偿而无须再测量，可节省辅助工作时间。
- 采用刀尖在 Z 方向上与编程零点的距离值（有正负）作为补偿值：采用这种刀具长度补偿方式，其补偿值即是主轴从机床 Z 坐标零点移动到工件编程零点时的刀尖移动距离，因此补偿值总为负值且很大。当用同一把刀加工其他工件时就需要重新设置刀具长度补偿值。

 这种方法适用于一个人操作机床而没有足够时间来用对刀仪测量刀具长度的工作环境。

14.2 NX 10.0 数控加工模块介绍

NX 的制造模块包括平面铣、型腔铣、固定轴曲面轮廓铣、可变轴曲面轮廓铣、车加工、点位加工、线切割、切削仿真及后置处理等子模块，每个子模块中又包含多种不同的模板，使编程操作方便、快捷。

NX CAM 提供了各种复杂零件的粗精加工，根据零件结构、加工表面形状和加工精度要求选择合适的加工类型，在每种加工类型中包含了多个加工模板,应用各加工模板可快速建立加工操作。

NX 的制造模块包括有以下子模块，可以按需要选用。

1. NX/CAM 基础（NX/CAMBase）

该模块提供了连接 NX 所有加工模块的基础。用户可以在图形方式下通过观察刀具运动，用图形编辑刀具的运动轨迹，具有延伸、缩短、修改刀具轨迹等编辑功能。针对如钻孔、攻丝和镗孔等加工任务，它还提供了通用的点位加工程序。NX/CAM 基本界面如图 14-9 所示。

2. NX 平面铣削（NX/FaceMilling）

NX 平面铣削模块功能，包括多次走刀轮廓铣、仿形内腔铣、Z 字形走刀铣削，规定避开夹具和进行内部移动的安全余量，提供型腔分层切削功能、凹腔底面小岛加工功能，对边界和毛料几何形状的定义，显示未切削区域的边界，提供一些操作机床辅助运动的指令，如冷却、刀具补偿、夹紧等。

平面铣削中平面铣创建的操作对话框如图 14-10 所示。

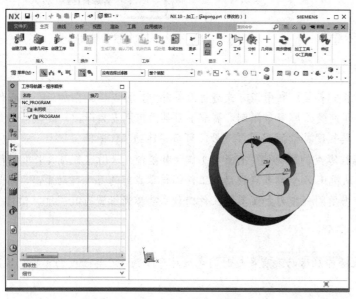

图 14-9 NX CAM 基本界面

图 14-10 "面铣"对话框

3．NX/型腔铣削（NX/CavityMilling）

该模块提供粗切单个或多个型腔、沿任意形状切去大量毛坯材料以及可加工出型芯的全部功能。最突出的功能是对非常复杂的形状产生刀具运动轨迹，确定走刀方式。容差型腔铣削可用于加工不精确的设计形状的曲面之间有间隙和重叠的场合。可被分析的型腔面数目多达几百个。该模块提供了型芯和型腔加工过程的全自动化。

型腔铣削中型腔铣创建的操作对话框如图14-11所示。

4．等高加工（NX/ Zlevel Profile）

等高加工通过切削多个切削层来加工零件实体轮廓与表面轮廓，用来半精加工、精加工"陡峭"模型。对于模芯/模腔类零件，无论其几何形状多么复杂，等高加工都可以直接对其进行粗加工或精加工，还提供了多种刀路方式。在精加工中，用户可以强制使用顺铣或逆铣，或者采用顺逆铣复合方式以缩短加工时间。等高加工中等高轮廓铣创建的操作对话框如图14-12所示。

图14-11　"型腔铣"对话框

图14-12　"深度轮廓加工"对话框

5．NX/固定轴铣削（NX/Fixed-AxisMilling）

该模块提供了完全和综合的工具，用于产生3轴运动的刀具路径。实际上它能加工任何曲面模型和实体模型，可以用功能很强的方法来选择零件需要加工的表面或加工部位。它有多种驱动方法和走刀方式可供选择，如沿边界、径向、螺旋线及沿用户定义的方向驱动，在边界驱动方法中又可选择同心圆和径向等多种走刀方式。

 在固定轴铣削模块中，可控制逆铣和顺铣切削及沿螺旋路线进刀等。同时，还可轻易地识别前道工序未能切除的区域和陡峭区，以便用户进一步清理这些地方。固定轴铣削可以仿真刀具路径，产生刀位文件，用户可接受并存储此刀位文件，也可拒绝或按要求修改某些参数。

固定轴铣削中固定轴曲面轮廓铣创建的操作对话框如图 14-13 所示。

6．NX/可变轴铣削（NX/Variable-AxisMilling）

该模块提供任何 NX 曲面的固定轴和多轴铣削的功能。规定了 3～5 轴轮廓运动、刀具定向和曲面加工质量。通过曲面参数把刀具轨迹映射到加工面上，并可利用任意曲线及点对刀具轨迹进行控制。

可变轴铣削中可变轴曲面轮廓铣创建的操作对话框如图 14-14 所示。

图 14-13　"固定轮廓铣"对话框

图 14-14　"可变轮廓铣"对话框

7．NX/清根加工（NX/FlowCut）

清根加工可以有效地清除拐角及夹缝中残留的材料。在可能的条件下，清根加工可以通过优化生成一条连续的加工切削路径。清根加工会分析前一个工序未能加工到的区域，并自动决定其加工范围。

清根加工中单刀路清根创建的操作对话框如图 14-15 所示。

8．NX/顺序铣削（NX/SequentialMilling）

该模块适用于用户要求对切削过程中刀具的每一步路径生成都进行控制的情况。

使用交互式手段逐段地建立刀具路径，但处理过程的每一步都受总控制的约束。循环（Looping）功能允许用户通过定义轮廓的里边和外边轨迹后，在曲面上生成多次走刀加工，并可生成中间各步的加工程序。

顺序铣削中顺序铣创建的操作对话框如图 14-16 所示。

图 14-15 "单刀路清根"对话框

图 14-16 "顺序铣"对话框

9. NX/车加工（NX/Turning）

车削加工模块提供了加工旋转类零件所需的全部功能，包括粗车、精车、切槽、车螺纹和打中心孔。

零件的几何模型和刀具轨迹完全相关，刀具轨迹能随几何模型的改变而自动更新。用户可控制的参数有进给速率、主轴转速、零件间隙等。若不做更改，这些参数将保持原有数值。通过屏幕显示刀具轨迹，对数控程序进行模拟，便可检测设置参数是否正确。文本输出生成一个刀位源文件（CLSF），用户可以对刀位文件进行存储、删除或按要求修改到正确位置。

车加工中外经粗车创建的操作对话框如图 14-17 所示。

10. NX/线切割（NX/WireEDM）

线切割加工模块支持线框模型程序编制，可进行 2～4 轴线切割加工。提供了多种走刀方式，如多次走刀的轮廓加工、电极丝反转和切割留有成块材料的加工。同时它也支持定程切割以及使用不同直径的电极丝和功率大小的设置。

用户还可以用通用的后处理器来开发专用的后处理程序，生成适用于某个机床的数据文件，线切割也支持流行的 EDM 软件包，如 AGIE、Charmilles 及其他软件。

线切割中外部修剪创建的操作对话框如图 14-18 所示。

11. Nurbs（B 样条）轨迹生成器（Nurbs（B-Spline）PathGenerator）

该模块允许从 NX/NC 处理器中直接生成基于 Nurbs 的刀具轨迹数据。

直接从 NX 实体模型中获得的新刀具轨迹可以加工出极其精确和超等级的零件。通过消除控制器等待时间，用户可看到物理纸带尺寸被减小到标准格式的 30%～50%，加工时间也明显减少。如果用户想充分利用新的高速机床的优点，而这些高速机床又提供功能强大的控制器特征的话，那么 NX/Nurbs（B 样条）轨迹生成器就是一个用户所必需的工具。

图 14-17 "外径粗车"对话框 　　　　　　图 14-18 "外部修剪"对话框

12．NX/制造资源管理系统（NX/Genius）

该模块能方便、高效地建立制造数据并加以分类。功能强大的关系数据库系统特别适用于支持生产计划、刀具、NC 程序、订货数据和库存管理等功能。NX/Genius 基于模块化原理、易于扩充以适应各种各样用户的需要。它还具有可提供图形刀具分类、与 NX/CAM 的接口及各种 MRP、DNC 系统的接口等特点。

13．NX/切削仿真（NX/CAMVisualize）

该模块采用人机交互方式模拟、检验和显示 NC 刀具的路径，是一种花费少、效率高且不用机床就能验证数控程序的好方法。

切削仿真节省了试切样件、机床调试时间、减少了刀具磨损和机床清理工作。通过定义被切零件的毛坯形状，调用 NC 刀具轨迹数据，就可以检验由 NX 生成的刀具路径的正确性。作为检验的一部分，该模块还能计算出完工零件的体积和毛坯的切除量，因此很容易确定原材料的损失。

14．NX/图形刀轨编辑器（NX/GraphicalToolPathEditor）

该 CAM 模块可以让用户观察到刀具沿其轨迹运动的情况，能够通过操作图形和文本信息来编辑刀具轨迹。

该模块还提供了刀具动画功能，可以向整个或部分刀轨段上显示动画，同时还可控制动画的速度和方向。另一个重要的特点是，可对已经被限定了边界的刀具轨迹进行延伸和裁剪，如压板或夹具所限定的边界，并能进行过切检查。

15．NX/机床仿真（NX/Unisim）

该模块为用户提供了一个功能强大的可视化系统，此系统是为提供一个"逼近现实"的加工仿真环境而设计的。其目的是为了在复杂的加工环境中减少加工时间、消除机床损坏并提高质量。

机床仿真包容了整个加工环境（机床、刀具、夹具和工件），以用来仿真，同时也是为了检验的目的。通过使用从 NX/CAM 中得到的后处理的输出数据，机床仿真可以精确地检测相互接触的部件之间的碰撞。

16．NX/后置处理（NX/Postprocessing）

后置处理模块包括图形后置处理器和 NX 通用后置处理器，可格式化刀具路径文件，生成指定机床可以识别的 NC 程序，支持 2～5 轴铣削加工、2～4 轴车削加工和 2～4 轴线切割加工。其中 NX 后置处理器可以直接提取内部刀具路径进行后置处理，并支持用户自定义的后置处理命令。

17．NX/车间工艺文档 Shop/Doc

车间工艺文档 Shop/Doc 可以自动生成车间工艺文档并以各种格式进行输出。

NX 提供了一个车间文档生成器，它从 NXpart 文件中提取对加工车间有用的 CAM 的文本和图形信息，包括数控程序中用到的刀具参数清单、操作次序、加工方法清单、切削参数清单。

14.3 NX 10.0 加工界面介绍

14.3.1 进入 NX 10.0 加工模块

在 NX 10.0 中，可以直接新建加工文件，单击"菜单"按钮，依次选择"文件"→"新建"命令，或者单击（新建）按钮，系统弹出"新建"对话框，如图 14-19 所示。

在"新建"对话框的"加工"选项卡下，选择模板，输入名称并选择目录，单击"要引用的部件"后的（打开）按钮，系统弹出如图 14-20 所示的"选择主模型部件"对话框，从列表中或者通过单击（打开）按钮选择主模型部件，单击两次 确定 按钮即可进入加工模块。

图 14-19　"新建"对话框

图 14-20　"选择主模型部件"对话框

进入加工模块后，主菜单及命令面板会发生一些变化，将出现某些只在制造模块中才有的菜单选项或工具按钮，而另外一些在造型模块中的工具按钮将不再显示。

14.3.2 NX CAM 界面介绍

NX 的工作界面会因为使用环境的不同而不同，如图 14-21 所示是 NX 10.0 中文版的 CAM 界面，主要包括标题栏、菜单按钮、操作面板、提示栏和状态栏、操作导航器、命令选项卡、选择过滤器、资源条和工作坐标系等。

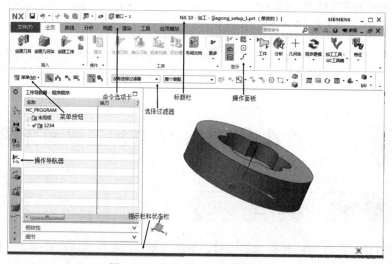

图 14-21 NX 10.0 CAM 基本界面

1．NX 10.0 CAM 的基本界面介绍

（1）标题栏

NXCAM 工作界面的标题栏用途与一般 Windows 应用软件的标题栏用途大致相同。标题栏的主要功能用于显示软件版本与用户应用的模块名称，并显示当前正在操作的文件及状态。

（2）菜单按钮

菜单按钮中包含了 NX CAM 软件的大部分功能，主要用来调用 NX 各个功能模块和各执行命令，以及对 NX 系统的参数进行设置。NX 系统将所有的命令或是设置选项予以分类，分别放置在不同的菜单项中，以方便用户的查询及使用。

菜单包含文件、编辑、视图、插入、格式、工具、装配、信息、分析、首选项、窗口、GC 工具箱和帮助等菜单。主菜单为下拉式菜单，单击主菜单中任何一个功能时，系统会将菜单下拉，并显示出该功能菜单包含的有关命令。

（3）命令选项卡和操作面板

在 NX 环境中使用最为广泛的就是命令选项卡和操作面板，其按照不同的功能分成若干类。它位于整个界面的上方，以简单、直观的按钮来表示每个命令的作用，单击按钮即可启动相对应的 NX 软件功能，相当于从功能菜单中逐级选择到的最后的命令。

例如，单击"主页"面板中的 （创建工序），相当于在主界面菜单栏中选择"插入"→"工序"命令，它们都会打开"创建工序"对话框。

（4）选择过滤器

选择过滤器用于帮助选择图形区的元素，为操作提供方便。它包括两个下拉式菜单，前一个为类型过滤，后一个为范围选择。

（5）图形区

图形区即 NX 的工作区，是以窗口的形式呈现的，占据了屏幕的大部分空间，其可用于显示绘图后的图素、分析结果、刀具路径结果等。

（6）提示栏和状态栏

提示栏主要用于提示用户如何进行选择，每执行一步系统都会在提示栏中显示用户需要执行的操作或下一步操作。

状态栏表示系统当前正在执行的操作。其主要用途于显示系统及图素的状态，系统执行某个指令之后，状态栏会显示该指令结束的信息。

（7）操作导航器

操作导航器是为用户提供的管理当前零件的操作及操作参数的一个树形界面，位于屏幕的左侧，其中有常用的导航器按钮，如部件导航器、工序导航器等。

> 在进行绘图区的操作时，各种导航器处于隐藏状态。当单击导航按钮时，导航器会显示出来，当鼠标离开操作导航器的界面时，操作导航器会自动隐藏，也可以通过单击 和 按钮设置导航器是否自动隐藏。

2．典型命令面板介绍

NXCAM 界面与其他界面的主要区别就是提供了用于 CAM 操作的 4 个命令面板，即加工创建命令面板、加工操作命令面板、视图命令面板和对象命令面板，下面逐一进行介绍。

（1）插入命令组

插入命令组如图 14-22 所示，它提供新建数据的模板。加工创建命令面板包含创建方法、创建程序、创建刀具、创建几何体和创建工序 5 种命令。加工创建命令面板的功能也可以在如图 14-23 所示的"插入"菜单中选择相应的选项。

图 14-22 加工创建命令面板

（2）工序命令组

工序命令组如图 14-24 所示，此命令组提供与刀位轨迹有关的功能，方便用户针对选取的操作生成其刀位轨迹，或者针对已生成刀位轨迹的操作，进行编辑、删除、重新显示或切削模拟。加工操作命令面板也提供对刀具路径的操作，如生成刀位源文件（CLSF 文件）及后置处理或车间工艺文件的生成等。

> 在工序导航器中没有选择任何操作时，加工操作命令面板选项将呈现灰色，不能使用。

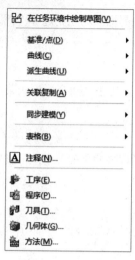

图 14-23　插入命令

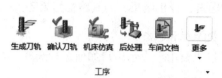

图 14-24　加工操作命令面板

（3）视图命令面板

视图命令面板如图 14-25 所示，此命令面板用于确定工序导航器的显示视图，被选择的选项将会显示于导航窗口中，也可以通过在工序导航器中的空白处单击鼠标右键，在弹出的快捷菜单中进行视图的选择。

（4）对象命令面板

对象命令面板如图 14-26 所示，此命令面板提供操作导航窗口中所选择对象的编辑、剪切、显示、重命名及刀位轨迹的转换与复制等功能。

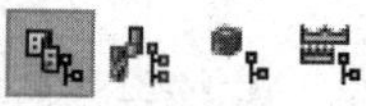

图 14-25　视图命令面板

图 14-26　对象命令面板

3．工序导航器

NX 10.0 加工环节中的工序导航器是一个对创建的操作进行全面管理的窗口，它有 4 个视图，分别是程序顺序视图、机床视图、几何视图和加工方法视图，这些视图通过树形结构显示所有的操作。

NX 10.0 加工的最终目的是生成数控程序，即通过操作产生刀位轨迹。而工序导航器分别集中显示程序、几何体、刀具和方法，使所进行的操作一目了然。

14.4 NX 数控加工的通用过程

通常情况下,在进行数控加工编程之前需要进行零件的工艺性分析,明确工件的加工工艺路线并确定零件的加工工艺。其中包括每个工序、工步中具体的加工方法和加工参数,再利用 NX 创建加工刀位轨迹。

目前市场上流行的 CAM 软件均具备了较好的交互式图形编程功能,操作过程大同小异。数控编程基本过程及内容如图 14-27 所示。

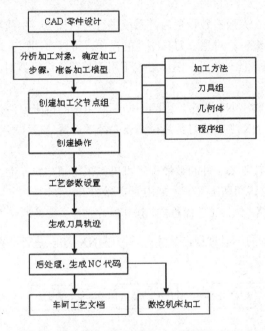

图 14-27 数控编程的一般步骤

(1) 获得 CAD 数据模型。NX 10.0 是基于图形的交互式数控编程软件,编程前必须提供的 CAD 数据模型,可以是 NX 直接造型的实体模型或是经过数据转换的其他 CAD 模型。

(2) 加工前的准备工作。在应用 NX 进行加工编程操作之前,一般先要进行一些辅助准备工作,包括模型分析、创建毛坯和创建加工装配模型等,这些工作大多数可以在创建操作时进行。

(3) CAM 数据模型的建立。主要包括以下几个方面。

- 确定加工坐标系(MCS):坐标系是加工的基准,将加工坐标系定位于机床操作人员确定的位置,同时保持坐标系的统一。
- CAD 数据模型数据处理:分析 CAD 数据模型,如果还需要对 CAD 模型进行修补完善,隐藏部分对加工不会产生影响的曲面,以适合编程需要。
- 构造 CAM 辅助加工几何:针对不同驱动几何的需要,构造辅助曲线或辅助面;构建边界曲线限制加工范围。

(4)定义加工方案。主要包括以下几个方面。

- 确定加工对象及加工区域：在平面铣和型腔铣中加工几何用于定义加工时的零件几何、设定毛料几何、检查几何；在固定轴铣和变轴铣中加工几何用于定义要加工的轮廓表面。
- 刀具选择：刀具选择可通过模板新建刀具或从刀具库中选取创建加工刀具尺寸参数，创建和选取刀具时，应考虑加工类型、加工表面的形状和加工部位的尺寸大小等因素。
- 加工内容和加工路线规划：零件加工过程中，为保证精度，需要进行粗加工、半精加工、精加工，创建加工方法组。为了有效组织各加工操作和排列各操作在程序中的次序，需要创建程序组。
- 切削方式的确定：用于确定加工区域的刀具路径模式与走刀方式。
- 定义加工参数：加工参数包括切削过程中的切削参数、非切削移动参数及进给和转速等。

（5）生成刀具路径。在完成参数设置后，系统进行刀轨计算，生成加工刀具路径。

（6）刀具路径检验、编辑。对生成刀具路径的操作，可以在图形窗口中模拟刀具路径，以验证各操作参数定义的合理性。此外，可在图形方式下用刀具路径编辑器对其进行编辑，并在图形窗口中直接观察编辑结果。

（7）刀具路径后处置输出 NC 程序。因为不同厂商生产的机床硬件条件不同，而且各种机床所使用的控制系统也不同，NX 生成的刀具路径需要先经过后置处理才能送到数控机床进行零件的加工。

（8）机床试切加工。较复杂工件的数控程序可以先采用硬塑料、铝、硬石蜡、硬木等低成本的试切材料进行试切，经过试切切削验证才能用于实际加工。

（9）编制车间工艺文档。包括工艺流程图、操作顺序信息、工具列表等，供以后查询参考使用。

下面针对以上数控编程的一般过程，具体讲解一下 NX 10.0 进行数控编程的通用过程，具体的操作步骤如图 14-28 所示。

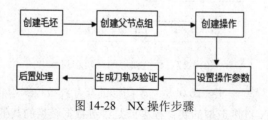

图 14-28 NX 操作步骤

14.4.1 创建毛坯

毛坯的作用主要体现在生成程序之时，NX 10.0 可根据毛坯与零件的相对关系生成简洁、高效的刀具轨迹。另外，毛坯还可以定义加工区域范围，便于程序控制加工区域。在验证刀轨是否正确时，也可以利用毛坯来观察程序的实体模拟过程。

毛坯类型包括边界定义的毛坯和由实体定义的毛坯。创建毛坯的方法有很多种。下面简要地列举几项。

（1）直接建模创建毛坯。即打开待加工的零件模型，按照和零件的位置关系，通过建模创建毛坯模型，是目前最为常用的方法。

（2）导入外部模型。打开所需要加工的零件模型，然后在该零件中通过 NX 的文件导入操作导入要加工的零件毛坯，在加工零件的毛坯为铸件、锻件或半成品时该方法较为常用。

（3）偏置零件模型。打开所需要加工的零件模型，然后通过偏置零件的表面来创建毛坯。

14.4.2 父节点组的创建

在 NX 中，父节点组包含 4 种类型，分别为程序组、几何体组、刀具组和加工方法组。父节点组存在的信息均会被子操作继承。

程序组用来组织各加工操作的加工顺序。在将多个操作仪器输出时，各操作在程序视图中的排列顺序决定了其作为前置文件和后置文件的输出顺序。

几何体组用来定义要加工的几何体对象和零件的加工方位，包括创建加工坐标系和旋转要加工零件的几何体对象、毛坯对象和夹具等。

刀具组用于机床类型的选择和刀具的创建、查询和管理，在加工过程中，刀具是从工件上切除材料的工具，创建操作需要工具的支持。

加工方法组是用来设置零件在加工过程中是否需要进行粗加工、半精加工和精加工。

下面逐一对这 4 种类型进行详细介绍。

1．程序组的创建

在加工环境中，单击"菜单"按钮，选择"插入"→"程序"命令，系统弹出如图 14-29 所示的"创建程序"对话框，使用该对话框可以创建程序组。

根据需要设置好参数后，单击 确定 或 应用 按钮即可创建一个程序组。

图 14-29 "创建程序"对话框

在首次进入加工环境时，系统将自动创建三个程序组：NC_PROGRAM、未用项和 PROGRAM，如图 14-30 所示。其中"未用项"不可删除，用于存放暂时不使用的操作。通常情况下，如果零件所包含的操作不多，可以不创建程序组，而是直接使用模板所提供的默认程序组创建所有操作。

2．刀具组的创建

NX CAM 在加工过程中，刀具是从毛坯上切除材料的工具，在创建铣削、车削或是孔加工操作时必须创建刀具或从刀具库中选取刀具。创建或选取刀具时，应考虑加工类型、加工表面形状和加工部位尺寸等因素。

各种类型的刀具创建步骤基本相同，只是参数设置有所不同。在"主页"面板中单击 （创建刀具）按钮，或者单击"菜单"按钮，选择"插入"→"刀具"命令，系统弹出如图 14-31 所示的"创建刀具"对话框。

 选择不同的加工模板，"创建刀具"对话框会有所不同。

图 14-30 初始程序视图

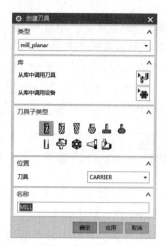

图 14-31 "创建刀具"对话框

在对话框的"类型"下拉列表中选择模板零件后,对话框即变为对应的"创建刀具"对话框,在该对话框中设置刀具的有关参数后,单击 确定 或 应用 按钮即可完成刀具的创建。

在创建刀具时,也可以从刀具库中调用刀具,还可以将创建好的刀具存入刀具库中,方便以后调用。

(1)从刀具库中调用刀具

在"创建刀具"对话框中,"库"选项组用来从刀具库中调用刀具。单击 (从刀具库中调用刀具)按钮,弹出如图 14-32 所示的"库类选择"对话框,可选选项包括铣削刀具、孔加工刀具、车削刀具和实体刀具。

选取刀具时,首先要确定加工刀具类型,单击对应类型前的⊞按钮,然后选择所需要的刀具子类型,单击 确定 按钮,系统会弹出如图 14-33 所示的"搜索准则"对话框。

在"搜索准则"对话框中输入查询条件,单击 确定 按钮,系统将弹出如图 14-34 所示的"搜索结果"对话框,把当前刀具库中符合搜索条件的刀具列表显示在屏幕上,从列表中选择一个所需的刀具,单击 确定 按钮即可。

图 14-32 "库类选择"对话框

图 14-33 "搜索准则"对话框

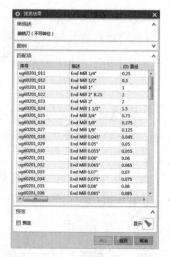

图 14-34 "搜索结果"对话框

（2）将刀具导出到库中

对于已经设置好参数的刀具，"库"选项组用来将刀具导出到库中。

单击 （导出刀具到库中）按钮，系统弹出如图 14-35 所示的"选择目标类"对话框，选择所要存储的目标类，单击 确定 按钮，系统弹出如图 14-36 所示的"模板属性"对话框，为刀具选择夹持器，单击 确定 按钮即可将刀具导出到库中。

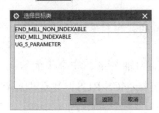

图 14-35　"选择目标类"对话框　　　　图 14-36　"模板属性"对话框

3．几何体组的创建

创建几何体组主要是在零件上定义要加工的几何对象和指定零件在机床上的加工位置。几何体包括加工坐标系、部件和毛坯，其中机床坐标属于父级，部件和毛坯属于子级。

在加工环境中，单击"主页"面板中的 （创建几何体）按钮，或者单击"菜单"按钮，选择"插入"→"几何体"命令，系统会弹出如图 14-37 所示的"创建几何体"对话框。

 由于不同加工模板所需要创建的几何体不同，当在"类型"下拉列表中选择不同的模板，需要根据创建的加工对象类型在"几何体子类型"中选择相应的几何体子类型。

在"几何体"下拉列表中选择父节点组，并在"名称"文本框中输入要创建的几何体名称后，单击 确定 或 应用 按钮，系统根据所选择的几何模板类型，弹出相应的对话框，供用户进行几何对象的具体定义。

在各对话框中完成对象的选择和参数设置后，单击 确定 按钮，返回到"创建几何体"对话框。

在所选择的父节点组下创建了指定名称的几何组，并显示在工序导航器的几何视图中，如图 14-38 所示为新建了名为"MILL_GEOM"的几何体组，其父节点组为"MCS_MILL"，在工序导航器中可以修改新建几何体组的名称，也可以通过右键快捷菜单对几何体组进行编辑、剪切、复制等操作。

图 14-37　"创建几何体"对话框　　　　图 14-38　工序导航器-几何

下面以平面铣为例，介绍一下"创建几何体"对话框中各选项的含义。

(1)创建坐标系

在 NX 加工中包含两种坐标系,即加工坐标系和参考坐标系。

加工坐标系即机床坐标系,是所有后续刀轨输出点的基准位置。在刀具路径中,所有坐标点的坐标值均与加工坐标系相关联。加工坐标系(MCS)的显示可以通过选择"格式"→"MCS 显示"命令来转换。

 如果移动加工坐标系,则后续刀具路径输出的坐标的基准位置将重新定位。

参考坐标系(RCS)用于重新定位未建模的几何参数(即刀轴矢量、安全平面等)。系统默认的 RCS 就是"绝对坐标系",不显示在屏幕中,首次选中"链接 MCS/RCS"复选框或在组中定义 RCS 时,系统将初始化并显示 RCS。

(2)创建几何体

在"创建几何体"对话框的"几何体子类型"选项组中单击 WORKPIECE 按钮,再单击 确定 或 应用 按钮,系统将弹出如图 14-39 所示的"工件"对话框。

在"工件"对话框的"几何体"选项组中,有 3 个按钮分别用于指定部件、指定毛坯和指定检查。如果需要定义其中的一个可以单击相应的按钮。

创建工件、几何体时,不仅可以通过在模型上选择体、面、线和切削区域来定义部件、毛坯和检查几何体,还可以通过偏置零件厚度来进行。

(3)创建边界

在"创建几何体"对话框的"几何体子类型"选项组单击 MILL-BND 按钮,再单击 确定 或 应用 按钮,系统将弹出如图 14-40 所示的"铣削边界"对话框。

图 14-39 "工件"对话框　　图 14-40 "铣削边界"对话框

该对话框中包含了 5 个按钮,分别用来指定部件边界、毛坯边界、检查边界、修剪边界和底面。要定义这些边界,可单击相应的按钮,弹出各自的"边界"对话框,如图 14-41 所示的"部件边界"对话框。

(4)创建切削区域

在"创建几何体"对话框的"几何体子类型"选项组中单击 MILL-AREA 按钮,再单击 确定 或 应用 按钮,系统将弹出如图 14-42 所示的"铣削区域"对话框。

图 14-41 "部件边界"对话框　　　　图 14-42 "切削区域"对话框

4．加工方法组的创建

通常情况下，为了保证加工的精度，零件加工过程中需要经过粗加工、半精加工和精加工几个步骤，它们的主要差异在于加工余量、公差和表面加工质量等。创建加工方法就是为粗加工、半精加工和精加工指定统一的加工公差、加工余量、进给量等参数。

（1）创建方法

在加工环境中，单击"主页"面板中的 ![] （创建方法）按钮，或者单击"菜单"按钮，选择"插入"→"方法"命令，系统将会弹出如图 14-43 所示的"创建方法"对话框。

根据加工类型，在"类型"下拉列表中选择不同的模板，在"方法"下拉列表中选择已经存在的加工方法作为父节点组，并在"名称"文本框中输入要创建的方法名称后，单击 确定 或 应用 按钮，系统根据所选择的操作类型，弹出相应的创建方法对话框，用于具体指定加工方法的参数值。

在对应文本框中输入部件余量、公差，设置好切削方法及进给等参数后，单击 确定 按钮，完成加工方法的创建，平面铣的"铣削方法"对话框如图 14-44 所示。

图 14-43 "创建方法"对话框　　　　图 14-44 "铣削方法"对话框

 在实际生产中，为了保证零件的加工质量，提高加工速度，要为刀具指定合适的进给量。

在"铣削方法"对话框的"刀轨设置"选项组中单击"进给"按钮，弹出如图 14-45 所示的"进给"对话框,在该对话框中根据需要输入相应的参数指定进给量。

 为了观察不同类型的刀具运动,需要为段指定不同的颜色。在"铣削方法"对话框的"选项"选项组中单击"颜色"按钮,弹出如图14-46所示的"刀轨显示颜色"对话框,在该对话框中可以为各段运动指定不同的颜色。

(2)指定刀轨显示颜色和方式

在"铣削方法"对话框的"选项"选项组中单击"编辑显示"按钮,弹出如图14-47所示的"显示选项"对话框。在该对话框中,用户可以根据需要指定刀具路径的显示方式。

图14-45 "进给"对话框　　图14-46 "刀轨显示颜色"对话框　　图14-47 "显示选项"对话框

14.4.3 操作的创建

父节点创建好之后就可以创建操作类型了。

操作包含所有用于产生刀具路径的信息,如几何体、刀具、加工余量、公差、进给等。当用户根据零件加工要求建立程序组、刀具组、几何体组和加工方法组之后,就可以利用以上父节点组创建操作。

 在没有建立程序组、刀具组、几何体组和加工方法组的情况下,也可以通过引用模板提供的默认对象创建操作,在进入对话框以后再进行几何体、刀具、加工方法等的创建或选择。

创建操作的步骤如下:

步骤01 在加工环境中,单击"主页"面板中的 按钮,或者单击"菜单"按钮,选择"插入"→"工序"命令,系统将会弹出如图14-48所示的"创建工序"对话框。

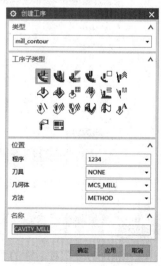

图14-48 "创建工序"对话框

步骤 02 根据加工类型，在"类型"下拉列表中选择所需要的工序类型模板，系统将根据所选择的类型显示其工序子类型模板。

步骤 03 在"程序"下拉列表中选择已经存在的程序组，在"刀具"下拉列表中选择已经创建的刀具，在"几何体"下拉列表中选择已经存在的几何体组，在"方法"下拉列表中选择已经存在的加工方法组，并在"名称"文本框中输入要创建的操作名称。

步骤 04 单击 或 按钮，系统根据所选择的工序类型，弹出相应的操作对话框，用于具体参数值的设置。

步骤 05 设置好参数以后，单击对话框下方的 （生成）按钮，生成刀具路径。

> 各种加工方法设置的参数可能各不相同。在平面铣和型腔铣中设置的参数主要有常用参数、切削参数和其他参数等，包括进退刀方式、水平和竖直方向的安全距离、控制点、切削宽度、切削深度、顺逆铣方式、加工精度等。

固定轴和变轴铣中的操作参数与平面铣和型腔铣不同，在固定轴和变轴铣中设置的参数主要有驱动方式、切削参数、非切削运动参数等，只有设置的参数正确、合理，才能生成正确的刀具路径，加工处理的零件尺寸公差和表面质量才可以达到零件的技术要求。

14.4.4 刀具路径的管理

对于生成的刀具路径，可以通过 NX 提供的刀具路径管理相关操作对其进行重播、仿真等操作。从不同角度观察刀具路径是否符合编程要求，对于不符合要求的刀具路径可以对其进行剪切、复制等编辑工作。

1. 重播刀具路径

重播刀轨选项将在图形窗口中显示已生成的刀具路径。重播刀轨可以验证刀具路径的切削区域、切削方式、切削行距等参数，有助于决定是否接受或拒绝刀轨。

重播刀轨是最快的刀轨可视化选项，显示沿一个或多个刀轨移动的刀具或刀具装配，并允许刀具的显示模式为线框、实体和刀具装配。在"重播"中，如果发现过切，则高亮显示过切，并在重播完成后在信息窗口中报告这些过切。

2. 刀具路径编辑

在 NX 中，可以通过如图 14-49 所示的"刀轨编辑器"对话框对已生成的刀具路径进行编辑，并在图形窗口中观察编辑结果。

> 在"刀轨编辑器"对话框中，可以为刀轨添加新刀轨事件，对选定的刀轨进行剪切、复制、粘贴、移动、延伸、修剪、反向等操作，或者进行过切检查，其步骤是先选定需要编辑的刀具轨，然后选择编辑类型，再指定编辑参数。

3. 仿真刀具路径

刀具路径仿真功能可查看以不同方式进行动画模拟的刀轨。在刀具路径仿真中可查看正要移除的路径和材料，控制刀具的移动、显示并确认在刀轨生成过程中刀具是否正确切削原材料，是否过切等。

模拟实体切削可以直接在计算机屏幕上观察加工效果，这个加工过程中产生碰撞或是过切也不会对机床或工件造成伤害，大大降低加工风险，通过实体切削仿真可以及时发现实际加工时存在的问题，以方便编程人员及时修正。

模拟刀具路径时，应该先在工序导航器中选择一个或多个已生成刀具路径的操作，或者包含已生成刀具路径的操作的程序组，再单击 （确认刀轨）按钮，或者在工序导航器中右键快捷菜单中选择"刀轨"→"确认"命令，系统将弹出如图 14-50 所示的"刀轨可视化"对话框。

选择刀具路径显示模式后，单击该对话框底部的 （播放）按钮，即可模拟刀具的切削运动。

刀具路径仿真有三种方式：重播刀具路径、3D 动态显示刀具路径和 2D 显示刀具路径。

（1）重播

"重播"方式验证是沿一条或几条刀具路径显示刀具的运动过程，验证中的回放可以对刀具运动进行控制，并在回放过程中显示刀具的运动。

在"重播"选项卡中可以指定刀具路径的刀位点，可以设置在切削模拟过程中刀具的显示方式。"重播"选项卡中除了"刀轨列表""运动数"和"动画速度"3 个选项外，还有"追踪和显示"和"显示选项"两个选项。

（2）3D 动态

"3D 动态"通过三维实体的方式显示刀具和刀具夹持器沿着一个或多个刀轨移动，仿真材料的移除过程。

这种模式还允许在图形窗口中进行缩放、旋转或 平移。

在"刀轨可视化"对话框中单击 3D 动态 选项卡，如图 14-51 所示。

图 14-49　"刀轨编辑器"对话框　　图 14-50　"刀轨可视化"对话框　　图 14-51　"刀轨可视化"对话框

（3）2D 动态

2D 动态通过显示刀具沿着一个或多个刀轨移动，表示材料的移除过程，但是刀具只能显示为着色的实体。

 以 2D 动态或 3D 动态方式仿真时，需要先指定加工零件的毛坯，如果在创建几何对象时没有指定毛坯，系统会弹出警告窗口，提醒当前没有毛坯可用于验证，需要进行毛坯的创建。

4．列出刀具路径

对已生成刀具路径的操作，可通过该操作查看刀具路径所包含的信息，包括刀位点、进给率、辅助信息等。

通过在操作对话框下方单击 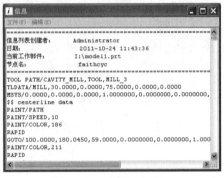（列出刀轨）按钮，或者单击加工操作命令面板上的 （列出刀轨）按钮，或者在操作导航器中右键快捷菜单中选择"刀轨"→"列表"命令，或者选择"工具"→"操作导航器"→"刀轨"→"列表"命令，弹出如图 14-52 所示的"信息"窗口，在窗口中可以查看刀具路径的相关信息。

图 14-52 "信息"窗口

14.4.5 后置处理

NC 文件是由 G、M 代码所组成并用于实际机床上加工的程序文件。因为每台机床结构/控制系统对程序格式和指令都有不同的要求，NXCAM 中生成零件加工刀轨不能驱动机床，所以刀轨文件必须经过处理，以符合某一机床结构/控制系统的要求，这一过程就是"后处理"。

后置处理是 CAD/CAM 集成系统中非常重要的组成部分，它直接影响 CAD/CAM 软件的使用效率和零件的加工质量。当验证了刀轨的正确性后，即可将后处理生成的程序转化成符合加工机床的数控程序。当然，机床的控制系统不同，所使用的后置处理器也不同，后置处理生成的程序也有所不同。

14.5 平面铣

平面铣是 NX 中最基本的，也是最为常见的一类加工方式。通过对平面铣加工过程的了解，希望读者可以领会到数控加工过程的内涵，触类旁通，对于其他类型的数控加工方式，可以迅速、有效地掌握。

14.5.1 平面铣概述

"平面铣"是一种 2.5 轴加工方式，在加工过程中，首先要完成水平方向 XY 两轴联动，然后再进行 Z 轴切削对零件进行加工。

"平面铣"可以用来加工零件的直壁、岛屿顶面和腔槽底面,为平面的零件加工。根据二维图形定义切削区域,所以不必做出完整的零件形状;它可以通过边界指定不同的材料侧方向,定义任意区域为加工对象,可以方便地控制刀具与边界的位置关系。

14.5.2 创建平面铣的基本过程

1. 创建平面铣操作

单击 （创建工序）按钮,系统弹出如图 14-53 所示的"创建工序"对话框,在"类型"下拉列表中选择 mill_planar(平面铣)。

单击"确定"或"应用"按钮,弹出如图 14-54 所示的"平面铣"对话框。

2. "平面铣"对话框设置

"平面铣"对话框中需要设置的选项有几何体、刀具、刀轴、刀轨设置、机床控制等。

图 14-53 "创建工序"对话框

图 14-54 "平面铣"对话框

（1）几何体

平面铣所涉及的几何体部分包括指定部件边界、指定毛坯边界、指定检查边界、指定修剪边界和指定底面 5 种,通过它们可以定义和修改平面铣操作的加工区域。

- 指定部件边界：用于描述加工完成后的零件轮廓,它控制刀具的运动范围,可以通过选择面、曲线、点等来指定部件边界。
- 指定毛坯边界：用于描述被加工材料的范围,其边界定义方法与部件边界的定义方法相似,但是毛坯边界只能是封闭的。
- 指定检查边界：用于描述加工中不希望与刀具发生碰撞的区域,如用于固定零件的工装夹具等。

- 指定修剪边界 ：用于进一步控制刀具的运动范围。如果操作产生的整个刀轨涉及的切削范围中某一区域不希望被切削，可以利用修剪边界将这部分刀轨去除。
- 指定底面：是指平面铣加工中的最低高度，每一个操作只可以指定一个底面。

> **技巧提示** 可以直接在零件上选择水平面来定义底平面，也可以将一平面做一定偏置来作为底平面，或者通过"平面构造器"来生成底平面。

在"几何体"中单击各"指定边界"按钮时，将弹出如图14-55所示的"边界几何体"对话框，进行边界创建。

此时创建的边界为临时边界，临时边界是指创建的边界受制于所属的几何体，几何体如果发生了变化，对应的临时边界也将发生变化，它可通过曲线/边、边界、面、点等创建。

（2）模式

在"边界几何体"对话框中，"模式"下拉列表中提供了4种创建临时边界的模式。

- "曲线/边"定义边界

在"边界几何体"对话框的"模式"下拉列表中选择"曲线/边"选项，系统弹出如图14-56所示的"创建边界"对话框。可以通过选择现有曲线和边来创建边界。

图14-55 "边界几何体"对话框

图14-56 "创建边界"对话框

在"创建边界"对话框中，"类型"包括"封闭的"和"开放的"两种。"封闭的"用于工件轮廓是封闭的临时边界，"开放的"应用于工件的加工采用"轮廓切削"或"标准驱动"切削方式时。

"刨"包括"自动"和"定义"两种，"自动"为系统的默认选项，用于创建依赖于几何体的临时边界；"定义"提供了人工指定平面的方式。

"材料侧"用于指定切削时保留材料在临时边界的哪一边。"刀具位置"用于指定刀具相对于临时边界的位置。

- "边界"定义边界

"边界"模式可以选择现有永久边界作为平面加工的外形边界。

当选择一个永久边界时，系统会以临时边界的形式创建一个副本，然后就可以像编辑任何其他临时边界一样编辑此副本。

该临时边界与永久边界与其创建的曲线和边相关联,而不与永久边界本身相关联。这意味着,即使永久边界被删除,临时边界仍将存在。

选择边界时,可以在绘图区直接点选边界图素,也可以通过输入边界名称来选择边界。单击"显示"按钮可以显示当前文件中已经创建的相应边界。

- "面"定义边界

"面"模式是系统默认的模式选项,可以通过一个片体或实体的单个平面创建边界。通过"面"模式选择边界时,生成的边界一定是封闭的。使用"面"模式时,需要先定义以下选项:

> 忽略孔:会使系统忽略选择用来定义边界的面上的孔。
> 忽略岛:会使系统忽略选择用来定义边界的面上的岛。
> 忽略倒斜角:可以指定在通过所选面创建边界时是否识别相邻的倒斜角、圆角和圆。
> 凸边:可以为沿所选面的凸边出现的边界成员控制刀具位置。
> 凹边:可以为沿所选面的凹边出现的边界成员控制刀具位置。

- "点"定义边界

在"边界几何体"对话框的"模式"下拉列表中选择"点"选项,系统弹出"创建边界"对话框。利用"点"选项,可以通过指定一系列关联或不关联的点来创建边界。

"点"模式下可以通过"点构造器"来定义点,系统在点与点之间以直线相连,形成一个开放或是封闭的外形边界。"点"模式定义外形边界时,除没有"成链"选项外,其他选项与"曲线/边"模式相同。

(3) 刀轨设置

在平面铣加工中,刀轨参数的设置决定了零件的加工质量。NX中平面铣"刀轨设置"主要包括方法、切削模式、切削步距、切削层、切削参数、非切削移动、进给和速度等,下面分别予以介绍。

- 方法

"方法"主要有METHOD、MILL_FINISH、MILL_RONXH、MILL_SEMI_FINISH、NONE等系统本身的方法,也可以单击右边的按钮为本操作创建方法。

- 切削模式

在平面铣操作中,"切削模式"决定了用于加工区域的刀位轨迹模式,共有8种,分别为往复、单向、单向轮廓、跟随周边、跟随部件、摆线、轮廓铣、标准驱动,其中前5种用于区域铣削,后两种用于轮廓或外形铣削。

> (往复):往复切削产生的刀轨为一系列的平行直线,刀具轨迹直观明了,没有抬刀,允许刀具在步距运动期间保持连续的进给运动,数控加工的程序段数较少,每个程序段的平均长度较长,可最大限度地对材料进行切除,是最经济和节省时间的切削运动。

> ≡（单向）：单向刀路为一系列的平行直线。单向切削时，刀具在切削轨迹的起点进刀，切削到终点后，刀具退回刀转换平面高度，转移到下一行的切削轨迹，直至完成切削为止。
> ⇉（单向轮廓）：单向轮廓切削方式与单向切削相似，只是在进行横向进给时，刀具沿切削区域的轮廓进行切削。
> ▦（跟随周边）：跟随周边切削将产生一系列同心封闭的环行刀轨。所产生的刀轨与切削区域的形状是通过偏移切削区的外轮廓获得的，当内部偏置的形状产生重叠时，它们将被合并为一条轨迹，然后重新进行偏置产生下一条刀轨。
> ▦（跟随部件）：跟随部件切削产生一系列仿形被加工零件所有指定轮廓的刀轨，既仿形切削区的外周壁面也仿形切削区中的岛屿，这些刀轨的形状是通过偏移切削区的外轮廓和岛屿轮廓获得的。
> ◯（摆线）：摆线加工的目的在于通过产生一个小的旋转圆圈，避免在切削时发生全刀切入而导致切削的材料量过大，使刀具断裂。
> ⊓（轮廓铣）：轮廓铣创建一条或指定数量的切削刀路来对部件壁面进行精加工。轮廓铣可以加工开放区域，也可以加工封闭区域。轮廓铣不允许刀轨自我相交，以防止过切零件。对于具有封闭形状的可加工区域，轮廓刀路的构建和移刀与"跟随部件"切削模式相同。
> ㄇ（标准驱动）：标准驱动是一个类似轮廓铣的轮廓切削方法。但轮廓铣不允许刀轨自我交叉，而标准驱动下可以通过"平面铣"对话框中的切削参数的选择决定是否允许刀轨自我交叉。

- 切削步距

步距是指相邻两次走刀之间的距离。在平行切削方式下，步距指两行之间的间距；而在环绕切削方式下，步距指两环的间距。

切削步距关系到刀具切削负荷、加工效率和零件表面质量的重要参数。步距越大，走刀数量就越少，加工时间就越短，但是切削负荷增大。因此粗加工采用较大的步距值，精加工取小值。

在 NX 中可以直接通过输入一个常数值或刀具直径的百分比来指定该距离，也可以间接通过输入残余高度并使系统计算切削刀路间的距离来指定该距离，还可以设置一个允许的范围来定义可变的横向距离，再由系统来确定横向距离的大小。

"步距"下拉列表中包括恒定、残余高度、刀具直径和多个/变量平均值 4 个选项。

> 恒定：指定连续的切削刀路间距离为常量。

步距设置为恒定以后，在其下方的"距离"文本框中输入距离值或相应的刀具直径百分比。

> 残余高度：通过指定两个刀路间加工后剩余材料的高度，从而在连续切削刀路间确定固定距离。

➢ 刀具直径：以有效刀具直径与百分比参数积作为切削步距值，从而在连续切削刀路之间建立起固定距离。

➢ 多个/变量平均值：通过指定相邻两条刀具路径之间的最大和最小横向距离，或者是为不同刀路分别指定间距，系统自动确定实际使用的横向进给距离。

- 切削层

切削层用于指定平面铣每切削层的深度，深度由岛屿顶面、底面、平面或输入的值来定义。单击"平面铣"对话框中的 ▓ （切削层按钮），弹出如图 14-57 所示的"切削层"对话框，对话框的上部用于指定切削深度的定义方法，下部用于输入相应的参数。

- 切削参数

切削参数是每种操作共有的选项，但其中某些选项会随着操作类型的不同和切削方法的不同而有所区别。

单击"平面铣"对话框中的 ▓ （切削参数）按钮，系统弹出如图 14-58 所示的"切削参数"对话框，使用此对话框可以修改操作的切削参数。

图 14-57　"切削层"对话框

图 14-58　"切削参数"对话框

"切削参数"对话框中有策略、余量、拐角、连接、空间范围和更多 6 个选项。

➢ "策略"选项：用于定义最常用的或主要的参数，可设置的参数有切削方向、切削顺序、精加工刀路、毛坯距离等。

➢ "余量"选项：用于确定完成当前操作后部件上剩余的材料量和加工的容差参数。

➢ "拐角"选项：用于防止刀具在切削凹角或凸角时过切部件或是因切削负荷太大而折断。

➢ "连接"选项：用于定义切削运动间的运动方式。

➢ "空间范围"选项：是指在本操作完成对工件的加工之后，工件相对于零件而言剩余的未切削掉的材料。

➢ "更多"选项：用于设置一下其他参数，包括安全距离、原有的、底切和下限平面 4 个选项。

- 非切削移动

非切削移动控制如何将多个刀轨段连接为一个操作中相连的完整刀轨。非切削移动在切削运动之前、之后和之间定位刀具。非切削移动可以简单到单个的进刀和退刀，或者复杂到一系列定制的进刀、退刀和移刀（分离、移刀、逼近）运动，这些运动的设计目的是协调刀路之间的多个部件曲面、检查曲面和提升操作，各种非切削移动如图 14-59 所示。

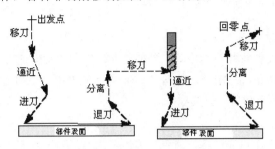

图 14-59　非切削移动

单击"平面铣"对话框中的 （非切削移动）按钮，系统弹出如图 14-60 所示的"非切削移动"对话框，它包括进刀、退刀、起点/钻点、转移/快速、避让和更多 6 个选项卡。

> 进刀：刀具切入工件的方式，不仅影响加工质量，同时也直接关系到加工的安全。

合理安排刀具的进刀方式可以避免刀具受到碰撞，引起刀具断裂、破损，缩短刀具寿命。

为了使切削载荷平稳变化，在刀具切入/切出工件时应尽量保证刀具的渐入和渐出。在选择进刀方式时应考虑方便排屑、切削的安全性和刀具的散热，同时还要有利于观察切削状况。

"进刀"选项卡中包括封闭区域、开放区域、初始封闭区域和初始开放区域 4 个选项组。

> 退刀：指定平面铣的退刀点及退刀运动。从切削层的切削刀轨的最后一点到退刀点之间的运动就是退刀运动，它以退刀速度进给。

图 14-60　"非切削移动"对话框

> 起点/钻点："起点/钻点"选项卡主要包括"重叠距离""区域起点"和"预钻孔点"等选项。
> 转移/快速：指定刀具如何从一个切削刀路移动到另一个切削刀路。它主要包括安全设置、区域之间、区域内和初始的和最终的 4 个选项。
> 避让：用于定义刀具轨迹开始以前和切削以后的非切削运动的位置和方向。

合理设置避让参数可以在加工中有效地避免刀具主轴等与工件、夹具和其他辅助工具的碰撞。

在该选项卡中可以利用 （点构造器）和 （矢量构造器）等方便地指定辅助点和刀轴矢量作为控制刀具运动的参考几何。

单击"非切削移动"对话框中的"避让"选项卡，它主要包括出发点、起点、返回点和回零点 4 个选项。

> 更多：主要用于碰撞检查和刀具补偿的设置。

● 进给率和速度

进给率和速度用于设置各种刀具运动类型的移动速度和主轴转速。单击"平面铣"对话框中的 ![] （进给率和速度）按钮，系统弹出如图 14-61 所示的"进给率和速度"对话框，其中包括自动设置、主轴速度、进给率和单位等选项组。

（4）机床控制

机床控制主要用来定义和编辑后处理命令等相关选项，为机床提供特殊指令，主要控制机床的动作，如主轴开停、换刀、冷却液开关等。NX 在机床控制中插入后置处理命令，这些命令在生成 CLSF 文件和后处理文件中将产生相应的命令和加工代码，用于控制机床动作。机床控制包括开始刀轨事件、结束刀轨事件和运动输出 3 个选项。

● 开始刀轨事件

开始刀轨事件用于通过先前定义的参数组或指定新的参数组来指定操作的启动后处理命令。

单击"平面铣"对话框中"机床控制"选项组开始刀轨事件之后的"复制自"按钮，系统弹出如图 14-62 所示的"后处理命令重新初始化"对话框。该对话框主要用来从系统现有的模板中调用默认的开始刀轨事件，"从"下拉列表中有"模板"和"操作"两个选项，可以根据具体的加工类型和子类型，结合数控机床对开始刀轨的要求进行选择。

图 14-61 "进给率和速度"对话框

图 14-62 "后处理命令重新初始化"对话框

单击"平面铣"对话框中"机床控制"选项组开始刀轨事件之后的 ![] （编辑）按钮，系统弹出"用户定义事件"对话框。该对话框主要用来编辑用户定义事件，包括删除、剪切、粘贴、列表显示等。

● 结束刀轨事件

结束刀轨事件通过使用先前定义的参数集或指定新的参数集，为操作指定刀轨结束后处理命令，其相关设置可参考上述"开始刀轨事件"的设置。

- 运动输出

运动输出用于控制刀具路径的生成方法。现有许多机床控制器允许沿着实际的圆形刀轨或有理 B 样条曲线（NURBS）移动刀具。当使用该选项时，系统自动将一系列线性移动转换为一个圆形移动或将线性/圆形移动转换为有理 B 样条曲线。"运动输出"下拉列表中包括直线、圆弧-垂直于刀轴、圆弧-垂直/平行于刀轴、Nurbs 和 Sinumerik 5 种选项。

14.6 平面铣加工实例

本实例通过一个简单的零件加工来练习平面铣操作的一般步骤，希望读者可以从中巩固本章所学的内容。待加工的部件如图 14-63 所示，对其要进行以下的铣削加工。

（1）粗加工：平面铣，使用⌀12 平底刀，侧面余量为 0.6，底面余量为 0.3。

图 14-63　待加工部件

（2）精加工：平面轮廓铣，使用⌀12 平底刀。

1. 启动 NX 10.0

选择"开始"菜单中的"所有程序"→Siemens NX 10.0→NX 10.0 命令，打开 NX 10.0 启动界面。

2. 打开文件

步骤 01　在 NX 10.0 启动界面中选择"文件"→"打开"命令，或者在命令面板中单击 按钮，打开如图 14-64 所示的"打开"对话框。

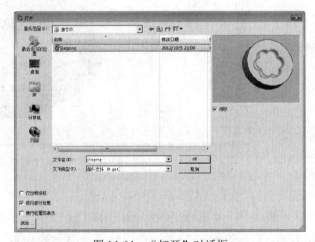

图 14-64　"打开"对话框

步骤 02　在"打开"对话框中选择"源文件\jiagong.prt"，单击 OK 按钮打开文件，打开后如图 14-65 所示。

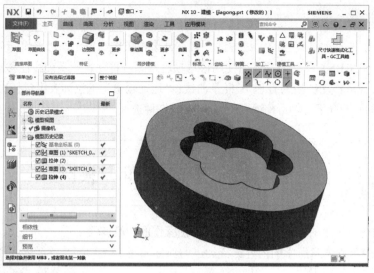

图 14-65　打开文件后界面图

3. 进入制造模块

单击"应用模块"面板中的"加工"按钮，弹出如图 14-66 所示的"加工环境"对话框。在"CAM 会话配置"中选择 cam_general，在"要创建的 CAM 设置"中选择 mill_planar，系统完成加工环境的初始化工作，进入如图 14-67 所示的加工模块界面。

图 14-66　"加工环境"对话框

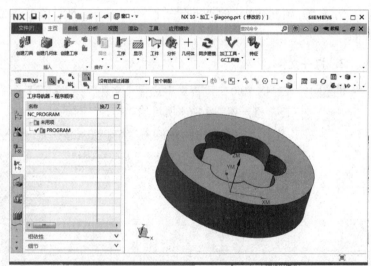

图 14-67　进入加工环境后界面图

4. 坐标系的建立

步骤 01　在"工序导航器-几何"中选择坐标系 MCS_MILL，进行加工坐标系的定位，双击 MCS_MILL 后，打开如图 14-68 所示的"MCS 铣削"对话框。

步骤 02　单击对话框中的按钮，弹出如图 14-69 所示的 CSYS 对话框，设置合适的机床坐标位置，单击"确定"按钮。

步骤 03　在"安全设置"中对安全平面进行设置。在"安全设置选项"中选择"刨",单击"指定平面"按钮,弹出如图 14-70 所示的"刨"对话框,在图形区中选择零件上表面作为安全平面。在"距离"中输入 50,单击"确定"按钮,完成安全平面的设置。

图 14-68　"MCS 铣削"对话框　　　　图 14-69　CSYS 对话框

5. MILL_BND 几何体的建立

步骤 01　单击创建命令面板上的"创建几何体"按钮,打开如图 14-71 所示的"创建几何体"对话框,在"几何体子类型"中单击 MILL_BND 按钮,"几何体"选择 WORKPIECE,"名称"为 MILL_BND,单击"确定"按钮,弹出如图 14-72 所示的"铣削边界"对话框。

图 14-70　"刨"对话框　　　　图 14-71　"创建几何体"对话框

步骤 02　在"铣削边界"对话框中单击 （指定部件边界）按钮,弹出如图 14-73 所示的"部件边界"对话框。"选择方法"选择"面",在图形区中选择零件的顶面,如图 14-74 所示。单击"确定"按钮,完成部件边界的创建。

图 14-72　"铣削边界"对话框　　　　图 14-73　"部件边界"对话框

步骤 03 在"铣削边界"对话框单击 (指定毛坯边界)按钮,弹出如图 14-75 所示的"毛坯边界"对话框。"选择方法"选择"曲线",在图形区中选择零件顶面的外周边缘作为毛坯边界,如图 14-76 所示。单击两次 确定 按钮,完成毛坯边界的选择。

图 14-74 指定的部件边界　　　　　　图 14-75 "毛坯边界"对话框

6. 刀具的创建

步骤 01 单击"主页"面板上的"创建刀具"按钮,系统弹出如图 14-77 所示的"创建刀具"对话框。

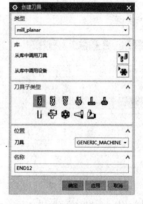

图 14-76 指定的毛坯边界　　　　　　图 14-77 "创建刀具"对话框

步骤 02 在"类型"下拉列表中选择 mill_planar,在"刀具子类型"中选择 (端铣刀),在"名称"中输入 END12,其他参数保持默认,单击"确定"按钮,弹出如图 14-78 所示的"铣刀-5 参数"对话框。

步骤 03 在"尺寸"中将"直径"文本框中的大小修改为 12,其他参数保持默认值,单击"确定"按钮,完成刀具的创建。

7. 创建平面铣粗加工操作

步骤 01 单击 (创建工序)按钮,打开如图 14-79 所示的"创建工序"对话框。

步骤 02 在"创建工序"对话框的"类型"中选择 mill_planar,在"工序子类型"中单击 (平面铣)按钮,在"程序"中选择 PROGRAM,在"刀具"中选择 END12,在"几何体"中选择 WORKPIECE,在"方法"中选择 MILL_RONXH,在"名称"中输入 PLANAR_RONXH,弹出如图 14-80 所示的"平面铣"对话框。

图 14-78 "铣刀-5 参数"对话框　　图 14-79 "创建工序"对话框

步骤 03 单击 （指定底面）按钮，弹出如图 14-81 所示的"刨"对话框，选取零件模型的型腔底面作为加工几何体底面（如图 14-82 所示），单击 确定 按钮返回到"平面铣"对话框。

图 14-80 "平面铣"对话框　　图 14-81 "刨"对话框

8. 刀轨设置

步骤 01 在"切削模式"中选择"跟随部件"选项。

步骤 02 在"步距"中选择"平面直径百分比"选项，并在"平面直径百分比"文本框中输入 70。

步骤 03 单击"刀轨设置"中的 (切削层)按钮,弹出如图 14-83 所示的"切削层"对话框,在"类型"中选择"恒定",在"每刀切削深度"的"公共"文本框中输入 6,单击 确定 按钮返回到"平面铣"对话框。

图 14-82 指定的底面   图 14-83 "切削层"对话框

步骤 04 单击"平面铣"对话框中的 (切削参数)按钮,系统弹出如图 14-84 所示的"切削参数"对话框。单击"策略"选项卡,"切削顺序"选择"深度优先"。单击"余量"选项卡,"部件余量"设置为 0.6,单击 确定 按钮返回到"平面铣"对话框。

步骤 05 单击"平面铣"对话框中的 (非切削移动)按钮,系统弹出如图 14-85 所示的"非切削移动"对话框,单击 转移/快速 选项卡,在"安全设置选项"下拉列表中选择"自动平面",其余参数采用系统默认值,单击 确定 按钮返回到"平面铣"对话框。

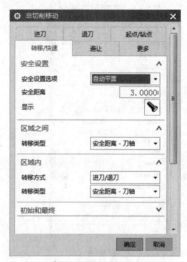

图 14-84 "切削参数"对话框   图 14-85 "非切削移动"对话框

步骤 06 单击"平面铣"对话框中的 (进给率和速度)按钮,系统弹出如图 14-86 所示的"进给率和速度"对话框。在"主轴转速"文本框中输入 1200,在"切削"文本框中输入 600,单位选择 mmpm,展开"更多"选项组,分别在"进刀""第一刀切削""步进"和"退刀"文本框中输入 400、300、300 和 400,单位选择 mmpm,单击 确定 按钮返回到"平面铣"对话框,完成"进给率和速度"的创建。

表面速度和每齿进给量可以通过单击主轴速度右侧的计算按钮自动生成。

9．刀具路径生成及验证

步骤01 单击"平面铣"对话框"操作"下的 按钮，生成刀轨如图 14-87 所示。

图 14-86 "进给率和速度"对话框　　　　图 14-87 粗加工生成的刀轨

步骤02 单击"平面铣"对话框"操作"下的 按钮，系统弹出"刀轨可视化"对话框，选择"2D 动态"选项卡，单击"播放"按钮 ▶，即可观看平面铣粗加工的模拟加工过程。

10．侧壁铣削的创建

步骤01 单击加工创建命令面板中的 按钮，打开"创建工序"对话框。

步骤02 在"创建工序"对话框的"类型"中选择 mill_planar，在"工序子类型"中单击 按钮，在"程序"中选择 PROGRAM，在"刀具"中选择 END12，在"几何体"中选择 MILL_BND，在"方法"中选择 MILL_SEMI_FINISH，在"名称"中输入 PLANAR_PROFILE，如图 14-88 所示。单击"确定"按钮，弹出如图 14-89 所示的"平面轮廓铣"对话框。

步骤03 在"部件余量"文本框中输入 0.1，在"切削深度"中选择"用户自定义"，在"公共"文本框中输入 3，其他参数保持默认值。

图 14-88 "创建工序"对话框

图 14-89 "平面轮廓铣"对话框

 对"切削参数""非切削移动""进给率和速度"不进行修改,保持默认值。

步骤 04 单击"平面轮廓铣"对话框"操作"下的 ![] (生成)按钮,生成的刀轨如图 14-90 所示。

图 14-90 侧壁铣削生成的刀轨

11. 底面铣削的创建

步骤 01 在"工序导航器-几何"中右击 PLANAR_MILL,在弹出的快捷菜单中选择"复制"命令。

步骤 02 右击 MILL_BND,在弹出的快捷菜单中选择"内部粘贴"命令。

步骤 03 右击 PLANAR_MILL_COPY,在弹出的快捷菜单中选择"编辑"命令,弹出"平面铣"对话框。

步骤 04 将"平面直径百分比"修改为 50。

步骤 05 单击"平面铣"对话框中的 (切削参数)按钮,系统弹出"切削参数"对话框。单击"余量"选项卡,将"部件余量"设置为 0,单击 确定 按钮返回到"平面铣"对话框。

步骤 06 单击"平面铣"对话框"操作"下的 (生成)按钮,生成刀轨如图 14-91 所示。

步骤 07 至此就完成了平面铣实例的所有操作。

图 14-91　底面铣削生成的刀轨

14.7　本章小结

本章是为初学 NX 10.0 数控加工的读者所准备的,介绍了一些数控加工的基本知识,NX 10.0 中数控加工的模块、命令及基本操作。通过平面铣模块,讲解了 NX 10.0 中数控加工的实现过程。

第 15 章 NX 模具设计

本章介绍 NX 的另一重要功能模块——MoldWizard 模具设计。MoldWizard 集成了一些模具设计中的自动检测工具,方便进行及时纠错。其基于主模型结构的自顶向下的设计方式,将参数化装配建模设计引入模具设计中,使模具中的各个部件能够进行交互设计与更新,从而大大节约了模架设计的时间。

学习目标

- 了解模具设计的基本概念
- 模具设计流程
- 了解模架库的管理以及标准件的相关工具等

15.1 NX 模具设计工具简介

MoldWizard 是 NX 系列软件中专门用于注塑模具自动化设计的模块,利用该模块可更有效地实现塑件产品的模具设计流程。

1. 打开 Moldwizard 模具设计菜单

单击"应用模块"选项卡下的"注塑模"按钮,弹出如图 15-1 所示的"注塑模向导"命令面板。

图 15-1 "注塑模向导"命令面板

2. NX 模具设计流程

利用 MoldWizard 进行模具设计基于下述的一般流程,如图 15-2 所示。

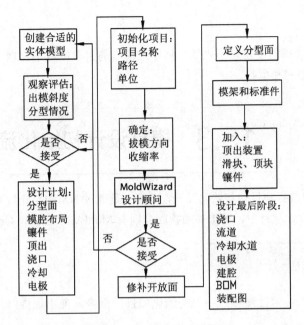

图 15-2　NX 模具设计流程图

　调入产品，并进行项目初始化设置。包括建立项目的装配结构、定义模具坐标系、定义收缩率和设计作者等。

　选择成型工件，使用分型工具对产品模型存在的分模问题进行评价，并创建补丁实体/片体封闭区域。

　定义模具分型线，创建分型面，创建模具型芯和型腔片体。

　通过标准件模块加入标准件和调入标准模架，并进行适当地修改。

　进行模具清单导出和模具出图工作。

15.2　模具设计前的准备

1. 检查几何体

一个高品质的模具设计需要一个高品质的产品模型。在开始模具设计之前，对产品模型运行检查几何体（ExamineGeometry），找出全部有问题的区域并进行修正。

2. 实体或面模型

注塑模向导分析过程可以使用实体模型或没有形成实体的缝补曲面。

　在模具设计过程中，应尽量使用实体模型，因为实体模型可以生成实体的型腔和型芯模型。实体的型腔和型芯模型在制图和加工中用起来更方便。

3. 可成型性

有些产品模型的拔模斜度设置不正确，将导致模具的封口区域不合理。必须修正这些产品模型，以保证正确完成型腔和型芯。

15.3 模具设计初始化流程

在 MoldWizard 中进行项目的初始化设计，实际上是通过 NX 的克隆技术将预先定义的装配模版复制到当前的模具设计项目中，可选择的模版分别有 Mold.V1、ESI 和 Original。

15.3.1 装载产品

选择"应用模块"→"注塑模"→"初始化项目"命令，弹出如图 15-3 所示的"初始化项目"对话框。

单击"初始化项目"对话框中"路径"右侧的 （浏览）按钮，弹出如图 15-4 所示的"打开"对话框，在该对话框中可设置创建模具的路径。

图 15-3　"初始化项目"对话框

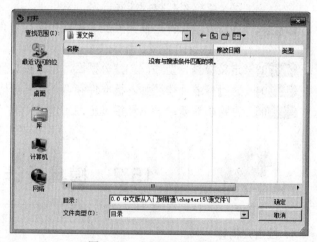

图 15-4　"打开"对话框

在"初始化项目"对话框中可以实现投影单位（项目单位）、投影轨迹（设置项目路径和名称）、部件材料和收缩率等项目相关信息的修改。

15.3.2 模具坐标系

在模具设计过程中需要定义模具坐标系，模具坐标系的原点必须位于模架分型面的中心，Z 轴的正方向指向模具的注入口并指向脱模方向。

调入产品后，调整坐标系步骤如下：

步骤01 单击"格式"→WCS→"动态"按钮进入调整坐标系状态，调整产品的 WCS 坐标位置。

步骤02 调整 WCS 的正 Z 轴的指向，必须指向产品的顶出方向。

步骤03 调整 WCS 的 X 轴的指向，使之与模架宽度方向平行。

步骤04 单击注塑模命令面板中的"模具 CSYS"按钮，弹出如图 15-5 所示的"模具 CSYS"对话框，在该对话框中设定产品的模具坐标。

- 锁定：指在重新定义模具 CSYS 时，锁定某个坐标平面的位置不变。
- 当前 WCS：指设置模具 CSYS 与当前工作坐标系位置相匹配。
- 产品实体中心：指设置模具 CSYS 位于产品实体的中心，坐标轴方向保持不变。
- 选定面的中心：指设置模具 CSYS 位于边界面的中心。

15.3.3 设置模具收缩率

在注塑模命令面板中单击"收缩率"按钮，弹出如图 15-6 所示"缩放体"对话框。在该对话框中可设置收缩参考和收缩类型。

图 15-5 "模具 CSYS"对话框

图 15-6 "缩放体"对话框

- 收缩参考包括实体、参考点、参考轴和参考坐标系。
- 收缩类型包括均匀、轴对称和常规 3 种。

15.3.4 添加与设置工件

工件是用来生成模具型芯和型腔的实体，并且与模架相链接，所以工件尺寸的确定必须以型芯或型腔的尺寸为依据。

在"注塑模向导"面板中单击按钮，弹出如图 15-7 所示的"工件"对话框。

工件类型和工件方法简介如下：

（1）工件的类型分为产品工件和组合工件。

- 产品工件：只为当前激活的产品模型创建工件。
- 组合工件：可以为多腔模或多建模创建一个组合式的工件。

（2）工件方法包括"用户定义的块""型腔-腔芯""仅型腔"和"仅型芯"4种。

- 用户自定义的块：在设计工作时，有些情况下需要修剪型芯或型腔实体，其尺寸和形状与标准块不同，此时需要用户自定义实体作为工件的实体。
- 型腔-腔芯：该选项是指用户自定义型芯和型腔，系统将使用Wave的方法链接实体。
- "仅型芯"和"仅型腔"：这两个选项用于定义用在型芯或型腔的工件实体，它们的形状可以不同。在"工件"对话框的"工件方法"下拉列表中选择"仅型腔"或"仅型芯"，就可以自定义形状和尺寸的工件。

图15-7 "工件"对话框

15.4 模具设计中的修补工具

在分型过程中，一些孔、槽或其他结构会影响正常的分模过程，因此需要创建一些曲面或片体对模型的这些结构进行修补。如图15-8所示为"注塑模工具"命令组。

图15-8 "注塑模工具"命令组

MoldWizard提供的修补方法十分完善和详尽，如实体补片、边缘补片、修剪区域补片等。本节将详细介绍这些修补功能的使用方法。

15.4.1 创建方块

通过创建方块工具，用户只需要在几何体上选择任意参考边或面，即可创建方块。

步骤01 单击"注塑模工具"命令组中的"创建方块"按钮，弹出如图15-9所示的"创建方块"对话框。

步骤02 选择"有界长方体"选项，单击"选择对象"按钮，并在产品模型的缺口选择任意边。

步骤03 单击"确定"按钮，创建如图15-10所示的实体。

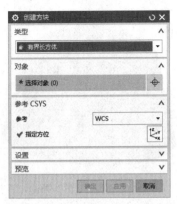

图 15-9　"创建方块"对话框

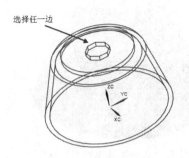

图 15-10　所选择的边

15.4.2　分割实体

分割实体工具可实现对一个实体进行修剪或分割。分割实体的步骤如下：

步骤 01　单击"注塑模工具"命令组中的"分割实体"按钮，系统弹出如图 15-11 所示的对话框。

图 15-11　"分割实体"对话框

步骤 02　在"类型"中选择"分割"选项。分割实体提供两种类型的操作，分别是"分割"与"修剪"。

步骤 03　单击"目标"中"选择实体"按钮，确定"选择实体"处于激活状态。

步骤 04　选择所创建的实体，如图 15-12 所示。

步骤 05　在"工具选项"下拉列表中选择"现有对象"，可选择任意曲面、片体或基准平面作为工具对象，将目标体分割成两份。

步骤 06　单击"应用"按钮，目标体被分割成两份，如图 15-13 所示。

图 15-12 选择的目标和刀具

图 15-13 分割实体

15.4.3 实体修补

实体修补可实现对不规则的孔进行修补。在完成创建实体和分割实体两个步骤后，可进行实体补片，步骤如下：

步骤01 单击"注塑模工具"命令组中的"实体补片"按钮，弹出"实体补片"对话框，如图 15-14 所示。

> **技巧提示**　"实体补片"对话框中提供了两种类型的操作，分别是"实体补片"与"链接体"。实体补片可将实体与产品模型进行布尔运算；链接体可将实体链接到某个目标部件。

步骤02 在"类型"中选择"实体补片"，并单击"选择产品实体"按钮，选择产品体作为补片目标体。

步骤03 单击"选择补片体"按钮，选择上述创建的实体来补片产品案体。

步骤04 单击"应用"按钮，实体修补如图 15-15 所示。

图 15-14 "实体补片"对话框

图 15-15 实体修补效果

15.4.4 边修补

在 NX 10.0 中,将旧版本的曲面补片、边缘补片和自动孔修补进行集成,简化为边修补功能,这里将对该工具进行介绍。如图 15-16 所示的产品,分别使用边修补的 3 种方法对模型上的孔进行修补。

  边修补中"环选择"的方法分为面、体和移刀 3 种。

1. 面方法

步骤 01　单击"注塑模工具"命令组中的"边修补"按钮,弹出"边修补"对话框,如图 15-17 所示。

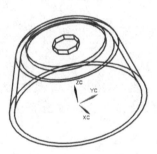

图 15-16　壳模型

图 15-17　"边修补"对话框

步骤 02　"环选择"中的"类型"选择"面",并选择如图 15-18 所示的面,系统自动搜索面内的封闭环,同时将结果呈现在图像窗口和列表中。

(a)环列表

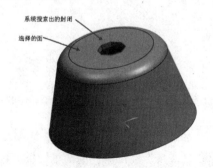

(b)选择的面和封闭环

图 15-18　环列表与选择的面和封闭环

系统自动过滤没有封闭环的面或封闭环不完全在同一个面内的面。

步骤03 单击"应用"按钮完成实体补片，如图15-19所示。

图15-19 生成的补片1

2. 体方法

体方法和面方法类似，系统自动搜索体内的封闭环，同时将结果呈现在图像窗口和列表中。

3. 移刀方法

步骤01 "环选择"中的"类型"选择"移刀"，这时候"边修补"对话框中增加"遍历环"选项组。

步骤02 取消选择"按面的颜色遍历"复选框。

步骤03 在产品模型需要修补的缺口上选择任意边（如图15-20所示），系统将根据用户提供的任意边自动识别与它连接的下一条边并高亮显示，如图15-21所示。

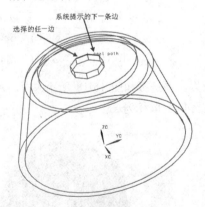

图15-20 所选择的缺口上的边和系统自动提供的下一条遍历边　　图15-21 遍历缺口轮廓

如果系统自动显示的边符合要求，可单击"接受"按钮；如果不符合，可单击"循环候选项"按钮，遍历下一条可能路径，直到整个缺口的轮廓线选中为止。

步骤04 单击"应用"按钮完成实体补片，如图15-22所示。

图 15-22　边修补效果

15.4.5 拆分面

MoldWizard 中的"拆分面"工具 ，实现了对所选跨越区域的面进行拆分操作。

> 所谓跨越面是指产品模型上存在跨越型芯和型腔区域的面，为了顺利分型，需要先用"拆分面"工具进行分割。

如图 15-23 所示，拆分面工具"类型"有曲线/边、平面/面、交点和等斜度 4 种。

图 15-23　"拆分面"对话框

15.5　分型设计

分型是模具设计中最重要的部分，是将形成产品密闭空间的工件分割成可以移动的两个或更多的腔体，以便打开模具型腔取出制品。本节将讲述分型的有关概念和对应的操作。

15.5.1 分型工具

MoldWizard 提供了一个强大的分型工具，称为分型管理器。

系统提供了"分型刀具"命令组，如图 15-24 所示，包括区域分析、曲面补片、定义区域、设计分型面、编辑分型面和曲面等 9 个分型子模块，为用户提供了强大而完善的分型工具。

图 15-24 "分型刀具"命令组

15.5.2 区域分析

单击"分型刀具"命令组中的"区域分析" 按钮，系统弹出"检查区域"对话框，如图 15-25 所示，包括计算、面、区域和信息 4 个选项卡。

1. "计算"选项卡（如图 15-25（a）所示）包含以下功能。

- "选择产品实体"按钮：该按钮能完成对需分析产品模型实体的选择。
- "指定脱模方向"按钮：可单击该按钮，在弹出的矢量对话框中定义产品的脱模方向。
- "保持现有的"单选按钮：用于计算现有面的属性，并不更新。
- "仅编辑区域"单选按钮：不执行面的计算。
- "全部重置"单选按钮：将所有面重置为默认值。
- "计算"按钮：系统根据相关设置对产品模型进行分析，并在信息栏中显示出计算时间。

2. "面"选项卡

单击"检查区域"对话框中的"面"选项卡，如图 15-25（b）所示。"面"选项卡用于分析产品成型信息，如拔模斜角、底切等。

- "高亮显示所选的面"复选框：该选项可以设置快速打开或关闭拔模斜度范围的面的高亮显示。
- "拔模角限制"微调框：指定界限来定义两种拔模角，即大于或小于设置拔模角的面。该功能用来确定曲面是否在指定的拔模角度范围内。
- "面拆分"按钮：初始化"面拆分"对话框，对面进行分割。

3. "区域"选项卡

在"区域"选项卡中可以从模型上提取型芯和型腔区域，并指定颜色，还可以将未定义区域定义为型芯或型腔。单击"检查区域"对话框中的"区域"选项卡，如图 15-25（c）所示。

4．"信息"选项卡

单击"检查区域"对话框中的"信息"选项卡，如图 15-25（d）所示。

单击"选择面"按钮，选取产品模型上的面，单击"应用"按钮可获取该面的面属性、模型属性和尖角等信息。

（a）"计算"选项卡　　　（b）"面"选项卡　　　（c）"区域"选项卡　　　（d）"信息"选项卡

图 15-25　"检查区域"对话框

15.5.3　曲面补片

单击"分型刀具"命令组中的"曲面补片"按钮，系统弹出"边修补"对话框，如图 15-26 所示。与前面章节中的边修补功能相同，在此不再赘述。

15.5.4　定义区域

单击"分型刀具"命令组中的"定义区域"按钮，系统弹出"定义区域"对话框，如图 15-27 所示。定义区域工具用于抽取此前利用区域分析工具识别的型腔/型芯区域片体。

图 15-26　"边修补"对话框

（a）定义前　　　　　　　　（b）定义后

图 15-27　"定义区域"对话框

- "定义区域"选项组：包括所有面、未定义的面、型腔区域和型芯区域。
- 创建新区域：可新建一个区域。
- 选择区域面：选择指定区域后（如型腔区域），单击"选择区域面"按钮，可选择模型上任意面，单击"应用"按钮指定到相应区域。
- 搜索区域：选择"定义区域"选项组中任意区域后，可通过"搜索区域"按钮，打开"搜索区域"对话框，如图 15-28 所示。

图 15-28　"搜索区域"对话框

15.5.5　分型面设计

"设计分型面"功能模块实现创建/删除分型面功能、编辑分型线功能、引导线设计、创建/删除分型面。

单击"设计分型面"按钮，系统弹出"设计分型面"对话框，如图 15-29 所示。该对话框中包括"分型线"选项组、"创建分型面"选项组、"编辑分型线"选项组、"编辑分型段"选项组和"设置"选项组。

1. "创建分型面"选项组

分型面的创建方法有 6 种，从左到右分别是拉伸、扫掠、有界平面、扩大的曲面、修剪和延伸及条带曲面。对于过渡对象，也提供了自动、扫掠和桥接 3 种方法构建。

- "拉伸"方法：单击该按钮，可指定系统沿某个指定方向和指定距离创建分型面。
- "扫掠"方法：可沿着指定的两条引导线，生成分型面。但是分型线段必须是光滑且连续的时候才能使用此方法。
- "有界平面"方法：当分型线都处于同一个平面时，程序自动提供"有界平面"方法供用户创建分型面，所创建的分型面与分型线段处于同一个平面。
- "扩大曲面"方法：当所选分型线段的相邻曲面能够被扩大时，可使用"扩大曲面"方法创建分型面。
- "修剪和延伸"方法：是指以自然曲率的方法，按指定的距离延伸至分型段相邻的曲面。此外，"修剪和延伸"方法可细分为两种：修剪和延伸自型腔区域和型芯区域。
- "条带曲面"方法：是由一条直线沿分型线扫掠而成的。使用"条带曲面"功能创建分型面只需要设置扫掠的直线长度即可。

图 15-29　"设计分型面"对话框

2. "编辑分型线"选项组

在定义区域时，如未选中"创建分型线"复选框，可通过"设计分型面"对话框中的"编辑分型线"选项组（如图 15-30 所示）手动创建分型线。

- 选择分型线 ![]：可手动在绘图区选择模型分型面上的边创建分型线。
- 遍历分型线 ![]：可打开"遍历分型线"对话框（如图 15-31 所示），创建分型线。

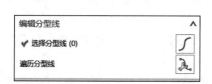

图 15-30　"编辑分型线"选项组

图 15-31　"遍历分型线"对话框

3. "编辑分型段"选项组

引导线可将分型线进行分段处理,以便用户针对不同的分型线段采取不同的处理方法实现复杂分型面的设计。

"编辑分型段"选项组如图 15-32 所示,包括选择分型或引导线、选择过渡曲线和编辑引导线。

4. "设置"选项组

"设计分型面"对话框中的"设置"选项组如图 15-33 所示。

- 公差:指定影响分型面创建和缝合的公差。
- 分型面长度:指决定分型面的拉伸距离以确保分型面足够大,从而用来修剪工件。

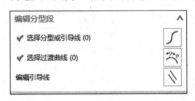
图 15-32 "编辑分型段"选项组

图 15-33 "设置"选项组

15.5.6 编辑分型面和曲面补片

单击"编辑分型面和曲面补片"按钮,系统弹出"编辑分型面和曲面补片"对话框,如图 15-34 所示。"编辑分型面和曲面补片"功能可将已有的曲面添加为分型面。

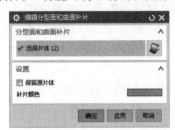
图 15-34 "编辑分型面和曲面补片"对话框

15.5.7 定义型腔和型芯

在修补好产品模型的孔、槽等部位,正确创建分型面和提取型芯、型腔区域后,可进行型腔和型芯的创建。具体步骤如下:

步骤01 单击"定义型腔和型芯"按钮,系统弹出"定义型腔和型芯"对话框,如图 15-35 所示。

步骤02 选择"型腔区域"选项,"选择片体"提示选择了片体,设置"缝合公差"为默认值,单击"确定"按钮,将生成型腔。

步骤03 当型腔分型结果不恰当时,单击如图 15-36 所示的"查看分型结果"对话框中的"法向反向"按钮,选取备用分型。

图 15-35 "定义型腔和型芯"对话框

图 15-36 "查看分型结果"对话框

15.6 模架设计

MoldWiard 模块提供了丰富的模架库以满足用户的各种设计需求。通过标准模架库,可在模具设计中使用设计常用的模架,如 LKM、DME、HASCO、FUTABA 等。其具体设计流程如下:

单击"注塑模向导"面板中的"模架库" 按钮,系统弹出"模架设计"对话框,使用该对话框和重用库进行对照,如图 15-37 所示。该对话框包括目录项、类型项、示意图项和模架索引项。

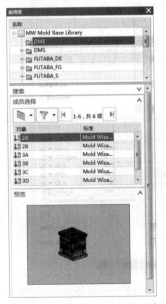

图 15-37 "重用库"和"模架库"对话框

1. 重用库名称

在如图 15-37 所示的"名称"下拉列表中选择模架的供应商,其下拉列表内容由一个电子表格控制,并可以用"模架库"的"编辑注册文件"功能编辑该电子表格。

2. 重用库成员选择

在"类型"下拉列表中列出了指定供应商所提供的标准模具的详细类型,如 DME 模架包括 2A(2 板式 A 型)、2B(2 板式 B 型)、3A(3 板式 A 型)、3B(3 板式 B 型)、3C(3 板式 C 型)和 3D(3 板式 D 型)。

3. 示意图

单击"模架库"对话框的"信息"按钮,得到如图 15-38 所示的上半部分为所选模架类型的示意图,这些按钮来自于这个标准的位图文件。

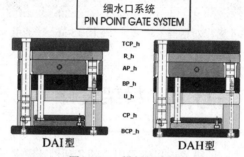

图 15-38 模架示意图

4. 详细信息

详细信息列表中,提供了模架的各种不同型号及参数值,可对其进行调整得到适用的模架。

15.7 浇注系统设计

浇注系统是指模具中从接触注射机喷嘴开始到进入型腔为止的塑料流动通道,其作用是使熔体平稳地充满型腔。在 MoldWizard 模具设计中,浇注系统包括主流道衬套、流道和浇口设计三部分。

15.7.1 浇注系统的组成及设计原则

普通浇注系统由主流道、分流道、冷料井和浇口组成。浇注系统的设计直接影响到注塑成型的周期和塑件质量(如外观、物理性能、尺寸精度等)。

整个浇注系统在设计时须遵循如下原则:

(1)型腔布局和浇口的设置部位要求对称,防止模具因承受偏载而产生溢料现象。

(2)型腔和浇口的排列要尽可能地减小模具外形尺寸。

(3)系统流道应该尽可能短,断面尺寸要适当;尽量减小弯折,表面粗糙度要低,以使热量及压力损失尽可能小。

（4）对于多型腔，应该尽可能地使塑料熔体在同时间内进入各个型腔的深处及角落，即分流道尽可能采用平衡式布局。

（5）浇口位置要恰当，尽量避免冲击嵌件和细小的型芯，防止型芯变形，浇口的残痕不能影响塑件的外观。

15.7.2 定位环设计

在 MoldWizard 中通常建议使用标准件方式进行浇注系统中定位环和浇口衬套的设计。

在"注塑模向导"面板中单击"标准件库"按钮，系统自动弹出"标准件管理"对话框（如图 15-39 所示），可以通过该对话框完成定位环部件的添加。

1. "重用库"名称

"重用库"对话框的"名称"列表框中列出了可选用模架的标准件，如图 15-40 所示，它是以树的形式串联各式模架，其中包括常用的 DME_MM、HASCO_MM、FUTAFA_MM 等模架。

图 15-39 "标准件管理"对话框

图 15-40 "重用库"对话框

单击"模架"前的"打开树结构"按钮，可打开模架的树结构。可看出模架树结构是由 Injection、Ejection 和 EjectorMisc 等结构组成的。

2. "成员选择"列表框

选择 Injection 类型，即可在"成员视图"选项卡中显示浇注系统的 LocatingRing（定位环）和 SprueBushing（浇口衬套）部件。

如 LocatingRing[WithScrews]定位环，系统在"信息"窗口中显示所选择的 LocatingRing[WithScrews]定位环的形状，如图 15-41 所示。

3. "放置"选项组

如图 15-42 所示为"标准件管理"对话框中的"放置"选项组。

- 父：用于指定添加的标准部件的父部件。
- 位置：决定标准件的放置方式。
- 引用集：包括 TRUE、FLASE 和整个部件。

4. "设置"选项组

如图 15-43 所示为"标准件管理"对话框中的"设置"选项组。

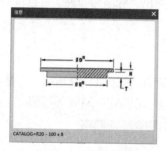
图 15-41 "信息"窗口

图 15-42 "放置"选项组

图 15-43 "设置"选项组

- 编辑注册器：可以对整个模架的部件进行编辑。
- 编辑数据库：通过 Excel 打开所选中的标准件的参数表格，对标准件的参数进行编辑。

15.7.3 浇口衬套设计

如图 15-44 所示为浇口衬套的标准件示意图。添加浇口衬套的步骤与添加定位环的步骤类似。

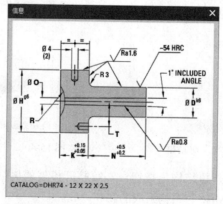
图 15-44 浇口衬套示意图

15.7.4 浇口设计

为了使用户可方便、快捷地进行模具浇口的设计，MoldWizard 在标准件库中预先设置了许多浇口的类型。

单击"浇口"按钮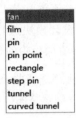，系统弹出"浇口设计"对话框，如图 15-45（a）所示。

（1）在型腔布局类型中，可设定浇口类型为平衡或非平衡。
（2）在"位置"中可确定浇口的位置，在"型芯"或"型腔"处。
（3）单击"浇口点表示"按钮打开点构造器，使用点构造器可以准确地定位浇口的位置。
（4）在浇口库中选择浇口的类型，如图 15-45（b）所示，具体形状如图 15-46 所示。

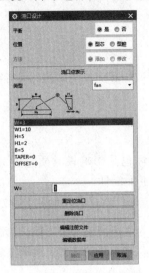

(a) "浇口设计"对话框　　　　　　　　(b) 浇口类型

图 15-45　浇口设计

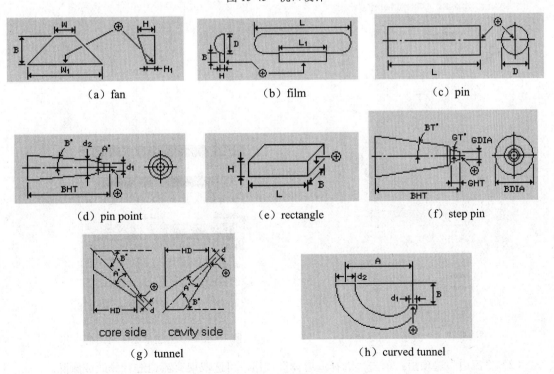

(a) fan　　　　　　(b) film　　　　　　(c) pin

(d) pin point　　　(e) rectangle　　　(f) step pin

(g) tunnel　　　　　(h) curved tunnel

图 15-46　浇口形状（续）

- fan: 扇形浇口。
- film: 薄片浇口。
- pin: 点浇口。
- pin point: 针点式浇口。
- rectangle: 矩形浇口。
- step pin: 阶梯状针式浇口。
- curved tunnel: 潜伏式浇口。
- tunnel: 耳形浇口。

(5) 成功添加浇注系统后,可使用"建腔"工具从型腔或型芯剪掉浇口的几何特征。

15.7.5 分流道设计

分流道作为连接主流道和浇口的关键部件,其设计好坏也是影响模具质量的关键之一。MoldWizard 对分流道设计模块进行了简化,使分流道设计更加简便。

单击"注塑模向导"面板中的"流道"按钮，弹出"流道"对话框,如图 15-47 所示。

(1) 引导线:单击"选择曲线"按钮可选取现有曲线作为生成流道的引导线。单击"绘制界面"按钮，可打开"创建草图"对话框（如图 15-48 所示）,进入草图模式。绘制生成流道的引导线。

图 15-47 "流道"对话框

图 15-48 "创建草图"对话框

(2) "流道"选项组:单击"选择流道体"按钮,可选取现有流道进行修改或删除。
(3) "截面"选项组:可通过设置各种截面的尺寸参数,设计流道的界面形状。

（4）"工具"选项组：在选项组中提供了布尔运算，可在此处直接选择型芯或型腔等镶件构建流道空间。

15.8 其他标准件

一般情况下，创建标准模架时，已经创建了导柱、导套、螺钉等标准件，但是有些标准件需要另行添加，包括顶杆、滑块等。

15.8.1 顶出设计

在"注塑模向导"命令面板中单击"标准件库"按钮，系统弹出"标准件管理"对话框，如图15-49所示。

步骤01 打开"标准件管理"对话框，在"重用库"对话框的"名称"中选取HASCO_MM，选择DME_MM下的Ejection，如图15-49所示。

步骤02 在"重用库"对话框的"成员选择"中选取Z44[Ejector pin]，如图15-50所示，提示信息框如图15-51所示。

图15-49 "标准件管理"对话框

图15-50 "重用库"对话框

步骤03 单击"确定"按钮完成标准顶杆的添加。

 顶杆的位置选择，将根据零件形状等情况的不同而发生变化。

顶杆加入的最初状态为标准的长度和形状，而顶杆的长度和形状往往需要与产品形状相匹配。顶杆后处理提供了修改顶杆，使之成为与产品相匹配的特殊尺寸。单击顶杆后处理 按钮，打开"顶杆后处理"对话框，如图 15-52 所示。

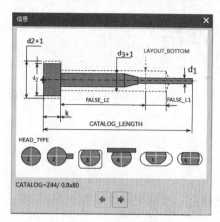

图 15-51　提示信息框

图 15-52　"顶杆后处理"对话框

15.8.2　滑块/抽芯设计

在"注塑模向导"面板中单击"滑块和浮升销库"按钮 ，弹出如图 15-53 和图 15-54 所示的"滑块和浮升销设计"对话框（该对话框类似于"标准件管理"对话框）和提示信息框。

Moldwizard 提供了 3 种类型的滑块和浮升销，分别为滑动、浮升销和标准件。

图 15-53　"滑块和浮升销设计"对话框

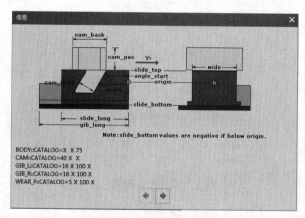

图 15-54　提示信息框

1. 滑动

在"重用库"对话框的"名称"列表框选择 Slide，在"成员选择"中可以看到相应的标准件。

- Push-PullSlide（拖拉式滑块）：拖拉式滑块的使用范围为抽芯距离短、侧凹或侧孔特征小的产品。
- SingleCam-pinSlide（单斜导柱滑块）：单斜导柱滑块的应用范围较广，该结构斜销的倾角一般为 15°~20°。
- DualCam-pinSlide（双斜导柱滑块）：在滑块头较宽、较大时，需要设计为双斜导柱滑块。
- Slide_N 系列：该系列属于双斜导柱滑块，不同的是，该系列的滑块机构加装了弹簧，并且弹簧与滑板成为一个整体。采用这种设计的原因是因为可以减小侧向分型压力。

2．浮升销

在"重用库"对话框的"名称"列表框中选择 Lifter，在"成员选择"中可以看到相应的标准件。

- DowelLifter（定位销滑动型浮升销）：该类浮升销的特点是脚部滑动为销钉滚动，斜顶身为方形。
- SankyoLifter（楔块滑动型浮升销）：该类浮升销的特点是脚部滑动为楔块滚动，头与斜顶身分离，斜顶身为圆形。
- Lifter_N 系列：该类浮升销的特点为参考了众多浮升销的标准，结构简单，加工制造方便。

3．标准件

在"重用库"对话框的"名称"列表框中选择 StandardParts，在"成员选择"中可以看到相应的标准件。

- Angle_pin（斜导柱）：滑块和浮升销机构中的斜导柱标准件。
- SPRING（弹簧）：滑块和浮升销机构中的弹簧标准件。
- SHCS（螺钉）：滑块和浮升销机构中的螺钉标准件。

15.8.3 镶块设计

镶块用于型芯或型腔容易发生消耗的区域，也可用于简化型芯和型腔的加工工艺。一个完整的镶块装配由镶块头部和镶块足体组成。

单击"注塑模向导"面板中的"子镶块库"按钮，弹出如图 15-55 所示的"子镶块设计"对话框和如图 15-56 所示的提示信息框。

图 15-55 "子镶块设计"对话框

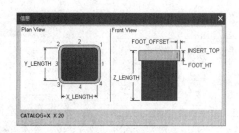

图 15-56 提示信息框

利用该对话框配合"重用库"可以从标准件库中输入镶块模型,并用标准件管理系统来配置这些镶件。

15.8.4 冷却设计

在塑料注塑成型过程中,注塑模不仅是塑料熔体的成型设备,还起着热交换的作用。对于熔融黏度较低、流动性较好的塑料,如聚乙烯、聚苯乙烯、聚丙烯等,需要对模具进行人工冷却,以便塑件在模腔内快速冷凝成型,缩短成型周期,提高生产效率。

1. 插入标准件方式

MoldWizard 中冷却系统的设计方法有"管道设计"和"插入标准件"两种方式,其中标准件是创建冷却水管的首选方法。通常系统默认的是"插入标准件"方式。

如图 15-57 所示的"冷却工具"命令组,单击"冷却标准部件库"按钮,进入如图 15-58 所示的"冷却组件设计"对话框。

使用"插入标准件"方式进行冷却管道的设计,其操作过程与使用"标准件管理"对话框设计推杆类似,具体方法这里不再赘述。

2. 管道设计方式

"冷却工具"命令组中的按钮可以用来自行创建冷却管道。自行创建冷却管道分为两个步骤:定义管道路径和产生冷却管道。

- 图样通道：单击"冷却工具"命令组中的"图样选项"按钮，系统弹出"图样通道"对话框,如图 15-59 所示。

图 15-57　"冷却工具"命令组　　图 15-58　"冷却组件设计"对话框　　图 15-59　"图样通道"对话框

在型腔或型芯部件上通过绘制草图来设计冷却通道的路线，选择绘制的草图来设置通道路径。然后通过在"图样通道"对话框中设置通道直径，单击"确定"或"应用"按钮，完成图样通道的创建。

- 直接通道：:"直接通道"创建冷却通道的方法类似于建模当中的"拉伸"概念，通过制定冷却通道的起始点、拉伸方向、拉伸距离以及通道的直径来创建冷却通道。
- 定义通道：通过选定对象，将通道属性指派给实体或冷却水路。
- 连接通道：连接通道的作用是在两通道之间创建连接通道，通过连接通道可以将分散的冷却通道连接成一体。
- 延伸通道：延伸通道的作用是创建已存在管道的延伸，类似于建模工具中的延伸命令，"延伸通道"可用于创建存储通道及动定模版中的冷却通道。
- 调整通道：调整通道的作用是当冷却通道创建完成后调整通道的位置及连接通道的长度。
- 冷却连接件：冷却连接件的作用是创建概念意义上的冷却连标准接件。
- 冷却回路：冷却回路的作用是将需要组合成冷却回路的水路组合在一起，形成冷却回路。

15.8.5 电极设计

注塑模具通常有很复杂的型芯和型腔外形，因此常采用数控车、数控铣，以及线切割、电火花加工等特征加工方法。虽然有的特征可以通过改变设计方法加工，但是出于模具精度和结构的要求考虑，只能采用特征加工方法。

注塑模向导中的电极工具正是为电火花加工设计电极而用的。电极设计可以用于型芯和型腔的某个区域，也可以为整个型芯和型腔而设计。

单击"注塑模向导"面板中的"电极"按钮，弹出"电极设计"对话框。

标准件库中包含有一个名为 ELECTRODE 的目录，该目录包含型腔和型芯电极，如图 15-60 和图 15-61 所示。用标准件的方法来完成电极与用标准件的方法来成型镶块的方法类似。目录中显示型腔或型芯的形状，并通过模具修剪功能应用在电极上使电极成型。

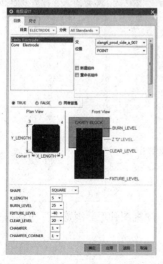
图 15-60　型腔"电极设计"对话框

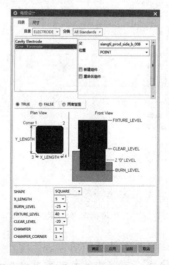
图 15-61　型芯"电极设计"对话框

15.9 模具的其他功能

"注塑模向导"面板上的其他工具包括建腔、创建模具装配图纸、组件图纸和孔表。受篇幅所限,本节只做简单介绍。

15.9.1 建腔

建腔是因为加入的标准件、浇口、流道和分流道等部件和模架有重合的部分,所以设计过程一般需要从模架中把重合部分去除,留给标准件、浇口等部件相应的位置。

一般情况下,型腔设计应该放在模具设计的最后阶段,待浇注、抽芯、冷却和顶出等部件都加入到模架之后再进行。

步骤01 单击"注塑模向导"面板中的"腔体"按钮 ,弹出"腔体"对话框,如图15-62所示。

步骤02 可以选择模具的型腔和型芯作为目标体,然后选择之前添加的标准件、流道和冷却水路等作为工具体,通过系统内嵌的布尔运算,实现建腔。

15.9.2 视图管理

视图管理提供了模具的可见性控制、颜色控制、更新控制、打开控制等。

单击"注塑模向导"面板中的"视图管理器"按钮 ,系统弹出如图15-63所示的"视图管理器浏览器"对话框,利用该对话框即可对视图进行管理。

图15-62 "腔体"对话框

图15-63 "视图管理器浏览器"对话框

- 隔离:只显示选择的组件。
- 冻结状态:可以冻结或解冻某个部件或组件系列。

- 打开状态：打开或关闭某个节点。
- 属性数量：显示当前部件的数量。

15.9.3 装配图纸和组件图纸

模具设计完成后需要导出装配图纸和组件图纸进行加工和装配。Moldwizard 提供了强大的图纸导出模块。

1. 装配图纸

单击"注塑模向导"面板中的"装配图纸"按钮，系统自动弹出"装配图纸"对话框，如图 15-64 所示。

（a）"图纸"选项　　　　　　（b）"可见性"选项　　　　　　（c）"视图"选项

图 15-64　"装配图纸"对话框

2. 组件图纸

MoldWizard 提供的组件工程图功能可以用于创建模具中的零件工程图。

单击"注塑模向导"面板中的"组件图纸"按钮，系统弹出"组件图纸"对话框，如图 15-65 所示。

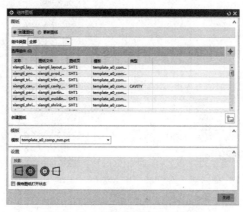

图 15-65　"组件图纸"对话框

15.10 模具设计实例

下面将详细介绍塑件的注塑模工具设计的流程，以便读者对 NX 10.0 MoldWizard 功能有更加详细的了解，并熟悉厚壁零件注塑模工具设计的技术要点。

15.10.1 项目初始化

步骤01 单击"打开"按钮，在"打开"对话框（如图 15-66 所示）中选择"素材文件\chapter15\源文件\xiangti.prt"文件，单击 OK 按钮。单击"应用模块"面板中的"注塑模"按钮，切入注塑模向导模块中。

步骤02 单击"注塑模向导"面板中的"项目初始化"按钮，在弹出的"初始化项目"对话框中设置 Name 为箱体，"材料"为"尼龙"，"收缩"为 1.016，"项目单位"为毫米，如图 15-67（a）所示。

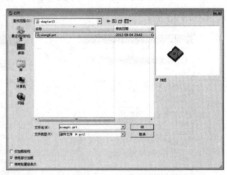

图 15-66 "打开"对话框

单击"确定"按钮，加载产品到 MoldWizard 中，此时，在"装配导航器"窗口中显示系统自动生成的注塑模工具装配结构，如图 15-67（b）所示。

（a）"初始化项目"对话框　　　　　　（b）注塑模工具装配结构

图 15-67 "初始化项目"对话框和注塑模工具装配结构

15.10.2 注塑模工具坐标系

如图 15-68 所示为加载后的产品模型,可以看到产品注塑模工具坐标系中,其坐标系的原点并不在分型面上,且 Z 轴坐标系也不在开模方向上,因此需要对坐标系进行调整。

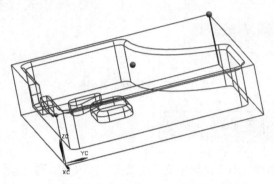

图 15-68 装载后的产品模型

步骤 01 单击"格式"→WCS→"原点"按钮,系统弹出如图 15-69 所示的"点"对话框,在"类型"下拉列表中选择"两点之间"选项,并选择点 1 和点 2,单击"确定"按钮完成坐标系原点的重定位。

步骤 02 单击"格式"→WCS→"旋转"按钮,弹出如图 15-70 所示的"旋转 WCS 绕"对话框,选中 -XC 轴:ZC --> YC 单选按钮,并在"角度"文本框中输入 90,单击"确定"按钮完成坐标系的旋转。

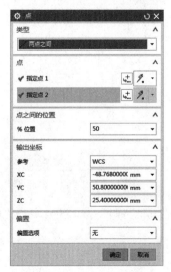

图 15-69 "点"对话框

图 15-70 "旋转 WCS 绕"对话框

步骤 03 单击"注塑模向导"面板中的"模具 CSYS"按钮,弹出如图 15-71(a)所示的"模具 CSYS"对话框,选中"当前 WCS"单选按钮,单击"确定"按钮完成注塑模工具坐标系的设置,设置后的注塑模工具坐标系如图 15-71(b)所示。

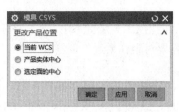
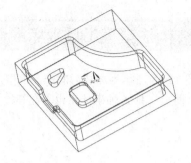

（a）"模具 CSYS"对话框　　　　　　　（b）调整后的坐标系

图 15-71　注塑模工具坐标系

15.10.3　设置收缩率

步骤 01　单击"注塑模向导"面板中的"收缩率"按钮，弹出如图 15-72 所示的"缩放体"对话框，在"类型"下拉列表中选择"轴对称"选项。

步骤 02　展开"缩放轴"选项组，在"指定矢量"选项中单击"矢量构造器"下拉按钮，选择 ZC 轴为正向。在"指定轴通过点"选项中单击"点构造器"按钮，弹出如图 15-73 所示的"点"对话框。

步骤 03　在"点"对话框的"类型"中选择"光标位置"选项，选择坐标系原点，单击"确定"按钮，返回到"缩放体"对话框。

图 15-72　"缩放体"对话框　　　　　　　图 15-73　"点"对话框

步骤 04　在"比例因子"选项组中设置"沿轴向"和"其他方向"为 1.006，单击"确定"按钮，完成收缩率的设置。

15.10.4　设置工件

步骤 01　单击"注塑模向导"面板中的"工件"按钮，弹出"工件"对话框。

步骤 02　在"类型"中选择"产品工件"，在"工件方法"下拉列表中选择"用户定义的块"选项，其他设置如图 15-74 所示。所添加的"工件"如图 15-75 所示。

可通过"绘制截面"按钮,对工件轮廓线的草图进行编辑,改变工件尺寸。

图 15-74 "工件"对话框

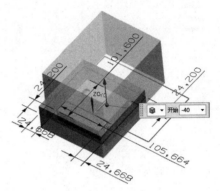

图 15-75 "工件"尺寸

步骤03 单击"确定"按钮完成工件的设计,如图 15-76 所示。

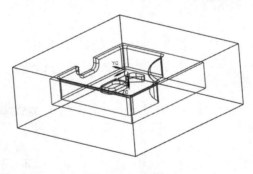

图 15-76 工件

15.10.5 布局

在本实例中的实体模型较小,将采用一模两腔的布局。

步骤01 单击"注塑模向导"面板中的"型腔布局"按钮,弹出"型腔布局"对话框,如图 15-77(a)所示。

步骤02 在"型腔布局"对话框中的"布局类型"下拉列表中选择"矩形"选项,并选中"平衡"单选按钮,将"型腔数"设置为 2,"间隙距离"设置为 0。

> **步骤 03** 在"指定矢量"选项中的"矢量构造器"中选择 XC 选项,单击"生成布局"选项组中的"开始布局"按钮，系统开始自动布局,得到矩形平衡式布局。

> **技巧提示** 在"编辑布局"选项组中单击"自动对准中心"按钮,完成型腔的布局,如图 15-77（b）所示。

（a）"型腔布局"对话框

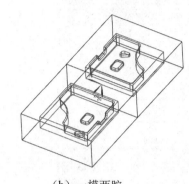
（b）一模两腔

图 15-77　型腔布局

15.10.6　注塑模工具修补

> **步骤 01** 使用"注塑模向导"面板中"注塑模工具"命令组进行操作,如图 15-78 所示。
> **步骤 02** 单击"注塑模工具"命令组中的"曲面补片"按钮，系统弹出如图 15-79 所示的对话框,选中"作为曲面补片"复选框。

图 15-78　"注塑模工具"命令组

图 15-79　"边修补"对话框

步骤 03 在"环选择"的"类型"选项中选择"体",然后在图像窗口中选择产品实体,系统自动搜索出 3 个要修补的边缘环,如图 15-80 所示。

也可在"环选择"的"类型"选项中选择"面",实现孔的修补。

步骤 04 如果系统自动显示的边符合用户的要求,可以单击"确定"按钮确认,边修补结果如图 15-81 所示。

图 15-80　要修补的边缘环　　　　　　图 15-81　边修补结果

15.10.7　分型

1. 检查区域

步骤 01 使用"注塑模向导"面板中的"分型刀具"命令组和"分型导航器"对话框进行分型操作,如图 15-82 和图 15-83 所示。

图 15-82　"分型刀具"命令组　　　　图 15-83　"分型导航器"对话框

步骤 02 单击"分型刀具"命令组中的"区域分析"按钮 ⌂,系统弹出"检查区域"对话框,如图 15-84(a)所示。系统自动选中产品,同时指定如图 15-84(b)所示的 Z 轴正方向为脱模方向。

步骤 03 在"计算"选项组选中"保持现有的"单选按钮,在确认产品被选中且脱模方向正确后,单击"计算"按钮,系统对产品进行分析。

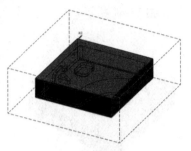

（a）"检查区域"对话框　　　　　　（b）选中的实体和脱模方向

图 15-84　"检查区域"对话框与选中的实体和脱模方向

步骤 04　单击"检查区域"对话框中的"区域"选项卡，如图 15-85 所示，从图中可以看出，区域的总数=型芯区域（1）+型腔区域（50）+未定义区域（10），共 61 个区域面。

（a）定义前的区域分布　　　　　　（b）定义后的区域分布

图 15-85　"区域"选项卡

步骤 05　通过模型验证，发现还有 10 个未定义面；通过分析，这 10 个未定义面分别属于型芯和型腔侧面的，如图 15-86 所示。

步骤 06　控制型腔区域和型芯区域的透明度，以便分析和选择定义区域，选择未定义区域的 10 个面，选中"指派到区域"选项组中的"型芯区域"单选按钮，单击"应用"按钮。

步骤 07 控制型腔区域和型芯区域的透明度,以便分析和选择定义区域,选择未定义区域的 4 个面,如图 15-86 所示。选中"指派到区域"选项组中的"型腔区域"单选按钮,单击"应用"按钮。

步骤 08 重复上述步骤,将其余 7 个未定义面定义到型芯区域,结果如图 15-86 所示。

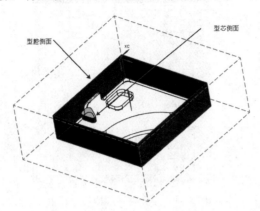

图 15-86 定义未定义区域

2. 提取区域和分型线

步骤 01 单击"分型刀具"命令组中的"定义区域"按钮,系统弹出"定义区域"对话框,如图 15-87 所示。

图 15-87 "定义区域"对话框

步骤 02 在"区域名称"列表框中选择型腔区域选项和型芯区域选项,并在"设置"选项组中选中"创建区域"和"创建分型线"复选框,单击"确定"按钮。系统自动完成型芯和型腔区域的提取及分型线的提取。

技巧提示 在分型线、型芯和型腔区域成功创建和提取后，在分型管理树列表中增加了分型线、型腔和型芯3个节点，如图15-88所示。

图15-88 "分型导航器"对话框

3．创建分型面

步骤01 单击"设计分型面"按钮，弹出如图15-89所示的"设计分型面"对话框，系统自动选择定义区域时生成的分型线。

步骤02 在"创建分型面方法"中单击"条带曲面"按钮，生成分型面，拖动"曲面延伸距离"滑块直到分型面完全超出成型工件位置。

步骤03 单击"确定"按钮生成分型面，如图15-90所示。

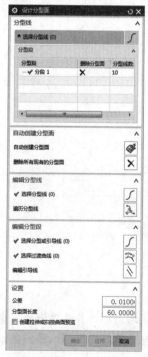

图15-89 "设计分型面"对话框

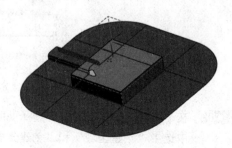

图15-90 分型面

4．创建型芯和型腔

在修补好产品模型的孔、槽等部位，正确创建分型面和提取型芯和型腔区域后，即可进入型腔和型芯的创建操作了。

步骤01 单击"分型刀具"命令组中的"定义型腔和型芯"按钮，系统弹出"定义型腔和型芯"对话框，如图15-91所示。

步骤02 选择"型腔区域"选项，"选择片体"提示选择了一个片体，设置"缝合公差"参数，一般取默认值，单击"确定"按钮生成型腔，如图15-92（a）所示。

步骤03 选择"型芯区域"选项，"选择片体"提示选择了一个片体，设置"缝合公差"参数，一般取默认值，单击"确定"按钮生成型芯，如图15-92（b）所示。

> **技巧提示**：系统同时弹出如图15-93所示的"查看分型结果"对话框，可进一步确认修剪的结果。如果修剪方向不对，可直接单击"法向方向"按钮，获得另外一侧的修剪结果。

 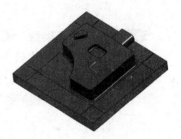

（a）型腔区域　　　　　（b）型芯区域

图15-91　定义型腔和型芯　　　　图15-92　型腔和型芯

步骤04 如图15-94所示为所创建的型芯和型腔的线框图。

 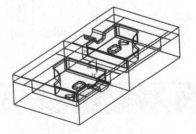

图15-93　"查看分型结果"对话框　　　图15-94　最终分型结果

15.10.8　添加模架

步骤01 单击"注塑模向导"面板中的"模架库"按钮，系统弹出"模架库"对话框，如图15-95所示。

步骤 02 选择"重用库"下拉列表中的LKM_SG供应商提供的标准模架,选择"类型"为C,即2板式C型,型号为4040。

步骤 03 单击"模架库"对话框中的"应用"按钮接受其余默认值,加入标准模架,如图15-96所示。

图15-95 "模架库"对话框

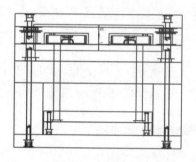

图15-96 模架

步骤 04 加入模架后,可以调整视图并检查模架。得知型腔的尺寸超出了A板的值,需要对模架A板进行参数的修改。

步骤 05 设置AP_h=70,其他保持默认值,如图15-97所示。单击"确定"按钮修改模架尺寸,最终模架如图15-98所示。

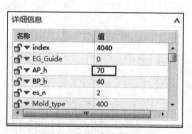

图15-97 模架尺寸

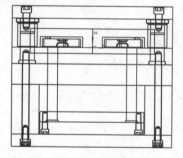

图15-98 最终模架

15.10.9 添加标准件

1. 添加定位环

步骤 01 在"注塑模工具"命令组中单击"标准件库"按钮,系统弹出"标准件管理"对话框,如图15-99所示。可以通过该对话框及"重用库"的使用完成定位环部件的添加。

步骤 02 在"重用库"对话框的"名称"列表框中的 MW Standard Part Library 下选择 FUTABA_MM 选项组中的 Locating Ring Interchangeable,如图15-100所示。

图 15-99 "标准件管理"对话框

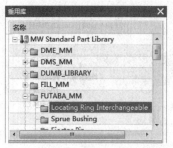

图 15-100 "重用库"对话框

步骤 03 在"成员选择"选项组中选择 LocatingRing[M-LRJ]定位环,如图 15-101 所示。其"信息"窗口如图 15-102 所示。

图 15-101 "成员选择"选项组

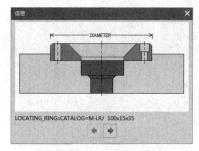

图 15-102 "信息"窗口

步骤 04 在"详细信息"中可修改标准件的尺寸,这里设置 DIAMETER=100、THICKNESS=15,如图 15-103 所示。

步骤 05 在"放置"选项组中设置"父"和"位置"选项,一般选取默认值,单击"应用"按钮添加定位环,如图 15-104 所示。

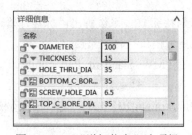

图 15-103 "详细信息"选项组

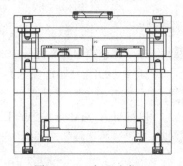

图 15-104 加入定位环

415

2. 添加浇口衬套

步骤 01 在"注塑模向导"面板中单击"标准件库"按钮，系统弹出"标准件管理"对话框，如图 15-105 所示，可通过该对话框完成浇口衬套的添加。

步骤 02 在"重用库"对话框的"名称"列表框中的 MW Standard Part Library 下选择 FUTABA_MM 选项中的 Sprue Bushing。

步骤 03 在"成员选择"选项组中选择 Sprue Bushing 浇口衬套。

系统也将同时显示"信息"窗口，显示所选择的标准件形状和关键尺寸，如图 15-106 所示。

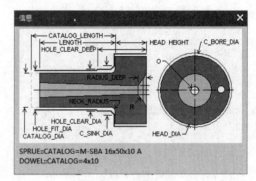

图 15-105　"标准件管理"对话框　　　　图 15-106　"信息"窗口

步骤 04 在"部件"选项组中选中"添加实例"单选按钮。

步骤 05 在"详细信息"选项组中可修改标准件的尺寸，这里采用默认值。

步骤 06 在"放置"选项组中设置"父"和"位置"选项，一般选取默认值，单击"应用"按钮添加定位环，如图 15-107 所示。

3. 添加顶杆

步骤 01 在"注塑模向导"面板中单击"标准部件库"按钮，系统弹出"标准件管理"对话框（如图 15-108 所示），可通过该对话框完成浇口衬套的添加。

步骤 02 在"重用库"对话框的"名称"列表框中的 MW Standard Part Library 下选择 FUTABA_MM 选项中的 Ejector Pin。

步骤 03 在"成员选择"选项组中选择选择 Ejector Pin Straight[EJ，EH，EQ，EA]顶杆。

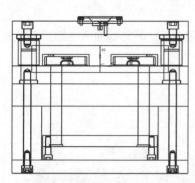

图 15-107 添加的浇口衬套

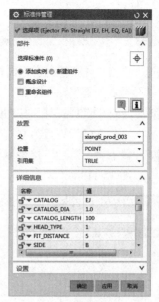

图 15-108 "标准件管理"对话框

 系统也将同时显示"信息"窗口，显示所选择的标准件形状和关键尺寸，如图 15-109 所示。

 将 CATALOG_LENGTH 的长度调整到 250，长度略长于产品模型。

 单击"应用"按钮，弹出"点"对话框，在"类型"下拉列表中选择"自动判断的点"选项，在"坐标"中设置顶杆位置坐标，第一根顶杆的坐标如图 15-110 所示，单击"确定"按钮生成顶杆。

 使用俯视图视角显示模具，可以更准确地定位顶杆位置。

 再次在"坐标"中设置顶杆位置坐标，第二和第三根顶杆的坐标为（-50，-36，0）和（-50，36，0），实现顶杆的添加。结果如图 15-111 所示，显示添加 6 根顶杆。

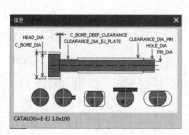

图 15-109 "信息"窗口

图 15-110 "点"对话框

图 15-111 添加的顶杆

15.10.10 顶杆后处理

步骤01 单击"注塑模向导"面板中的"顶杆后处理"按钮，弹出如图 15-112 所示的"顶杆后处理"对话框。

步骤02 单击"选择推杆"按钮，选择已经创建的准备处理的顶杆，配合长度设为 10mm，"偏置值"设置为 0。

步骤03 "刀具"选项中接受默认的修剪部件，接受默认的修剪曲面，即型芯修剪片体，如图 15-113 所示。

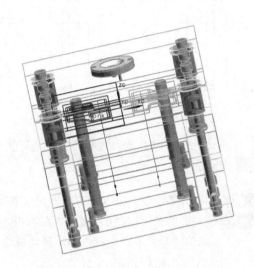

图 15-112 "顶杆后处理"对话框   图 15-113 修剪后的顶杆

步骤04 单击"确定"按钮，完成顶杆的修剪。

15.10.11 添加浇口

1. 创建浇口点的参考

步骤01 单击"注塑模向导"面板中的"视图管理器"按钮，系统弹出"视图管理器浏览器"对话框，如图 15-114 所示。

步骤02 为了设计方便，隐藏模架和型腔，取消对 moldfixedhalf 和 moldmovehalf 的选择。

步骤03 选择"应用模块"→"建模"命令，进入建模模式。

步骤04 单击"格式"→WCS→"原点"按钮，弹出"点"对话框，相关设置如图 15-115 所示，选择如图 15-116（a）所示的点。将坐标系移动到模型底边，如图 15-116（b）所示。

图 15-114　"视图管理器浏览器"对话框

图 15-115　"点"对话框

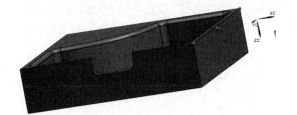

（a）选择的点

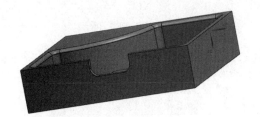

（b）移动到模型底边的坐标系

图 15-116　坐标系

步骤 05　单击"插入"→"草图"按钮，系统弹出如图 15-117 所示的"创建草图"对话框。选择模型底边平面为草图面（如图 15-118 所示），单击"确认"按钮，进入草绘模式。

步骤 06　单击"绘制点"按钮，弹出"草图点"对话框，如图 15-119 所示。单击"点对话框"按钮，系统弹出"点"对话框，设置如图 15-120 所示，参考选择 WCS，在（0，0，0）处添加一点，生成的点如图 15-121 所示。

图 15-117　"创建草图"对话框

图 15-118　所选的草图面

  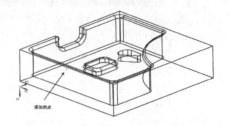

图 15-119　"草图点"对话框　　图 15-120　"点"对话框　　　图 15-121　添加的点

步骤07　单击"完成草图"按钮，退出草图模式。

步骤08　单击"插入"→"曲线"命令面板中的"直线"按钮，系统弹出如图 15-122（a）所示的"直线"对话框，选择之前绘制的点，在"终点选项"下拉列表中选择"XC 沿 XC"选项，"距离"设置为 15mm，单击"确定"按钮，绘制一条直线，如图 15-122（b）所示。

 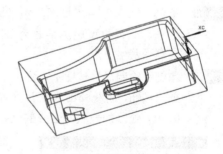

（a）"直线"对话框　　　　　　　　　　　　（b）绘制的直线

图 15-122　"直线"对话框和绘制直线

2. 创建浇口

步骤01　单击"注塑模向导"面板中的"浇口库"按钮，系统弹出"浇口设计"对话框，如图 15-123（a）所示。

步骤02　单击"浇口设计"对话框中的"浇口点表示"按钮，系统弹出"浇口点"对话框，如图 15-123（b）所示。

（a）"浇口设计"对话框　　　　　　（b）"浇口点"对话框

图 15-123　"浇口设计"和"浇口点"对话框

步骤 03　单击"浇口点"对话框中的"面/曲线相交"按钮，弹出"曲线选择"对话框和"面选择"对话框，如图 15-124 和图 15-125（a）所示。选择一个曲线和一个面，如图 15-125（b）所示，MoldWizard 创建一个交点。

图 15-124　"曲线选择"对话框

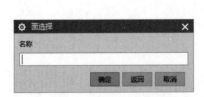
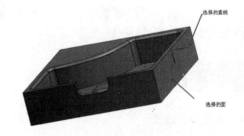

（a）"面选择"对话框　　　　　　（b）选择的直线和面

图 15-125　"面选择"对话框和选择面

步骤 04　单击"后视图"按钮，返回到"浇口设计"对话框，在该对话框中设置浇口的各个参数。

步骤 05　定义浇口类型为平衡式，浇口"位置度"设置为"型芯"，浇口"类型"选择 rectangle。

步骤 06　修改浇口的参数，设置 L=5、H=1.5、B=3，其余保持不变。

步骤 07 单击"应用"按钮,系统再次弹出"点"对话框,如图 15-126 所示。

 "类型"选择"自动判断的点",如图 15-126(a)所示。先选择曲面,选择浇口参考直线,获取的浇口定位点,如图 15-126(b)所示。单击"确定"按钮,弹出"矢量"对话框,如图 15-127 所示。

(a)"点"对话框　　　　　　　　　　(b)获取的浇口定位点

图 15-126 "点"对话框和获取的浇口定位点

步骤 08 单击"应用"按钮,生成两个浇口,如图 15-128 所示。

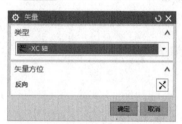

图 15-127 "矢量"对话框　　　　　　图 15-128 生成两个浇口

15.10.12 分流道设计

1. 定义引导线串

步骤 01 通过视图管理器,仅显示模型和型腔,如图 15-129 所示。

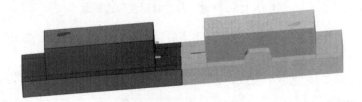

图 15-129 模型和型腔

步骤02 单击"插入"→"曲线"命令面板中的"直线"按钮,系统弹出"直线"对话框,相关设置如图 15-130 所示。选择两流到端面上的中点(如图 15-131(a)所示),单击"确定"按钮,绘制一条直线,如图 15-131(b)所示。

图 15-130 "直线"对话框

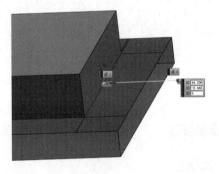

(a)流到端面上的中点

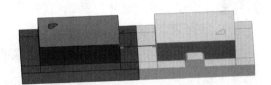

(b)绘制的直线

图 15-131 选择中点和绘制直线

2. 创建分流道

步骤01 单击"注塑模向导"面板中的"流道"按钮,系统弹出"流道"对话框。

步骤02 单击"引导线"选项组中的"选择曲线",选择如图 15-131(b)所示的草绘曲线。

步骤03 在"截面"选项组中设置"截面类型"为梯形。

步骤04 其他参数设置如图 15-132 所示。

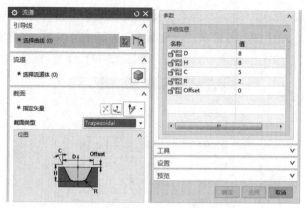

图 15-132 "流道"对话框

步骤 05 单击"确定"按钮生成分流道,如图 15-133 所示。

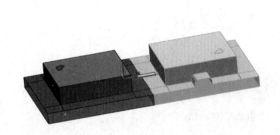 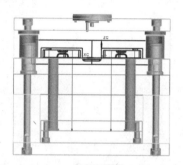

(a) 分流道视图 1　　　　　　　　　　　(b) 分流道视图 2

图 15-133 分流道形状

步骤 06 此外,选择"合并"命令,打开"合并"对话框,如图 15-134 所示。分别选择分流道和浇口进行求和操作。

图 15-134 "合并"对话框

3. 修改浇口衬套

步骤 01 如图 15-133（b）所示，发现浇口衬套的长度不符合我们的要求，需要修改浇口衬套尺寸。在"标准件管理"对话框中选择浇口衬套。

步骤 02 选择"分析"→"测量距离"命令，弹出如图 15-135（a）所示的"测量距离"对话框。

步骤 03 在"类型"下拉列表中选择"投影距离"选项，并选择 ZC 方向为投影方向。

步骤 04 选择主流道衬套底部点 1 作为测量点 1，流到上表面一点作为测量点 2，如图 15-135（b）所示的两点，测量距离为 78.0936mm。

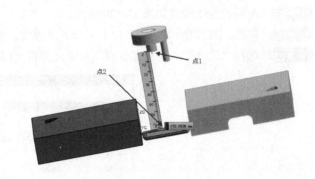

（a）"测量距离"对话框　　　　　　　（b）测量的距离

图 15-135　测量距离

步骤 05 在"注塑模工具"命令组中单击"标准件库"按钮，系统自动弹出"标准件管理"对话框，如图 15-136 所示。

步骤 06 设置 CATALOG_LENGTH=10+78.0936，如图 15-136（a）所示。

步骤 07 单击"应用"按钮完成修改，最后的注塑模工具如图 15-136（b）所示。

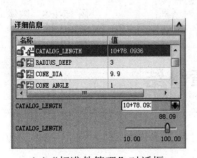
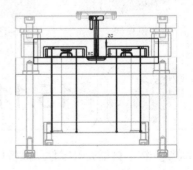

（a）"标准件管理"对话框　　　　　　　（b）模架

图 15-136　修改浇口衬套尺寸和注塑模工具

本章因产品壁厚较薄、尺寸较小，因此不做冷却，模壁冷却即可。

15.10.13 建立腔体

步骤01 单击"注塑模向导"面板中的"视图管理器"按钮，系统弹出"视图管理器浏览器"对话框。

步骤02 为了设计方便，仅显示型腔侧，如图 15-137 所示。

步骤03 单击"注塑模向导"面板中的"腔体"按钮，系统弹出"腔体"对话框，如图 15-138 所示。

步骤04 在"模式"下拉列表中选择"减去材料"选项，选择 A 板作为目标体，选择浇口衬套、定位环、型腔、型芯、流到系统作为刀具，单击"应用"按钮，生产腔体。

步骤05 A 版的腔体构成如图 15-139 所示。

步骤06 同理，对其他部件重复（1）~（5）的操作，完成其他腔体的构建。

步骤07 选择"文件"→"全部保存"命令，保存全部零部件。

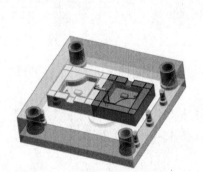
图 15-137 型腔侧模架

图 15-138 "腔体"对话框

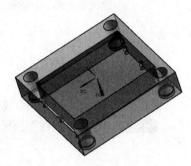
图 15-139 腔体1

15.11 本章小结

本章详细介绍了典型壳类零件的注塑模工具设计过程。读者在学习过程中需要了解以下几个方面的知识。

（1）要合理地设置注塑模工具坐标系，必须将注塑模工具坐标系放置到产品模型的分型面上，且 Z 轴方向必须与制品的顶出方向一致。

（2）需要了解型腔布局的基本概念和操作。本实例采用一模两腔的布局形式。

（3）对于产品模型上的孔要采用合适的修补方法。

（4）分型是注塑模工具设计的重点也是难点。本章在分型设计上重点介绍"区域设计"，要求读者掌握如何重定义未定义的面。

（5）介绍了如何添加浇口和分流道，并进行修改操作。

第 16 章 钣金设计

NX 10.0 中的钣金模块提供了一个直接对钣金零件进行创建或编辑操作的基本环境,并可以利用钣金特征、材料特性等信息,设计基于实体建模的钣金零部件。

学习目标

- 掌握突出块和各种弯边工具的使用方法
- 掌握拐角、除料、冲压和折弯工具的使用方法
- 了解平板、平面展开、切边等工具的使用方法

16.1 钣金设计概述

钣金加工是使用可塑性强的铝板、钢板、铜板等板材进行折弯、剪切、冲压操作的一种加工方式。基于可塑性强的特点,钣金设计被广泛应用于汽车、航空、航天、机械、日用五金等行业。

16.1.1 钣金知识

钣金件就是薄板五金件,也就是可以通过冲压、弯曲、拉伸等手段来加工的零件,也可定义其为在加工过程中厚度不变的零件。钣金零件一般可分为平板类零件、弯曲类零件及曲面成形类零件 3 种类型。

钣金加工又称金属板材加工,是钣金技术学员需要把握的枢纽技术,也是钣金制品成形的重要工序。

钣金加工是包括传统的切割下料、冲裁加工、弯压成形等方法,还包括各种冷冲压模具结构及工艺参数计算、各种设备工作原理及操纵方法,以及新冲压技术及新工艺。

钣金加工一般用到的材料有冷轧板(SPCC)、热轧板(SHCC)、镀锌板(SECC、SGCC)、铜、黄铜、紫铜、铍铜、铝板(6061、6063、硬铝等)、铝型材、不锈钢(镜面、拉丝面、雾面)。

16.1.2 NX 钣金界面

用户可通过两种方式进入 NX 钣金设计界面。一种是通过新建 NX 钣金文件的方式创建钣金设计文件,并进入钣金设计模块窗口,如图 16-1 所示。

第 16 章
钣金设计

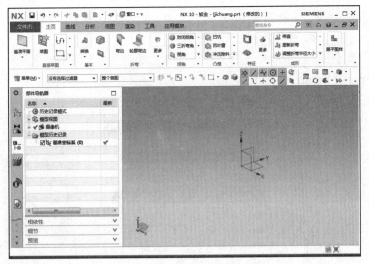

图 16-1 创建钣金零件窗口

另一种方式是通过在建模模块窗口单击"应用模块"中的 ![] （钣金）按钮，亦可进入钣金设计模块。

16.1.3 钣金设计命令

新建钣金设计零件或切入钣金设计模块窗口后，"主页"命令面板中的命令发生变化，由建模模块命令变化为钣金设计模块命令，如图 16-2 所示。这些命令包括用于创建基本基体、折弯、拐角、凸模、特征、成形等操作。

图 16-2 钣金设计命令

 16.2 钣金基体创建

NX 10.0 钣金设计模块将钣金基体创建命令集合在"基本"面板中，钣金基体创建命令包括突出块、实体特征转换为钣金、转换为钣金向导等。单击 ![] （转换）按钮，弹出更多钣金转换命令。

16.2.1 突出块

突出块特征又称垫片或钣金墙，是利用封闭的轮廓创建任意形状的扁平特征，该特征也是 NX 钣金中最基础的特征，其他钣金特征都将在该特征上创建。具体操作步骤如下：

429

步骤01 在标准平面上绘制如图 16-3 所示的 60×60 的矩形轮廓，完成草图后单击 ▭（突出块）按钮，弹出"突出块"对话框。

步骤02 在"类型"下拉列表中选择"基座"，单击绘制的矩形草图轮廓作为"截面"，"厚度"设置为 1.5mm，如图 16-4 所示。

步骤03 单击"确定"按钮创建突出块，如图 16-5 所示。

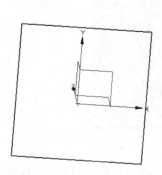
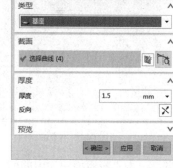
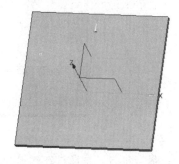

图 16-3　绘制矩形草图轮廓　　　　图 16-4　"突出块"对话框　　　　图 16-5　创建钣金突出块特征

 当视图区域存在基本特征时，可使用"次要"类型创建突出块特征，此类型创建步骤与"基座"类型相同。
创建基本或次要突出块特征时，需绘制或选择的草图曲线必须是封闭线框，否则将导致创建特征失败。

16.2.2　实体特征转换为钣金

利用该命令可构建形状取自平面集的钣金模型，该命令就是通过选择钣金特征的多个腹板面来将实体转换为钣金的。具体操作步骤如下：

步骤01 使用建模模块创建如图 16-6 所示的长方体块特征，单击 ▭（实体特征转换为钣金）按钮，弹出"实体特征转换为钣金"对话框。

步骤02 依次单击"面 1""面 2"作为"腹板面"，弹出如图 16-7 所示的"实体特征转换为钣金"提示对话框，单击"确定"按钮。

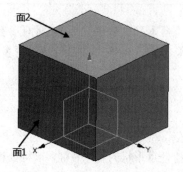
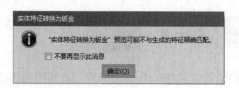

图 16-6　创建长方体特征　　　　　　　　图 16-7　提示对话框

软件自动将选择的两面相接的边线作为"折弯边",单击"厚度"右侧的 (启用公式编辑器)按钮,在弹出的菜单中选择"使用本地值",完成操作后设置"厚度"为1.5mm。

单击"折弯参数"下面"折弯半径"右侧的 (启用公式编辑器)按钮,选择"使用本地值",设置"折弯半径"为4.0mm,如图16-8所示。

步骤03 单击"确定"按钮,即可完成实体特征向钣金特征转换操作,如图16-9所示。

步骤04 将实体特征隐藏后,即可得到如图16-10所示的钣金特征。

图16-8 "实体特征转换为钣金"对话框

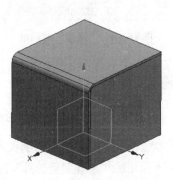
图16-9 完成转换操作视图

图16-10 隐藏实体仅显示钣金

技巧提示 用户可选择更多的腹板面创建转换钣金特征,如图16-11所示。因为选择面的不同,用户必须选择折弯边和设置止裂口方式创建如图16-12所示的钣金特征。

图16-11 多腹板面钣金特征

图16-12 带止裂口的钣金特征

16.2.3 撕边

利用该命令可沿拐角边撕开以将实体转换为钣金体,或是沿线性草图撕开以分割弯边的两个部分并将其中一个折弯。具体操作步骤如下:

步骤01 使用建模模块创建如图16-13所示的抽壳特征,单击 (撕边)按钮,弹出"撕边"对话框。

步骤02 单击视图中"边线"作为"要撕开的边","撕边"对话框如图16-14所示。

步骤03 单击"确定"按钮,完成撕边操作,如图16-15所示。

图 16-13 创建抽壳特征

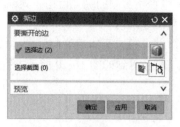
图 16-14 "撕边"对话框

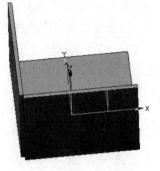
图 16-15 完成撕边操作

16.2.4 清理实用工具

利用该命令可创建一个新体，使之符合"转换为钣金"特征的需求。具体操作步骤如下：

步骤 01 以上一小节创建的抽壳零件为例介绍本命令的操作过程。单击 （清理实用工具）按钮，弹出如图 16-16 所示的"清理实用工具"对话框。

步骤 02 单击抽壳零件的任意一个内侧面，选中"厚度"下的"自动判断厚度"复选框。

步骤 03 单击"确定"按钮，即可完成清理操作，如图 16-17 所示。

图 16-16 "清理实用工具"对话框

图 16-17 完成清理操作

16.2.5 转换为钣金

利用该命令通过选择基本面和撕开边将零件实体特征转换为钣金特征。具体操作步骤如下：

步骤 01 仍然创建如图 16-18 所示的抽壳特征，单击 （转换为钣金）按钮，弹出"转换为钣金"对话框。

步骤 02 单击视图中的"面"作为"基本面"，单击"边线"作为"要撕开的边"，在"折弯止裂口"下拉列表中选择"圆形"，如图 16-19 所示。

步骤 03 单击"确定"按钮，即可完成将抽壳零件转换为钣金特征的操作，如图 16-20 所示。

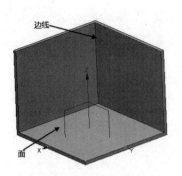

图 16-18　抽壳特征标示　　　图 16-19　"转换为钣金"对话框　　　图 16-20　完成转换操作

16.2.6　转换为钣金向导

利用该命令可通过切边、清理几何体并转换为 NX 钣金体，可以从一般实体创建 NX 钣金模型。单击 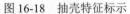（转换为钣金向导）按钮，即可弹出"转换为钣金向导"对话框，用户可依次对撕边、清理实用工具、转换为钣金进行设置，最终完成由实体转换为钣金的操作。

16.3　钣金折弯

NX 10.0 钣金设计模块将钣金折弯命令集合在"折弯"面板中，钣金折弯命令包括弯边、轮廓弯边、放样弯边、二次折弯等命令。单击 （更多）按钮弹出更多折弯命令。

16.3.1　弯边

该命令是钣金折弯中最常用的操作，利用该命令可在钣金基体上新增加一块板料，并与原板料成一定的角度。具体操作步骤如下：

步骤 01　使用"突出块"命令创建如图 16-21 所示的钣金突出块特征。单击 （弯边）按钮，弹出"弯边"对话框。

步骤 02　选择视图中的"边线"作为"基本边"，在"宽度"下的"宽度选项"下拉列表中选择"完整"。

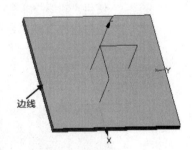

图 16-21　创建突出块特征

步骤 03　设置"弯边属性"下的"长度"为 20mm，"匹配面"选择"无"，"角度"设置为 60deg，"参考长度"选择"内部"，"内嵌"选择"材料内侧"；单击"折弯参数"下面"折弯半径"右侧的 （启用公式编辑器）按钮，在弹出的菜单中选择"使用本地值"，完成操作后设置"折弯半径"为 4.0mm，如图 16-22 所示。

433

步骤 04 单击"确定"按钮,即可创建弯边特征,如图 16-23 所示。

> 技巧提示：用户可单击"弯边"对话框"弯边属性"下的 ✕（反向）按钮,即可创建如图 16-24 所示的向下弯边特征。

图 16-22 "弯边"对话框

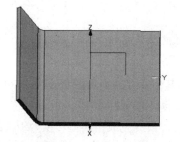

图 16-23 创建向上弯边特征

图 16-24 创建向下弯边特征

16.3.2 轮廓弯边

利用该命令可通过沿矢量拉伸草图来创建钣金特征,或者通过沿边或沿边链扫掠草图来添加钣金特征。具体操作步骤如下：

步骤 01 首先需创建一个尺寸为 60×60×2.0 的钣金突出块特征,如图 16-25 所示,单击 （轮廓弯边）按钮,弹出"轮廓弯边"对话框。

步骤 02 在"类型"下拉列表中选择"基座",单击视图中"端面"进入草图绘制模块窗口,使用"轮廓"命令绘制出如图 16-26 所示的草图轮廓（此处注意绘制出的草图轮廓应与边线有相切关系）。

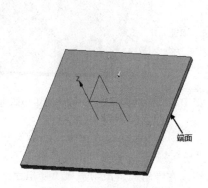

图 16-25 创建钣金突出块

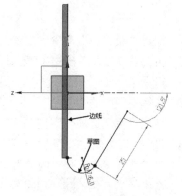

图 16-26 绘制草图

步骤03 单击 ■（完成草图）按钮，完成草图绘制。回到"轮廓弯边"对话框，设置"厚度"为 2.0mm，"宽度选项"选择"有限"，"宽度"设置为 25.4mm，根据预览效果图单击 ■（反向）按钮，如图 16-27 所示。

步骤04 单击"确定"按钮，即可创建轮廓弯边，如图 16-28 所示。

图 16-27　"轮廓弯边"对话框

图 16-28　创建轮廓弯边

16.3.3　折边弯边

利用该命令可通过将钣金弯边的边缘折叠到弯边上来修改模型，以便于安全操作或增加边缘刚度。

NX 10.0 提供了封闭的、开放的、S 型、卷曲、开环、闭环及中心环 7 种创建折边弯边的操作类型，这里以 S 型折边弯边介绍操作步骤。具体操作步骤如下：

步骤01 创建一个尺寸为 60×60×2 的钣金突出块特征，单击 ■（折边弯边）按钮，弹出"折边"对话框。

步骤02 在"折边"对话框的"类型"下拉列表中选择"S 型"，单击钣金突出块特征的一端边线作为"要折边的边"，在"内嵌"下拉列表中选择"材料内侧"，设置"折弯半径"为 3.0*2.0mm，"弯边长度"为 20mm，"折弯半径"为 3mm，"弯边长度"为 20mm，如图 16-29 所示。

步骤03 单击"确定"按钮，即可创建折边弯边，如图 16-30 所示。

图 16-29 "折边"对话框

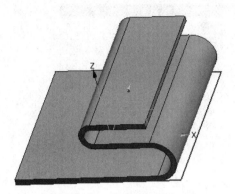

图 16-30 创建折边弯边

16.3.4 放样弯边

利用该命令可在两个截面之间创建基本或次要特征,这两个截面之间的放样形状为线性过渡。具体操作步骤如下:

步骤 01 打开"fangyang.prt"文件,如图 16-31 所示,图中两草图轮廓是在两个相互平行的平面上绘制而成的圆弧,且两圆弧轮廓同心。

步骤 02 单击 （放样弯边）按钮,弹出"放样弯边"对话框,"类型"选择"基座",单击视图中"圆弧 1"作为"起始截面",单击"圆弧 2"作为"终止截面","厚度"设置为 2mm,如图 16-32 所示。

步骤 03 单击"确定"按钮,创建放样弯边,如图 16-33 所示。

图 16-31 选择起始截面和终止截面　　图 16-32 "放样弯边"对话框　　图 16-33 创建放样弯边

16.3.5 二次折弯

利用该命令可通过在草图线的一侧提升材料，在两侧之间添加弯边来修改模型。具体操作步骤如下：

步骤 01 创建一个尺寸为 60×60×2 的钣金突出块特征，并使用草图"直线"命令在钣金的上平面绘制一条直线，如图 16-34 所示。

步骤 02 单击 （二次折弯）按钮，弹出"二次折弯"对话框，单击钣金面上的直线作为"二次折弯线"，设置"高度"为 15mm，"参考高度"选择"内部"，"内嵌"选择"材料内侧"，选中"延伸截面"复选框。"折弯半径"设置为 4mm，"折弯止裂口"选择"圆形"，如图 16-35 所示。

步骤 03 单击"确定"按钮，完成二次折弯特征的创建，如图 16-36 所示。

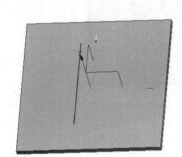
图 16-34 在钣金平面上绘制直线

图 16-35 "二次折弯"对话框

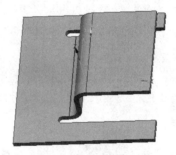
图 16-36 创建二次折弯

用户可通过单击"二次折弯"对话框中的 （反向）按钮改变折弯方向，如图 16-37 所示为向左向下的二次折弯特征。

用户可通过选中"延伸截面"复选框，将折弯曲线延伸并创建如图 16-38 所示的二次折弯特征。

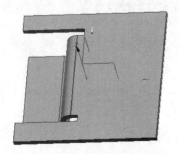
图 16-37 创建向左向下的二次折弯

图 16-38 创建延伸的二次折弯

16.3.6 折弯

利用该命令可在不添加实体的情况下，将现有的钣金特征沿折弯线的位置进行任意角度的弯边成型。具体操作步骤如下：

步骤 01 创建一个尺寸为 60×60×2 的钣金突出块特征，并使用草图"直线"命令在钣金的上平面绘制一条直线。

步骤 02 单击 （折弯）按钮，弹出"折弯"对话框，单击面上的直线作为"折弯线"，将"角度"设置为 60deg，"内嵌"选择"外模线轮廓"，选中"延伸截面"复选框，如图 16-39 所示。

步骤 03 单击"确定"按钮，完成折弯操作，如图 16-40 所示。

图 16-39 "折弯"对话框

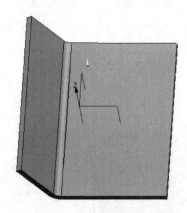
图 16-40 完成折弯操作

16.4 拐角和特征

拐角即是在钣金特征的基础面和与其相邻的具有相同参数的弯曲面之间的公共顶点位置处形成的特征。拐角包括封闭拐角、三折弯角、倒角、倒斜角、折弯拔锥等命令。

特征操作命令包括设计特征、关联复制、组合、修剪，在钣金设计模块出现的各种特征操作命令中，大部分都在前面讲解过，这里只介绍"法向除料"命令的操作方法。

16.4.1 封闭拐角

利用该命令可以对由基础面和其相邻的两个相邻面形成的拐角进行拐角形状、大小及拐角处边的叠加编辑。具体操作步骤如下：

步骤 01 首先创建一长方体块特征，使用"实体特征转换为钣金"命令创建如图 16-41 所示的钣金特征。

步骤02 单击 （封闭拐角）按钮，弹出"封闭拐角"对话框，"类型"选择"封闭和止裂口"，依次单击视图中"折弯1"和"折弯2"；"处理"选择"U形除料"，"重叠"选择"封闭的"，"缝隙"设置为2mm；"原点"选择"折弯中心"，"直径"设置为12mm，"偏置"设置为2mm，如图16-42所示。

步骤03 单击"确定"按钮，完成封闭拐角操作，如图16-43所示。

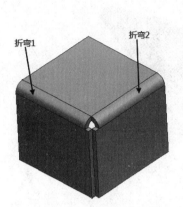  

图16-41 创建钣金特征　　　　图16-42 "封闭拐角"对话框　　　图16-43 完成封闭拐角操作

16.4.2 倒角

利用该命令可以对钣金实体特征的基础面或折弯面的锐边进行倒圆角或倒斜角操作。具体操作步骤如下：

步骤01 首先创建如图16-44所示的钣金特征，单击 （倒角）按钮，弹出"倒角"对话框。

步骤02 依次单击"边1""边2""边3""边4"作为"要倒角的边"，"方法"选择"圆角"，"半径"设置为15mm，如图16-45所示。

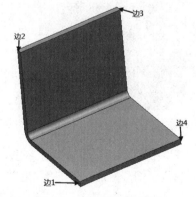 

图16-44 创建钣金特征　　　　　　图16-45 "倒角"对话框

步骤03 单击"确定"按钮，即可在选中的边上创建倒圆角，如图16-46所示。

16.4.3 倒斜角

利用该命令可对面之间的锐边进行倒斜角操作。此命令的使用方法同"倒角"命令类似，都是通过单击选中锐边再设置尺寸实现的。单击 （倒斜角）按钮，单击锐边，设置"倒斜角"对话框中的倒斜角方式和尺寸，完成如图16-47所示的倒斜角操作。

图16-46　创建倒圆角特征

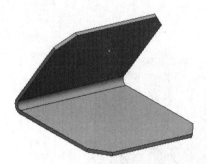
图16-47　创建倒斜角特征

16.4.4 法向除料

利用该命令切割材料，可将草图投影到模板上，然后在垂直于投影相交的面的方向上进行切割。具体操作步骤如下：

步骤01 打开"chuliao.prt"文件，视图如图16-48所示。

步骤02 单击 （法向除料）按钮，弹出"法向除料"对话框，"类型"选择"草图"，单击基准平面，即可进入草绘模式，绘制如图16-49所示的矩形轮廓草图。

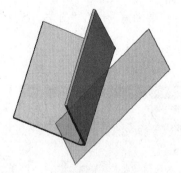
图16-48　起始文件视图

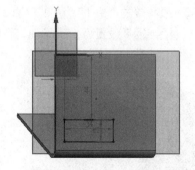
图16-49　绘制矩形草图轮廓

步骤03 单击 （完成草图）按钮，退出草绘模式。重新回到"法向除料"对话框，此时可看到软件自动选择绘制的矩形轮廓作为"截面"，"切割方法"选择"厚度"，"限制"选择"贯通"，如图16-50所示。

步骤04 单击"确定"按钮，完成法向除料操作，如图16-51所示。

图 16-50　"法向除料"对话框　　　　图 16-51　完成法向除料操作

16.5　冲压特征

冲压是指通过模具对板料施加外力，是板料经分离或变形得到的工具的工艺统称。它根据模具的特点及冲压属性可分为凹坑、百叶窗、冲压除料和筋等实体特征。

16.5.1　凹坑

凹坑是钣金零件表面上通过绘制的草图，将其沿表面法向提升的一个凹陷区域，通常用于钣金件上凹槽的创建。具体操作步骤如下：

步骤01　利用"突出块"命令创建钣金突出块，如图 16-52 所示。单击 （凹坑）按钮，弹出"凹坑"对话框。

步骤02　单击突出块的上表面，即可进入草绘模式，绘制如图 16-53 所示的矩形轮廓草图。

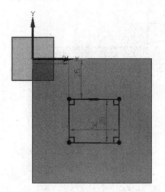

图 16-52　创建钣金突出块　　　　图 16-53　绘制草图轮廓

步骤03　单击 （完成草图）按钮，退出草绘模式，重新回到"凹坑"对话框，此时可看到软件自动选择绘制的矩形轮廓作为"截面"。将"深度"设置为 10mm，"侧角"设置为 2deg，"参考深度"选择"内部"，"侧壁"选择"材料外侧"，如图 16-54 所示。

步骤 04　单击"凹坑"对话框中的 <确定> 按钮,在突出块上创建凹坑,如图16-55所示。

图16-54　"凹坑"对话框

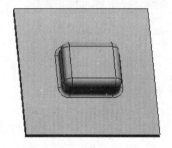

图16-55　创建钣金凹坑

16.5.2　百叶窗

百叶窗是利用草图环境绘制的直线,并通过撕口或成型操作创建具有棱边的模型冲孔,它主要用于钣金件散热、通风及透气孔的创建。具体操作步骤如下:

步骤 01　同样先创建钣金突出块特征,单击 （百叶窗）按钮,弹出"百叶窗"对话框。

步骤 02　单击突出块的上表面,即可进入草绘模式,绘制如图16-56所示的直线轮廓草图。

步骤 03　单击 （完成草图）按钮,退出草绘模式,重新回到"百叶窗"对话框,此时可看到软件自动选择绘制的直线轮廓作为"切割线"。将"深度"设置为5mm,"宽度"设置为10mm,"百叶窗形状"选择"成形的",如图16-57所示。

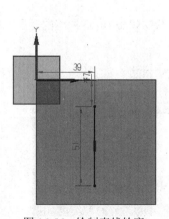

图16-56　绘制直线轮廓

图16-57　"百叶窗"对话框

步骤 04　单击"确定"按钮,即可在钣金突出块上创建百叶窗特征,如图16-58所示。

NX 10.0提供了创建百叶窗的两种形状,如图16-59所示为"冲裁的"形状的百叶窗特征。

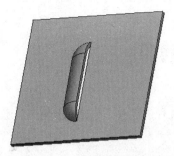
图 16-58　成形的百叶窗

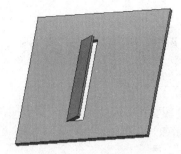
图 16-59　冲裁的百叶窗

16.5.3　冲压除料

冲压除料是通过在钣金表面绘制的封闭草图，将其表面沿法向方向提升，并内切该模型形成的一个区域。利用该命令可在钣金件上创建不同形状的内切槽。具体操作步骤如下：

步骤01　同样先创建钣金突出块特征，单击 （冲压除料）按钮，弹出"冲压除料"对话框。

步骤02　单击突出块的上表面，即可进入草绘模式，绘制如图 16-60 所示的六边形轮廓草图。

步骤03　单击 （完成草图）按钮，退出草绘模式。重新回到"冲压除料"对话框，此时可看到软件自动选择绘制的六边形轮廓作为"截面"，将"深度"设置为 10mm，"侧角"设置为 2deg，"侧壁"选择"材料外侧"，如图 16-61 所示。

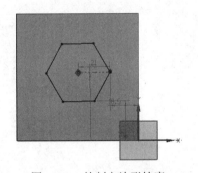
图 16-60　绘制六边形轮廓

图 16-61　"冲压除料"对话框

步骤04　单击"确定"按钮，即可在钣金突出块上创建冲压除料特征，如图 16-62 所示。

图 16-62　创建冲压除料特征

16.6 成形与展平

NX 10.0 钣金设计模块中,不仅可以通过上面介绍的各种工具命令创建钣金特征,还可以将所创建的钣金实体特征进行成形与展平操作。

16.6.1 伸直

利用该命令通过选择固定面和需展平的折弯边,展平折弯以及和折弯相邻的材料。具体操作步骤如下:

步骤01 打开"sanzhe.prt"文件,如图 16-63 所示。

步骤02 单击 (伸直)按钮,弹出"伸直"对话框,单击视图中的左边平面作为"固定面",依次单击"折弯1""折弯2""折弯3"3 个折弯面作为"折弯",如图 16-64 所示。

步骤03 单击"确定"按钮,完成伸直操作,如图 16-65 所示。

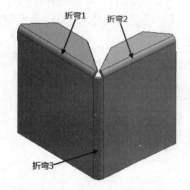

图 16-63 起始文件视图

图 16-64 "伸直"对话框

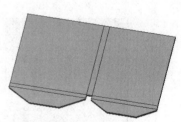

图 16-65 完成伸直操作

16.6.2 重新折弯

利用该命令将某个伸直特征恢复到其先前的折弯状态,并恢复在伸直特征之后添加的任何特征。具体操作步骤如下:

步骤01 以上一小节结果为例介绍本操作,单击 (重新折弯)按钮,弹出如图 16-66 所示的"重新折弯"对话框。

步骤02 依次单击 3 个折弯面,然后单击"确定"按钮即可恢复到原折弯状态。

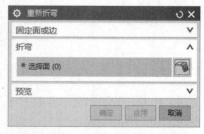

图 16-66 "重新折弯"对话框

16.7 实例示范

前面详细介绍了使用 NX 10.0 进行钣金设计所需的各种命令，本节将通过一个综合实例介绍钣金设计模块进行钣金零件设计的详细操作过程。

如图 16-67 所示为完成钣金设计的零件模型，如图 16-68 所示为将其展开得到的视图。在学习此钣金件创建操作过程之前，用户可根据前面介绍自行试验创建此钣金零件。

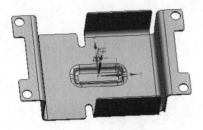

图 16-67 钣金模型

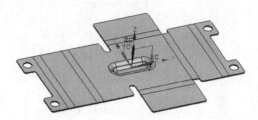

图 16-68 展开视图

16.7.1 进入钣金设计窗口

在开始介绍创建钣金模型操作之前，首先介绍一下使用 NX 10.0 创建钣金文件的过程。这里介绍的是直接创建钣金文件并进入钣金设计模块的过程。

步骤 01 打开软件后，单击 □（新建）按钮，弹出"新建"对话框。

步骤 02 如图 16-69 所示选中"模板"下面的"NX 钣金"选项，设置"名称"为"banjin.prt"，并设置合适的路径，单击"确定"按钮，完成钣金文件创建并进入钣金设计窗口。

图 16-69 "新建"对话框

16.7.2 绘制草图轮廓，创建主体及折边

绘制草图轮廓并创建钣金突出块，然后创建钣金折边特征。具体操作步骤如下：

步骤01 单击 按钮，以 "XC-YC" 平面为草绘平面，绘制如图 16-70 所示 40mm ×50mm 的矩形轮廓（矩形两对边分别相对坐标轴对称）。

步骤02 单击 按钮，弹出 "突出块" 对话框，单击创建矩形轮廓作为 "截面"，"厚度" 设置为 0.5mm，如图 16-71 所示。

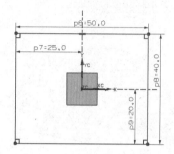

图 16-70 绘制矩形草图轮廓

图 16-71 "突出块" 对话框

步骤03 单击 "确定" 按钮，完成钣金主体的创建，如图 16-72 所示。

步骤04 单击 按钮，弹出 "弯边" 对话框。如图 16-73 所示单击钣金主体的短边作为弯边的 "基本边"。

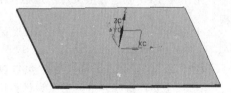

图 16-72 创建钣金主体

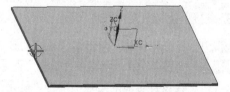

图 16-73 单击选中边

步骤05 在 "宽度选项" 中选择 "完整"，"长度" 设置为 15mm，"角度" 设置为 90deg，"参考长度" 选择 "内部"，"内嵌" 选择 "材料内侧"；单击 "折弯参数" 下面 "折弯半径" 右侧的 按钮，选择 "使用本地值" 选项，然后设置 "折弯半径" 为 2mm，其余为默认设置，如图 16-74 所示。

步骤06 单击 "确定" 按钮，创建钣金弯边，如图 16-75 所示。

步骤07 以对边作为弯边的 "基本边"，重复以上步骤创建另一个钣金弯边，如图 16-76 所示。

步骤08 此时若步骤（1）绘制的矩形草图隐藏，用户可右键单击 "部件导航器" 中的 "草图（1）"，并在弹出的快捷菜单中选择 "显示" 命令，即可将隐藏的草图重新显示，如图 16-77 所示。

图 16-74 "弯边" 对话框

步骤⑨ 单击 （弯边）按钮，弹出"弯边"对话框，单击钣金主体的一个长边作为弯边的"基本边"。

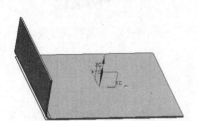
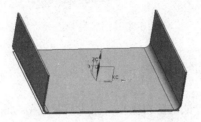

图 16-75　创建钣金弯边　　　图 16-76　创建另一钣金弯边　　　图 16-77　显示草图操作

步骤⑩ 在"宽度选项"中选择"从端点"，将"从端点"设置为 0mm，"宽度"设置为 27mm，如图 16-78 所示单击步骤（2）中绘制的矩形草图右端点作为"指定点"；将"长度"设置为 15mm，"角度"设置为 90deg，"参考长度"选择"内部"，"内嵌"选择"材料内侧"，如图 16-79 所示。

步骤⑪ 继续设置"弯边"对话框中的折弯参数和止裂口。单击"折弯参数"下面"折弯半径"右侧的 （启动公式编辑器）按钮，选择"使用本地值"选项，然后设置"折弯半径"为 2mm；在"折弯止裂口"中选择"圆形"，选中"延伸止裂口"复选框，"拐角止裂口"选择"仅折弯"，其余保持默认设置，如图 16-80 所示。

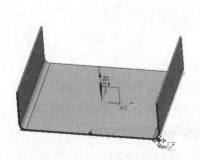

图 16-78　单击"指定点"　　　图 16-79　"弯边"对话框　　　图 16-80　"弯边"对话框

步骤⑫ 单击"确定"按钮，创建钣金弯边，如图 16-81 所示。

步骤⑬ 重复以上操作步骤，以另一长边作为"基本边"创建弯边，如图 16-82 所示（此处也可使用镜像操作）。

步骤⑭ 用户可参考前面内容，依次创建长度为 10mm，折弯半径为 2mm 的弯边，如图 16-83 所示。

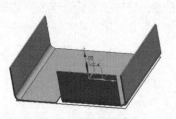
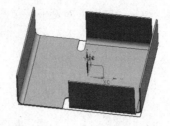
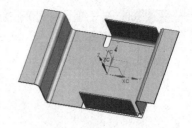

图 16-81　创建钣金弯边　　　图 16-82　创建另一边钣金弯边　　　图 16-83　短边再次弯边

16.7.3　法向除料后倒圆角

在钣金上绘制草图并进行法向除料操作，完成后对锐角边进行倒角操作。具体操作步骤如下：

步骤 01　将前面创建的钣金弯边平面作为草绘平面，绘制如图 16-84 所示的草图轮廓（本步骤旨在学习法向除料操作，用户可自行创建合适轮廓）。

步骤 02　单击 ■（完成草图）按钮，退出草图绘制模式。单击 ■（法向除料）按钮，弹出"法向除料"对话框，依次单击创建的草图轮廓作为"截面"。

步骤 03　在"除料属性"的"切削方法"中选择"厚度"，"限制"选择"值"，如图 16-85 所示。

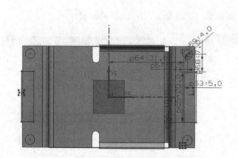

图 16-84　绘制草图轮廓　　　　　　　图 16-85　"法向除料"对话框

步骤 04　单击"确定"按钮，完成法向除料操作，如图 16-86 所示。

步骤 05　将所有草图轮廓进行隐藏操作。单击 ■（倒角）按钮，弹出"倒角"对话框。在"倒角属性"的"方法"中选择"圆角"，"半径"设置为 1mm，如图 16-87 所示。

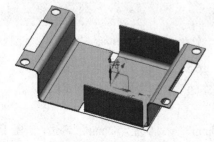

图 16-86　完成除料操作　　　　　　　图 16-87　"倒角"对话框

步骤 06 除去如图 16-88 所示止裂口边和和其对应的另一边不进行倒角外，将其余棱边全部选择为"要倒角的边"，单击"倒角"对话框中的"确定"按钮，完成倒角操作，如图 16-89 所示。

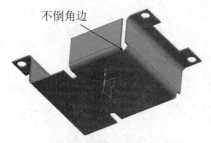

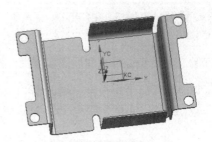

图 16-88 不倒角边　　　　　　　　　图 16-89 完成倒角操作

16.7.4 创建凹坑

在钣金主体上绘制草图轮廓，使用此草图轮廓创建钣金凹坑。具体操作步骤如下：

步骤 01 以基体平面为基准，绘制如图 16-90 所示的矩形草图轮廓，完成绘制后单击 ![icon] （完成草图）按钮，退出草图绘制模式。

步骤 02 单击 ![icon] （凹坑）按钮，弹出"凹坑"对话框，单击绘制的草图作为"截面"；将"凹坑属性"下的"深度"设置为 1.5mm，"侧角"设置为 2deg，"参考深度"选择"内部"，"侧壁"选择"材料外侧"，如图 16-91 所示。

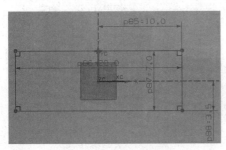

图 16-90 绘制矩形轮廓　　　　　　图 16-91 "凹坑"对话框

步骤 03 单击"确定"按钮，完成凹坑的创建，如图 16-92 所示。

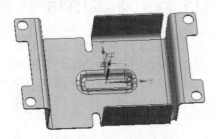

图 16-92 创建凹坑

用户可单击⊠（反向）按钮，改变凹坑的方向。

16.7.5 展平实体和伸直

本小节旨在复习钣金伸直和展平实体操作。具体操作步骤如下：

步骤01 单击 （展平实体）按钮，弹出"展平实体"对话框，如图 16-93 所示单击平面作为"固定面"。单击"展平实体"对话框中的"确定"按钮，完成操作如图 16-94 所示。

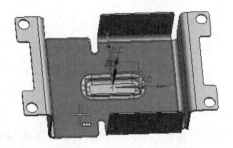
图 16-93　单击固定面

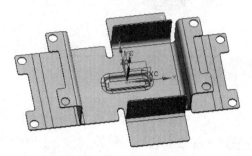
图 16-94　完成展平实体操作

步骤02 用户也可单击 （伸直）按钮，弹出"伸直"对话框，单击如图 16-95 所示的面作为"固定面"，依次单击各折弯边并单击"确定"按钮，完成伸直操作，如图 16-96 所示。

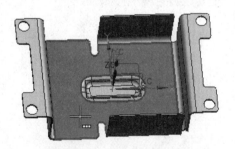
图 16-95　单击固定面

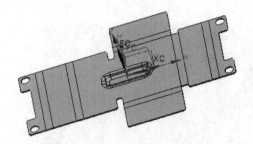
图 16-96　完成伸直操作

16.8　本章小结

本章简单介绍了钣金设计的基本概念和 NX 钣金设计模块的基本内容，详细介绍了创建钣金基体、折弯、拐角和特征、冲压特征、成形与展平操作，作为一个需要进行钣金设计工作的用户，需要熟练掌握本章。